Kielhorn

Hartmann · Röpnack · Funk
Kompetent und erfolgreich im Beruf

Martin Hartmann
Rainer Röpnack · Rüdiger Funk

Kompetent und erfolgreich im Beruf

Wichtige Schlüsselqualifikationen, die jeder braucht

Unter Mitarbeit von
Andreas Auert, Hans-Joachim Gergs, Luise Heeren,
Christine Heidenreich, Doris Jacobs-Strack,
Hans-Jörg Keller, Petra Meier, Bernhard Ulbrich,
Klaus D. Wittkuhn

Beltz Verlag · Weinheim und Basel

Lektorat: Ingeborg Sachsenmeier

www.beltz.de
Herstellung: Klaus Kaltenberg
Satz: Druckhaus »Thomas Müntzer«, Bad Langensalza
Druck: Druckhaus Beltz, Hemsbach
Umschlaggestaltung: Federico Luci, Odenthal
Umschlagabbildung: Eric Giriat/Illustration source/Picture Pree, Hamburg
Zeichnungen: Ulrike Rath, Aachen
Fotos: Martin Hartmann, Köln
Printed in Germany

ISBN 3-407-36128-9

Inhaltsverzeichnis

Vorbemerkung

»Was sollte eine Mitarbeiterin oder ein Mitarbeiter alles draufhaben, um im Job eine wirklich gute Figur zu machen? Welche Kompetenzen außerhalb der rein fachlichen Qualifikationen helfen bei der täglichen Arbeit, bringen den Mitarbeiter selbst voran, aber auch das Team, die Abteilung oder sogar das Unternehmen?« – So lauten einige der Fragen, die uns immer wieder von jungen Berufstätigen, von »frischgebackenen« Führungskräften, aber auch von älteren Unternehmensangehörigen gestellt werden, die sich neu orientieren, neue Aufgaben und Herausforderungen annehmen wollen.

Es entstand die Idee, einen Ratgeber zu erstellen, ein Buch, in dem wichtige Kompetenzen auf nur wenigen Seiten vermittelt werden. Das beginnt mit einer Beschreibung der jeweiligen Kompetenz, mit der Darstellung ihrer Besonderheiten und möglicher Probleme in der Praxis. Hinzu kommen erste Anregungen für den Berufsalltag der Leserinnen und Leser in Form von Tipps oder Checklisten. Jedes Kapitel schließt mit kommentierten Literatur-, Hör- oder Internettipps.

Es kann sein, dass Sie, liebe Leserin und lieber Leser, die eine oder andere Passage in den Texten als provokant empfinden. Das ist so durchaus gewollt, sollen die Texte doch dazu anstoßen, sich einmal intensiver mit denjenigen Themen zu beschäftigen, die bisher im beruflichen Alltag nur eine untergeordnete Rolle einnahmen oder die sicher zu beherrschen, man bisher sogar felsenfest überzeugt war.

Das gilt beispielsweise für das Mailen: Aus Sicht der meisten Menschen eine leichte Übung, die man täglich unzählige Male einfach so nebenbei erledigen kann. Auch telefonieren könne man, zuhören sowieso und mit dem Laptop zu präsentieren sei doch eigentlich ein Kinderspiel. Wir haben da unsere Zweifel. Täglich werden unzählige Mails verschickt, die den Eindruck erwecken, man hätte es mit Schreibbehinderten zu tun, vom Ton einmal ganz zu schweigen.

Am Telefon erlebt man immer noch unfreundliche und ihre Kundenfeindlichkeit nicht verbergende Mitarbeiter. Die Unfähigkeit, aufmerksam, einfühlsam und in aller Ruhe zuhören zu können und dies ohne gleichzeitig auf irgendwelchen Tastaturen herumzuhämmern, scheint dem Multifunktionsfähigkeitswahn geopfert zu sein und das Präsentieren mit Laptop und Beamer mag aus technischer Sicht mehr schlecht als recht funktionieren, was jedoch rein gar nichts über die Qualität der Präsentation oder der Präsentierenden aussagt.

Sie meinen, liebe Leserin und lieber Leser, wir würden übertreiben? Vielleicht. Dennoch erleben wir – und wahrscheinlich Sie ebenfalls – tagtäglich Beispiele ungenügender Schlüsselkompetenzen, mangelnder Managementfertigkeiten oder fehlender Mitarbeiterqualifikationen.

Nun finden Sie in diesem Buch aber auch Themen, mit denen Sie sich noch gar nicht beschäftigen konnten oder wollten und die in Ihrem beruflichen Umfeld vielleicht nur von nachgeordneter Bedeutung sind. Hier möchten wir Sie neugierig machen und Ihren Kompetenzhorizont erweitern. Schaden wird dies auf keinen Fall. Und der Nutzen? Warum nicht einmal darüber nachdenken, gezielt ein persönliches Netzwerk aufzubauen, unter eigenem Namen zu publizieren, als Nicht-Verkäufer zu verkaufen und in Sachen Verhandlung etwas fitter zu werden? Und warum sich nicht einmal intensiv mit dem altmodisch-modernen Thema »Stil und Etikette« beschäftigen?

Sämtliche Themen können nur angerissen werden, die eigentliche Beschäftigung beginnt mit der Anwendung erster Tipps in der Praxis und dem Weiterbeschäftigen mit der empfohlenen oder selbst gewählten Literatur.

Kommunizieren im Unternehmen

Der Einstieg – aufmerksam, eindeutig und zielgerichtet kommunizieren

»Ein Erwartung weckendes Vorwort. Ich bin gespannt. Mit welchem Kapitel fangen wir an?«

»Wenn Sie wollen, mit dem ersten. Wenn Sie aber mögen auch mit einem, das Sie im Augenblick besonders anspricht. Das überlasse ich gerne Ihnen.«

»Was solls. Entscheiden Sie. Sie sind mir als kompetente Beraterin empfohlen worden, die einem jungen Berufseinsteiger in seinen ersten Berufsjahren vielfältige Anregungen und Anstöße fürs Weiterkommen geben kann. Beginnen wir mit dem Anfang. Kommunikation ist immer gut, macht Spaß und hilft mir sicher auch im Umgang mit meiner Freundin.«

»Nun, dann wollen wir gleich einmal mit etwas Kommunikationspsychologie beginnen ...«

»Wie bitte? Gleich mit Psychologie? Muss das denn sein?»

»Keine Panik! Erstens tut es nicht weh und zweitens hilft Ihnen dieses kleine Modell von den ›vier Botschaften einer Äußerung‹ ungemein, sich im beruflichen und privaten Alltag eindeutiger, klarer, umfassender und konfliktfreier zu äußern.«

»Glauben Sie wirklich, dass so ein Modell irgendetwas in der Praxis taugt?«

»Ihre Frage gefällt mir. Damit können wir gleich weitermachen. Lassen Sie sich jetzt aber zuerst auf ein paar Überlegungen ein.«

Die vier Botschaften einer Äußerung

Wenn Sie im privaten oder beruflichen Alltag zu einem anderen Menschen etwas sagen, egal wann, wo, wie oder warum, dann enthält diese Äußerung vier unterschiedliche Botschaften, unabhängig davon, ob Sie dies in diesem Augenblick wollen oder gar merken: Ihre Botschaft enthält

- **eine Sachäußerung:** das, worüber Sie gerade inhaltlich informieren;
- **eine Selbstkundgabe/Selbstoffenbarung:** alles das, was Sie über sich zu erkennen geben: »Was sage ich über mich aus?«;
- **eine Partneraussage:** also das, was Sie von Ihrem Gesprächspartner halten, wie Sie ihn sehen;
- **einen Appell:** eine Aufforderung, eine Erwartung an den Empfänger Ihrer Nachricht.

»Und das gilt wirklich für jede meiner Äußerungen?«

»Für jede! Nehmen wir beispielsweise Ihre Frage an mich von eben: ›Glauben Sie wirklich, dass so ein Modell irgendetwas in der Praxis taugt?‹«

»Die Sachseite ist klar: eine Äußerung, die die Praxistauglichkeit eines bestimmten Modells in Frage stellt.«

»Stimmt. Und nun zu den anderen Botschaften, die in dieser Frage stecken: Die Selbstkundgabe, also das, was Sie von sich selbst offenbaren, könnte sein: ›Ich bin voller Zweifel, was die Praxistauglichkeit eines Kommunikationsmodells angeht.‹«

»Das leuchtet mir irgendwie ein, voller Zweifel war ich in dem Augenblick auch, konnte dies aber nicht ganz so deutlich rüberbringen, vielleicht daher diese spontane Frage.«

»Die Partneraussage Ihrer Äußerung, also das, was Sie über mich als Empfängerin geäußert haben, könnte möglicherweise lauten: ›Ich halte Sie für jemanden, die meine Zweifel ernst nimmt und kompetent ist, sie auszuräumen‹. Und der Appell Ihrer Äußerung war möglicherweise: ›Bitte räumen Sie meine Zweifel möglichst bald aus!‹«

»Wie Sie das jetzt so darstellen, da kann ich mich mit jeder der vier Botschaften anfreunden. Vorhin jedoch war mir das alles noch nicht klar. Ich hatte Zweifel im Bauch und dann kam schon die Frage über meine Lippen.«

»Sie beschreiben treffend unseren Alltag: Jemand hat irgendeine Idee oder Gefühlsregung und schon rutscht der Satz raus aus dem Mund. Meistens mehr oder weniger erkennbar als Sachaussage verkleidet. Und der andere hört dann die Botschaft heraus, die ihm im Moment besonders wichtig ist. Je nachdem wie er sich fühlt und natürlich auch wie Sie als Sender der Nachricht Ihre Worte gewählt, Ihre Stimme erhoben, Ihre Körperhaltung und Gesichtszüge geformt haben.«

»Und wenn ich mit meiner Frage eigentlich nur meine eigenen Zweifel offenbaren wollte, Sie aber ausschließlich eine Botschaft über sich als Empfängerin heraushören, dann können wir ganz schön daneben liegen mit unserer Verständigung. Haben Sie da noch ein paar Beispiele und was kann ich dann in der Praxis in meiner Gesprächsführung tun?«

In der Praxis häufig zu beobachten

Viele Menschen kommunizieren – aus Sicht des Vier-Botschaften-Modells – nicht eindeutig. Häufig merken Sie das gar nicht, gelegentlich beschleicht sie jedoch ein ungutes Gefühl, dass das, was sie gerade von sich geben, eigentlich nicht ganz genau das ist, was sie dem anderen wirklich an Botschaft vermitteln wollen. Und wiederum andere verpacken heimliche Botschaften in Sachaussagen, vielleicht weil sie sich nicht trauen, richtig Farbe zu bekennen.

So kann der Satz eines Kollegen zu einem anderen: »Übrigens, lieber Klaus-Dieter, in unserer Abteilung ist es schon seit Jahren üblich, dass jeder einmal mit dem Kaffeekochen drankommt.« als versteckter Appell gemeint sein. Der liebe Kollege soll doch beim nächsten Mal höchstpersönlich die Kaffeemaschine in Gang bringen. Die versteckte Botschaft kann aber ebenso eine Partneraussage sein: »Du bist ein gewaltiger Drückeberger, da du seit fünf Jahren keinen Kaffee gekocht hast!«

Häufig beschließen Besprechungsleiter einen Tagesordnungspunkt mit: »Darüber sollte man sich Gedanken machen«. Auf der Sachebene kann man gegen solch einen allgemeinen, unbestimmten und wohl auch richtigen Satz keine Einwände haben. Daher schweigen alle Anwesenden zustimmend. Was der Besprechungsleiter aber ausdrücken wollte, sich vielleicht nicht zu sagen traute, war ein Wunsch an einzelne Teilnehmer, ein eindeutiger Appell also: »Ich möchte, dass die Kollegen Sven Hartmann und Fabian Rieg sich in Sachen ... morgen zusammensetzen und mir bis zum Donnerstag eine Entscheidungsvorlage für die Geschäftsführung erarbeiten.«

»Mal was von gestern: Meine Freundin sagte beim Anblick einer Lederjacke im Schaufenster ›Cool, schau mal, die sieht wirklich gut aus.‹ Was ich durchaus bestätigen konnte. Wobei die Bestätigung dieser Aussage auf der Sachebene erfolgte. Soweit so gut. Damit war dieses kurze Gespräch auch schon beendet. Wenn ich mir aber die vier Botschaften vor Augen halte, dann könnte die Bemerkung meiner Freundin ja als Selbstoffenbarung gemeint gewesen sein: ›Zu meinem vollständigen Glück fehlt mir noch so eine Jacke.‹ Und die Partnerbotschaft könnte lauten ›Dir würde das Teil ganz gut stehen!‹ Fehlt noch der Appell.«

»Vielleicht ja: ›Ich möchte, dass du mir diese Jacke zum Geburtstag schenkst.‹ Soweit die vier möglichen Botschaften. Vielleicht wollte Ihre Freundin lediglich eine Aussage auf der Sachebene machen und das Aussehen dieser Jacke bewerten. Dann hätte sie gestern eindeutig kommuniziert. Sollten Ihnen jedoch Zweifel gekommen sein, sollten Sie etwas anderes herausgehört haben, dann bleibt Ihnen nur übrig, zu fragen.«

»Oder ich schenke ihr einfach die Jacke.«

»Damit hätten Sie nur auf den vermeintlichen Appell reagiert. Wenn Sie sich zusätzlich selbst noch die gleiche Jacke kaufen würden, dann hätten Sie auch die von Ihnen gehörte Partnerbotschaft – ›Dir würde so ein Teil ganz gut stehen!‹ – abgedeckt. Kommunikation kann ganz schön ins Geld gehen, nicht wahr?«

»Dann doch lieber fragen?!«

Und jetzt? Erste Tipps

Eindeutig kommunizieren

Vier Botschaften stecken in einer Äußerung. Ihre Chance für eine eindeutige und klare Kommunikation besteht darin, immer wieder einmal zu überlegen, welche der vier Botschaften dran ist, welche Botschaft Sie »eigentlich« zum Ausdruck bringen wollen. Wollen Sie wirklich nur eine simple Sachaussage treffen, oder geht es Ihnen in diesem Augenblick nicht um einen Appell? Eine solche Prüfung bietet sich stets an, wenn Sie sich nicht ganz sicher fühlen, was Sie konkret ausdrücken wollen, wenn Sie ein mulmiges Gefühl haben, meinen, sich nur schwammig zu äußern. Häufig werden im Alltag Wünsche an den anderen in unklare Sachaussagen gepackt: »Man müsste eigentlich ...«, »Wir in unserem Team sollten ...« Warum nicht einen eindeutigen Appell formulieren: »Ich bitte Sie ...«?

Auch Kritik an jemand anderes wird häufig in eine mehr oder weniger harmlose Sachaussage verpackt. So glaubt sich der Sender vielleicht unangreifbar: »Lieber Herr, natürlich ist Ihr Ansatz lobenswert, aber haben Sie auch daran gedacht, dass sich das Ganze auch rechnen muss?« Hier gilt ebenfalls: Warum nicht eine direkte Rückmeldung geben (siehe Kapitel »Rückmeldungen geben – konstruktive Kritik äußern«, S. 36) oder ein offenes Kritikgespräch führen.

Unsere Empfehlung: Prüfen Sie Ihre Aussagen auf heimliche Botschaften und überlegen Sie dann, ob Sie diese versteckt lassen oder Klarheit mit eindeutigen Rückmeldungen schaffen wollen.

Umfassend kommunizieren

Wenn Sie zu einem komplexen Thema Stellung beziehen, kann es sich anbieten, auf allen vier Ebenen zu antworten, indem Sie jede der vier Botschaften mit eigenen Worten besonders deutlich zum Ausdruck bringen. Beispielsweise beschreibt Ihnen ein Kollege ein Problem im Umgang mit einem schwierigen Kunden. Statt nun sogleich mit einem »Also ich würde dem ...!« loszulegen, könnten Sie die vier Ebenen der Reihe nach besetzen:

- Sie könnten mit der Partneraussage beginnen: »Also ich finde das schon beeindruckend, wie präzise du die Schwierigkeiten mit ... auf den Punkt bringst ...« Sie vermitteln so Wertschätzung und lassen den anderen nicht als Schwächling erscheinen.
- Dann vielleicht die Selbstoffenbarung: »Ich hatte zwar noch nicht mit ... zu tun. Deine Schilderung erinnert mich aber an ... und mit denen komme ich auch nur unter größten Mühen ...« Sie offenbaren etwas von sich, setzen sich nicht auf das hohe Ross, biedern sich aber auch nicht an, signalisieren stattdessen, dass Sie eine Antenne für derartige Probleme haben.
- Jetzt die Sachebene: »Worum ging es denn gestern genau? Wie hat der Kunde agiert? Was hast du geantwortet? Was ist dann geschehen? Wie ging es dir in der Situation?« Hier ist aktives Zuhören und Verständnissicherung gefragt (s. S. 23ff.).

- Ob Sie dann noch mit einer Empfehlung, einem Wunsch an den anderen, also mit einem Appell enden wollen, müssen Sie sich überlegen. Ratschläge können bekanntlich auch Schläge sein. Das sollten Sie von der Situation und Ihrer Beziehung zum Gesprächspartner abhängig machen. Die Appellseite muss aber nicht unbedingt als Ratschlag daherkommen. Sie können ebenso gut fragen: »Wie willst du denn beim nächsten Mal vorgehen?«, »Was funktioniert bei diesem Kunden denn am besten?«, »Wie kann ich dir helfen?«

»Klingt sehr gekonnt so eine umfassende Stellungnahme. Das erfordert wahrscheinlich auch etwas Mut, vor allem wenn ich an die Selbstoffenbarung und die Partneraussage denke. Und für das Gelingen eines Gesprächs ist es sicherlich wichtig, dass meine Äußerungen, egal auf welcher Ebene, stets authentisch und ehrlich sind.«

»Bei beiden Aussagen gebe ich Ihnen Recht. Wenn Sie sich vollkommen unsicher sind, ob eine Aussage über den anderen angebracht ist, dann verzichten Sie lieber. Wenn Sie sich aber nur ein wenig unsicher sind, dann arbeiten Sie mit klaren, eindeutigen Botschaften und belegen die vier Seiten. Sie erscheinen dadurch offen, klar, überlegt und souverän in Ihrer Art, Stellung zu beziehen und sich anderen gegenüber zu äußern.«

»Und was mache ich jetzt mit der Lederjacke?«

»Lassen Sie uns einen kleinen Spaziergang machen und mal schauen, wie sie aussieht.«

Friedemann Schulz von Thun: Miteinander reden, Band 1 – Störungen und Klärungen. Reinbek 1981. Ein einfach und mit Gewinn zu lesendes Buch, das sich ausschließlich mit den vier Botschaften einer Äußerung und sämtlichen Konsequenzen für die Praxis beschäftigt. Wenn Sie in Ihrem Leben nur ein einziges Buch über Kommunikation lesen sollten, dann dieses hier!

Friedemann Schulz von Thun: Klarkommen mit sich selbst und anderen: Kommunikation und soziale Kompetenz. Reinbek 2003. Reden und Aufsätze, die anschaulich über den Hintergrund der Kommunikationspsychologie Schulz von Thuns informieren.

Situationsangemessen hören und reagieren

Mit allen vier Ohren dabei sein

»Im letzten Kapitel haben wir uns kurz mit den vier Botschaften einer Nachricht beschäftigt. Mir ist aber deutlich geworden, wie wichtig das Heraushören der einzelnen Botschaften ist.«

»Sie haben Recht! Wir versenden nicht nur mit jeder Äußerung vier Botschaften, wir hören auch noch mit vier Ohren zu! Und das hat Konsequenzen für unser Verhalten in einem Gespräch.«

Mit allen vier Ohren dabei sein bedeutet, dass Sie eine Nachricht, die jemand an Sie gerichtet hat, auf vier verschiedene Arten wahrnehmen, interpretieren und verstehen können – dies ganz unabhängig davon, wie der »Sender« seine Nachricht verstanden haben möchte.

Unserer Erfahrung nach werden Sie unterschiedlich reagieren, je nachdem, welches Ohr Sie gerade »spitzen«. Das hat massive Auswirkungen auf Ihr Verhalten in Gesprächen.

Hören auf dem Sachohr

Sie haben einem älteren Kollegen einen sorgfältig ausgearbeiteten Verbesserungsvorschlag vorgestellt. Es geht um eine pfiffige Idee, neue Kundengruppen für eine bisher nicht besonders genutzte Datenbank zu erschließen. Ihr Gesprächspartner sagt: »Die Suche nach neuen Kundengruppen für die Datenbank Pandora hat bei uns noch nie geklappt!« Das können Sie nun mit dem Sachohr hören. Das Sachohr hört ausschließlich den Sachinhalt einer Nachricht: »Was ist die Sache, worum geht es inhaltlich?« Mit diesem Ohr werden Sie aufnehmen, dass etwas Bestimmtes in Ihrer Abteilung oder in der Firma bisher noch nicht funktioniert hat, nämlich die Suche nach neuen Kundengruppen für eine bestimmte Datenbank namens Pandora. Würden Sie *ausschließlich* diesen Aspekt der Botschaft wahrnehmen, können Sie über den Wahrheitsgehalt der Äußerung diskutieren, darüber ob der Einwand für Ihre Idee überhaupt von Belang ist oder ob sich durch diesen Einwand etwas an den Erfolgsaussichten Ihrer genialen Idee verändert.

Beispielsweise bewerten Sie die Aussage nach richtig oder falsch und entgegnen: »Das ist so nicht richtig, wenn Sie an die Aktion im Juli denken, dort hat sich doch gezeigt ...« Oder Sie fragen weitere Informationen ab, um die Bedeutung dieser Aussage besser bewerten zu können: »Was hat denn in der Vergangenheit nicht richtig funktioniert?«

Hören auf dem Appellohr

Den Satz »Die Suche nach neuen Kundengruppen für die Datenbank Pandora hat bei uns noch nie geklappt!« können Sie aber ebenso als Aufforderung zum Handeln verstehen. Das Appellohr hört: »Ich soll etwas tun, handeln, aktiv werden!« In unserem Beispiel könnten Sie den Appell hören: »Vergessen Sie es. Machen Sie sich über dieses Produkt bloß keine weiteren Gedanken!« oder »Zeigen Sie doch mal, was Sie drauf haben, was Sie so können, denn neue Besen kehren bekanntlich ...« Mögliche Reaktionen Ihrerseits können sein: »Ich habe nach Gesprächen mit bisherigen Kunden das sichere Gefühl, dass wir dieses Produkt zu richtigem Leben erwecken können.« – »Ich würde am liebsten sofort loslegen und verkaufen. Dazu benötige ich nur noch ...«

Hören auf dem Selbstoffenbarungsohr

Mit jeder Botschaft, die jemand sendet, offenbart er etwas über seine Person. Entsprechend können Sie wahrnehmen, was der andere Ihnen über sich selbst als Person mitteilt. Ihr Selbstoffenbarungsohr hört: »Du über dich! Das offenbart der andere also über sich, seinen momentanen Zustand, seine Gefühle, Befindlichkeit.« Aus der Nachricht »Die Suche nach neuen Kundengruppen für die Datenbank Pandora hat bei uns noch nie geklappt!« hören Sie beispielsweise folgende Selbstoffenbarung des Sprechers heraus: »Ich hätte mich eigentlich schon lange mit neuen Kundengruppen für diese Datenbank beschäftigen sollen, was ich einfach verschlafen habe. Das macht mir ein schlechtes Gewissen und ich habe Angst, von Ihnen vorgeführt zu werden ...«

Für den Fall, dass Sie ausschließlich auf diesem Ohr hören, könnte Ihre Reaktion folgendermaßen ausfallen: »Ich weiß, dass Sie bisher keine Zeit hatten, sich mit dem Thema zu beschäftigen, da Sie sich viel Zeit für die anderen Produkte genommen haben. Das hat sich für die Abteilung ja auch in guten Verkaufszahlen ausgezahlt. Dennoch liegt mir für die nächsten Wochen sehr daran ... Ich möchte Sie herzlich bitten ...«

Hören auf dem Partnerohr

Wenn Sie dieses Ohr weit aufgesperrt haben, sind Sie für den Aspekt der Nachricht empfänglich, der sich auf Ihre eigene Person bezieht. Sie hören das, was der andere über Sie persönlich aussagt: »Du über mich, wie siehst du mich, was hältst du von mir?« Aus dem Satz »Die Suche nach neuen Kundengruppen für die Datenbank Pandora hat bei uns noch nie geklappt!« hören Sie vielleicht: »Sie sind noch viel zu jung und unerfahren, um ein solches Thema hier einigermaßen erfolgreich bewältigen zu können.« Oder: »Sie sind doch gerade erst ein paar Tage hier. Ihre Finger sind noch krumm vom Koffertragen und jetzt wollen Sie schon groß verkaufen, sich wahrscheinlich beim Chef einschleimen.« Sie könnten aber auch hören: »Toll, Sie sind aber mutig, dass Sie sich das zutrauen!« Entsprechend kann Ihre Reaktion ausfallen:

(Mit etwas flauem Gefühl im Magen) »Ich habe während meiner Ausbildung in einer Gruppe mitgearbeitet, in der wir ein verwandtes Produkt ...« Oder: »Ich weiß, dass ich vielleicht etwas schnell und ungestüm wirke, ich hoffe aber, mit Ihrer Hilfe und Erfahrung ... Vielleicht können wir gemeinsam in einer ersten Phase ...« – (mit freudigem Lächeln) »Also, ich bin ganz zuversichtlich, dass ich nach der guten Einarbeitung durch Sie ...«

»Wovon hängt es denn ab, auf welchem Ohr ich eine Botschaft höre?«

»Natürlich ist für die Auswahl Ihrer Ohren die Art entscheidend, wie die Botschaft selbst vermittelt wurde: also Stimme, Ton, Mimik Körpersprache. Hinzu kommt die Vorgeschichte, die Sie mit dem Sender der Botschaft verbindet. Und dann ist da noch Ihre aktuelle Stimmungslage, Ihr Energiehaushalt, aber auch Ihre momentane Lebenssituation, Ihre Lebenserfahrung. So hören beispielsweise jüngere Mitarbeiter häufig stark mit dem Partnerohr. Sie versuchen, den Nachrichten der anderen Kollegen zu entnehmen, wie sie ›ankommen‹, wo Ihr Platz in der Organisation ist, ob das, was Sie leisten, anerkannt wird. Und wenn Sie sich in besonderen Situationen wie bei der Diskussion eines Verbesserungsvorschlags auch noch etwas unwohl fühlen, dann kann es geschehen, dass Sie vor allem kritische Äußerungen auf sich persönlich beziehen, also überwiegend mit dem Partnerohr hören.«

»Diese Situation ist mir vertraut. Ich habe bei kritischen Äußerungen meiner Kollegen oder meiner Freundin häufig das Gefühl, mich rechtfertigen zu müssen. Ich verfalle in eine Verteidigungshaltung, denke, die wollen mich als Person angreifen. Heißt das aber nicht, dass ich am besten fahre, wenn ich nur auf dem Sachohr höre? Vor allem bei kontroversen Auseinandersetzungen?«

»An der Überlegung ist schon etwas dran. Wenn Sie sich ganz stark nur auf die Sache konzentrieren, werden Sie sich persönlich nicht besonders angegriffen fühlen. Das kann den Kopf schon etwas frei machen. Langfristig jedoch sollten Sie sensibel dafür werden, mit welchen Ohren Sie in Konfliktsituationen bevorzugt hören. Ganz persönlich

meine ich, dass kompetente Menschen auf allen vier Ohren aufmerksam hören können:

- *auf dem Sachohr, um inhaltlich präsent zu sein und als fachlich sattelfest zu gelten;*
- *auf dem Selbstoffenbarungsohr, um sensibel wahrnehmen zu können, worum es dem Gesprächspartner vielleicht ganz persönlich geht, um Empathie und Hilfsbereitschaft zeigen zu können;*
- *auf dem Partnerohr, um immer auch zu verstehen, wie die anderen einen selbst sehen, damit bleiben Sie lernfähig und veränderungsbereit;*
- *und auf dem Appellohr, um sich mit den Anforderungen der anderen realistisch auseinander setzen zu können.«*

»Und speziell noch für Konfliktsituationen mit meiner Freundin, haben Sie da einen praktischen Ohrenfahrplan für mich?«

»Wenn es denn sein muss: Versuchen Sie zu Beginn Ihres Streites das Partnerohr, also das Ohr, auf dem Sie hören, was Ihre Freundin über Sie persönlich aussagt, möglichst geschlossen zu halten. Wenn Sie massive Störungen wahrnehmen, sollten Sie verstärkt auf dem Selbstoffenbarungsohr hören. Das können Sie durch Fragen unterstützen: Was genau macht im Moment deinen Ärger aus? – Wo genau liegt deine Enttäuschung, was hat sie ausgelöst?

Versuchen Sie, den Ärger, die Gefühle oder auch Betroffenheit Ihrer Freundin zu verstehen. Dabei hilft Ihnen zusätzlich das aktive Zuhören, auf das wir im nächsten Kapitel eingehen werden. Ziel ist erst einmal, Verständnis zu erlangen, auf keinen Fall sich zu rechtfertigen! Und erst im zweiten Schritt geht es später, bei einem heftigen Streit vielleicht erst nach Stunden darum, mit dem Sachohr die Fakten in den Griff zu bekommen. Fragen dazu können sein: Was ist denn genau geschehen? – Was habe ich getan, was dich so verärgert hat?

Wenn Sie in kritischen Situationen einen umfassenden Eindruck davon bekommen, wo genau der Ärger des anderen liegt, fühlen Sie sich selbst nicht mehr so sehr in der Schusslinie. Sie können mit weniger eigener Verletzung die Sache diskutieren, um die es eigentlich geht. Und Sie akzeptieren leichter die Anteile, die Sie persönlich zum Streit beige-

tragen haben. Das erleichtert es, Ihre Freundin wieder in den Arm zu nehmen! Soweit hier nur eine knappe Antwort auf eine Sie lebenslang begleitende Frage.«

»Das heißt für mein Berufsleben: Immer erst das Selbstoffenbarungsohr weit aufsperren.«

»Nicht ganz so schnell! In einem ersten Schritt sollten Sie für sich herausspüren, welches Ohr Sie bevorzugt in den Gesprächen mit Kollegen, Mitarbeitern und Vorgesetzten einsetzen. Jeder hat so sein Lieblingsohr! Hören Sie besonders stark auf dem Appellohr, haben also das starke Bedürfnis, immer gleich aktiv zu werden, wenn der andere etwas sagt? Sie werden dadurch vielleicht als hilfsbereit und tüchtig bekannt, sind aber ständig unter Dampf und tun vielleicht gar nicht immer das wirklich Wichtige? Oder hören Sie besonders stark auf dem Partnerohr, fühlen sich dadurch immer wieder kritisiert oder bewertet, werden unsicher und machen sich richtig Stress. Und wenn Sie nur das Sachohr eingeschaltet hätten, hielten Sie die Kollegen vielleicht für einen brillianten Analytiker, möglicherweise aber auch für einen unsensiblen und lernunfähigen Stoffel. Prüfen Sie also Ihre Ohrenstellungen im Berufsalltag. Öffnen Sie die bisher etwas verstopften Ohren! Grundsätzlich möchte ich Sie aber ermutigen, in Gesprächen mit anderen das Selbstoffenbarungsohr sehr weit zu öffnen. Sie unterstützen damit Ihr Anliegen, andere möglichst genau und einfühlsam zu verstehen. Dann sollten Sie darüber nachdenken, ob es etwas zu tun gibt und ob die Ausführungen Ihres Gegenübers etwas mit Ihnen zu tun haben. In Frageform: ›Gibt es jetzt etwas zu tun, mache ich das oder wer soll das erledigen?‹ und ›Gibt es etwas aus dem Gesagten, was mich persönlich betrifft, was ich daraus für mich lernen kann? Und was ist das?‹ Ach ja, bevor ich es vergesse: im Kapitel ›Auf Reklamationen und Beschwerden reagieren‹ (s. S. 274ff.) zeigen wir Ihnen, wie Sie mit Ihren vier Ohren in derart kritischen Situationen arbeiten können.«

Auch zu den »vier Ohren« findet sich Lesens- und Nachdenkenswertes in **Friedemann Schulz von Thun: Miteinander reden, Band 1 – Störungen und Klärungen. Reinbek 1981.**

Aktiv und aufmerksam zuhören

»Ein ganzes Kapitel über das Zuhören. Ist das nicht pure Platzverschwendung? Ich habe doch schon meine vier Ohren kennen gelernt! Und überhaupt, zuhören kann doch eigentlich jeder. Das tue ich beispielsweise den ganzen Tag!«

»Machen Sie doch einmal ein kleines Experiment: Fragen Sie Ihre Kollegen, ob sie richtig gut zuhören können. Vermutlich werden 100 Prozent dies heftig bejahen. Und nun fragen Sie einmal die Ehefrauen und Freundinnen dieser Kollegen, wie aufmerksam deren Partner so im Alltag zuhören können. Das Ergebnis wird katastrophal ausfallen.«

»In meinem Fall sehe ich das aber diametral ... obwohl? Ich möchte mich dazu erst einmal nicht äußern. Wären Sie jedoch so liebenswürdig und erklären mir, warum das so ist?«

»Nun, was wir alle können, ist ›hinhören‹: ein halbes Ohr öffnen, gerade mal so die Hälfte mitbekommen, was der andere sagt und sofort ein ›Ja, aber‹ auf den Lippen. Manche bedienen dabei gleichzeitig noch Ihren Laptop oder schicken eine SMS. Für viele Situationen im täglichen Alltag mag dieses ›Hinhören‹ ja ausreichen. In den Fällen jedoch, in denen es um anspruchsvolle oder sehr persönliche Themen geht sowie in sämtlichen Konfliktsituationen empfehle ich Ihnen ein wirklich aktives und aufmerksames Zuhören.«

»Worum geht es da genau, vielleicht kann ich es schon und weiß das nur nicht!«

»Das aktive und aufmerksame Zuhören ist eine Fähigkeit, die Sie richtig lernen können. So ganz einfach, wie es klingt ist es jedoch nicht.«

»Ich habe es geahnt. Also schießen Sie los!«

»Vorbedingung für ein aktives Zuhören ist der Wunsch, den anderen in einem Gespräch möglichst vollständig zu verstehen: in dem, was

er sagt, was er meint und was er dabei fühlt. Sie können das ›einfühlendes Verstehen-Wollen‹ nennen. Sie versuchen sich also in einer bestimmten Gesprächssequenz oder bei einem wichtigen Thema in die Gedankenwelt und Gefühlswelt des anderen hineinzuversetzen. Das kostet Kraft und Mühe! Sie müssen sich ganz auf das Gespräch, auf Ihr Gegenüber einstellen und wirklich konzentrieren. Jede Form von Ablenkung behindert Sie. Dass Sie sich in einem solchen Fall nicht auch noch um Ihre E-Mails kümmern sollten, versteht sich wohl von selbst.«

»Wo liegt der Nutzen eines solch intensiven Zuhörens?«

»Der Nutzen ist vielfältig. Hier nur einige Aspekte: Ihr Gesprächspartner wird zuallererst das Gefühl entwickeln, dass Sie ihn ernst nehmen, ja sogar wertschätzen, was bei einer ›Ja-aber-Reaktion‹ nicht immer der Fall ist. Das gilt selbst dann, wenn Sie inhaltlich anderer Meinung sind. Aber darauf komme ich noch. Hinzu kommt: Ihr Gesprächspartner fühlt sich verstanden, und zwar in dem, was er sagt, in dem was er meint und in der Art, wie es ihm mit diesem Thema geht. Ein Mensch, der sich verstanden weiß, ist auch bereit für neue, also beispielsweise für Ihre Gedanken und abweichenden Ansichten. Mit dem aktiven Zuhören legen Sie also einen Grundstein für den weiteren Gesprächsverlauf. Sie verstehen genauer, was der andere meint. Davon ausgehend können Sie Ihre Gegenargumente formulieren, etwas, was immer schwer ist, wenn wir nur glauben zu wissen, was der andere meinen könnte. Wenn Sie den anderen richtig verstanden haben, dann können Sie überlegen, wie Sie ihn von etwas überzeugen, was er für Sie tun soll. Sie können den anderen aber auch beraten, ihm Anregungen geben, wie er weiterdenken oder handeln soll. Und das ist mir wichtig: Beraten können Sie einen Menschen nur, wenn Sie ihn wirklich verstanden haben, auch etwas, was in unserem Alltag unterzugehen droht.

»Jetzt aber ein paar Tipps: Wie funktioniert dieses aktive und aufmerksame Zuhören denn genau?«

»Gleich, gleich! Vorher noch zwei wichtige Vorbemerkungen darüber, was aktives Zuhören nicht ist. Zum einen: aktives Zuhören bedeutet nicht Zustimmung! Mich in die – möglicherweise von der meinigen abweichende – Position des anderen hineinzuversetzten, heißt überhaupt nicht, dass ich diese Position auch übernehme. Viele Menschen befürchten dies und scheinen sich daher unbewusst zu weigern, die Position des Gegenübers auch nur verstehen zu wollen. Deshalb trifft man

in kontroversen Diskussionen so viele ›Ja-aber-Diskutanten‹. Letztlich – so meine ganz persönliche Meinung – bedeutet ›Ja, aber‹ nichts anderes als ›Mir ist völlig egal, was du gerade gesagt hast, mir geht es doch nur um meine Meinung, und die lautet ...‹ Mein Plädoyer an dieser Stelle: Mut zum wirklichen Verstehen, auch wenn es wehtut. Die zweite Vorbemerkung lautet: Das aktive und aufmerksame Zuhören hat nichts mit Beeinflussung zu tun. Jemanden beeinflussen bedeutet, ihn in meine Richtung zu lenken, ihn zu etwas bewegen, was mir wichtig ist. Ein durchaus legitimes Anliegen, wir werden in einem späteren Kapitel darauf eingehen. Die Kunst des aktiven Zuhörens besteht darin, die Gedanken- und Gefühlsgänge des anderen nachzuvollziehen, also erst einmal vollständig beim Thema und der Person des Gegenübers zu bleiben. Nun folgen ein paar konkrete Tipps.«

Erste Tipps für den Einstieg in das aktive und aufmerksame Zuhören

Suchen Sie einen ungestörten Ort und nehmen sich etwas Zeit. Also zum einen keine E-Mails, Handys oder mithörende Kollegen. Und zum anderen keinen, Ihre Aufmerksamkeit behindernden Termindruck. Auch in einem nur zehnminütigen Gespräch können Sie gut aktiv und aufmerksam zuhören! Das Stichwort lautet »ungeteilte Aufmerksamkeit«!

Machen Sie Ihrem Gegenüber deutlich, dass Sie sich ihm in dem Gespräch ganz zuwenden. Halten Sie den Kontakt durch einen angemessenen Blickkontakt und eine zugewandte Körperhaltung. Wenn Sie Ihr Gegenüber zudem durch gelegentliches unterstützendes Kopfnicken und dem einen oder anderen »hmm«, »ja«, »aha« oder ähnliche Kurzäußerungen verdeutlichen, dass Sie ganz bei ihm sind, dann stimmt der Draht zum anderen. Aber Vorsicht: Bleiben Sie so natürlich wie nur möglich und vermeiden Sie mechanisch eingeübte Stereotypen oder das affig wirkende Imitieren der Sitzhaltung des anderen. Ihr Ziel ist das uneingeschränkte Verstehen von Meinungen und Gefühlen und mit einer solchen Haltung und etwas Sensibilität gelingt Ihre Zuwendung schon. Das Stichwort lautet: »Aufmerksame Zuwendung«!

Stellen Sie klärende Fragen. Wenn Sie etwas mehr wissen wollen, wenn Ihnen etwas unklar ist, dann fragen Sie nach. Aber bitte nicht vergessen: Sie sind noch beim Zuhören, also bleiben Sie mit Ihren Fragen beim Thema des anderen, machen Sie keine neuen Baustellen auf. Das gelingt am besten mit einfachen offenen Fragen wie: »Was meinen Sie mit ... genau?«, »Wie sind Sie dabei konkret vorgegangen?«, »Was bedeutet in diesem Zusammenhang ...?« Aber Vorsicht: Auch ein »Haben Sie nicht daran gedacht, Ihren Kunden die Spezifikation XY anzubieten?« ist eine Form der Beeinflussung, denn »Spezifikation XY« ist Ihr Thema und nicht unbedingt das Thema des Erzählenden. Das Stichwort lautet: Das Thema des anderen genau verstehen!

»Übertreiben Sie hier nicht ein bisschen? Vielleicht ist die ›Spezifikation XY‹ ja etwas Wichtiges, das nicht unter den Tisch fallen darf? Und Sie verbieten mir diese Frage!«

»Sie haben Recht! Wenn ich könnte würde ich Ihnen diese Frage verbieten – aber nur für den Zeitraum, in dem Sie aktiv und aufmerksam Ihrem Gesprächspartner zuhören wollen. Denn mit Ihren klärenden Fragen vertiefen Sie nicht nur das Verstehen der Ansichten des anderen, Sie signalisieren darüber hinaus ein großes Interesse an seinen Ausführungen. Und Ihre für den Gesprächsverlauf immens wichtige Frage nach der ›Spezifikation XY‹ sollten Sie erst stellen, wenn Sie sich sicher sind, den anderen verstanden zu haben. Dann können Sie in eine neue Gesprächsphase eintreten und beispielsweise Ihre eigenen Interessen und Themen anbieten.«

»Ich sehe schon, Ihr Hauptanliegen besteht darin, dass ich in der Rolle des Zuhörenden überhaupt einmal die Grundfertigkeiten des aktiven und aufmerksamen Zuhörens beherrsche, statt gleich mit eigenen Zielen und Themen in das Gespräch zu platzen, was, ich muss das gestehen, mir bisher durchaus lag. Aber wie stelle ich denn nun fest, dass ich den anderen vollständig verstanden haben?«

Sichern Sie Ihr Verständnis, indem Sie die Kernaussagen mit eigenen Worten wiederholen und/oder längere Gesprächssequenzen mit eigenen Worten zusammenfassen. Das bedeutet kein papageienhaftes Nachplappern der Sätze des anderen, sondern ein mit eigenen Worten die Kerngedanken des Gesprächspartners wiedergebendes kleines »Gedächtnisprotokoll«. Natürlich prüfen Sie dann auch gleich, ob Ihre Wiedergabe dem entspricht, was der andere gesagt und gemeint hat. Beispielsweise: »Wenn ich Sie richtig verstanden habe, sind Sie der Meinung, dass unser Kunde ... in den letzten Jahren ... Außerdem bewerten Sie das Vorgehen unserer Geschäftsleitung ... Liege ich mit dieser Beobachtung richtig?« Diese Form der Verständnissicherung setzen Sie immer dann ein, wenn Sie den Eindruck haben, dass Ihr Gesprächspartner einen für sein Thema elementaren Punkt angesprochen hat oder wenn Sie einfach befürchten, den roten Faden des Gespräches zu verlieren. Und wenn Sie es mit einem Vielredner zu tun haben, unterbrechen Sie einfach. Aber auf elegante Weise: Greifen Sie ein Schlüsselwort des anderen auf und hängen Ihre Zusammenfassung dran. Der andere fühlt sich nicht unterbrochen und spürt Ihr Interesse an seinem Thema. Also: »... und viertens möchte ich anfügen, dass unser Lieferant XY bisher in mehreren Fällen die geforderten Qualitätsvorgaben nicht ansatzweise erfüllt hat. Beispielsweise ...« Und jetzt Sie: »›Qualitätsvorgaben‹ sagen Sie. Heißt das also, dass Sie vier Schwachpunkte beim Lieferanten XY ausgemacht haben, nämlich erstens ... zweitens ...?« Das Stichwort lautet: Durch die Verwendung eigener Formulierungen das Verständnis prüfen!

»Super Beispiel. Dann können wir ja jetzt einen Kaffee holen, nicht wahr? Und dann wiederhole ich mit eigenen Worten, was ich bisher von Ihnen über das aktive Zuhören erfahren habe.«

»Stopp, stopp. Wir sind noch nicht ganz fertig! Ein wichtiger Baustein fehlt uns noch: Das **Widerspiegeln der Gefühle** *des Gesprächspartners. Wenn nämlich das Ziel des aktiven und aufmerksamen Zuhörens darin besteht, den Gesprächspartner umfassend, also sowohl inhaltlich als auch auf der Ebene der Gefühle zu verstehen, dann gehört dazu, dass Sie in Worte zu fassen versuchen, wie sich der andere fühlt, wenn er Ihnen etwas schildert. Aber Vorsicht: Vergessen Sie niemals, dass es Ihnen um das Verstehen geht, nicht darum, Ihren Gesprächspartner vorzuführen, ihn zu therapieren oder Ihre vermeintliche Überlegenheit durch ein ›Sie sind aber übersensibel ...‹ zu festigen. Das bedeutet, dass sich das Widerspiegeln der Gefühle des anderen in einem*

intensiven und vertrauensvoll geführten Gespräch fast immer automatisch einstellt. In unserem Beispiel könnte das so lauten: ›Mein Eindruck ist, dass Sie über unseren Lieferanten aufrichtig verärgert sind, wie sehen Sie das?‹, ›Aber Hallo, manchmal platzt mir bei dessen Dreistigkeit schon mal der Kragen!‹, ›Ich höre aber auch etwas Enttäuschung über unsere Geschäftsführung bei Ihnen, begründet damit, dass ...‹, ›Na ja, Enttäuschung ist vielleicht zu viel, aber so ganz glücklich bin ich mit der Entscheidung ...‹

Es gibt aber auch Situationen, beispielsweise zwischen sich noch fremden Vorgesetzten und Mitarbeitern, bei denen das Eingehen auf die Gefühle nicht angebracht ist. Als aktiv und aufmerksam Zuhörender ist es Ihre besondere Leistung, ein Gefühl für die Situation zu entwickeln und danach zu entscheiden, was sich gehört und was nicht.«

»Leuchtet mir ein. Aber meinen Sie nicht, dass es sich jetzt gehört, einen Kaffee zu holen?«

»Gerne. Sie wollten aber vorher noch mit eigenen Worten wiederholen, was bei Ihnen in den letzten Minuten angekommen ist und was nicht.«

»Mit oder ohne Gefühlsspiegelei?«

»Das überlasse ich ganz Ihrem Gespür für die Situation.«

Rolf H. Bay: Erfolgreiche Gespräche durch aktives Zuhören. Renningen 2000. Eine Einführung in die Gesprächsführung mit dem Schwerpunkt auf das aktive Zuhören.

Christian Rainer Weisbach: Professionelle Gesprächsführung. München 2003. Ein Taschenbuch, in dem es besonders um den Zusammenhang zwischen menschlicher Psyche und dem täglichen Kommunikationsverhalten geht – ein umfassender Einstieg in die Kommunikationslehre, mit einem Kapitel zum aktiven Zuhören.

Angemessene Fragetechnik – Gespräche beeinflussen und Informationen sammeln

Mit Fragen arbeiten – wozu?

»Wer fragt – führt.« Soweit das Sprichwort. Fragen leisten aber noch viel mehr! Mit einer angemessenen Fragetechnik können Sie Ihr Verstehen sichern, können Sie den Ausführungen Ihres Gegenübers aufmerksam folgen. Sie können aber auch für Sie neuartige Informationen erlangen, Ihre Sicht der Dinge vervollständigen, auf vollkommen Überraschendes stoßen. Und natürlich können Sie ein Gespräch, eine Besprechung oder eine moderierte Arbeitssitzung mit Fragen auf ein Ziel hin vorantreiben.

Und die Praxis?

Journalisten »löchern« mit Fragen im Interview, Moderatoren in der Wirtschaft helfen mit Fragen, Teammitglieder auf neuartige Entwicklungen zu stoßen, Polizisten nutzen Fragen im Verhör, Lehrer wissen zwar schon alles, stellen trotzdem immer wieder die gleichen Fragen. Und Napoleon soll in Gesprächen fast immer nur gefragt haben – wenn es wirklich so war, dann hat er gut daran getan: Denn wer fragt führt nicht nur, er wird auch klug, einfühlsam, macht weniger Fehler, zeigt sich offen und interessiert. Also fragen Sie. Denn: »dumme Fragen« gibt es nicht. Es gibt vielleicht unangemessene, gelegentlich unverschämte, vielleicht auch unüberlegte Fragen, aber dagegen kann man etwas tun.

In der Fragetechnik lassen sich zwei Grundtypen beschreiben: die **offenen** und die **geschlossenen Fragen**. Wer die Besonderheiten, die Stärken und Beschränkungen dieser beiden Fragemöglichkeiten verstanden hat, der ist für die alltägliche Praxis gut gerüstet.

Offene Fragen

Offene Fragen ermutigen den Gesprächspartner, aus seiner Sicht heraus umfassende Informationen zu geben, vertiefende Angaben zu machen, seine Sicht der Dinge zu schildern, Hintergründe oder Einzelheiten zu erläutern.

Offene Fragen werden immer wieder auch »W-Fragen« genannt, weil sie überwiegend mit einem Fragewort beginnen:

- Was waren Ihre Beweggründe für diese Entscheidung?
- Wie erklären Sie sich den Rückgang der Umsätze?
- Warum sollten wir Ihrer Meinung nach dem Antrag des Kunden zustimmen?

Offene Fragen können sehr allgemein gehalten sein: »Was möchtest du in deiner Zukunft noch alles erreichen?« Man kann sie aber auch sehr konkret und zielführend formulieren: »Wenn wir von der Annahme ausgehen, dass ... wie sieht morgen früh unser erster Schritt aus?«

Mit offenen Fragen geben Sie zwar ein Thema und eine mehr oder weniger grobe Richtung vor, lassen dem anderen jedoch die Möglichkeit, Neues, Ihnen Unbekanntes, ja sogar Überraschendes zu antworten. Es sind die offenen Fragen, mit denen wir im Interview bohren – »Wieso hatten Sie sich damals ...?« – oder im Beratungsgespräch den anderen zu neuen Erkenntnissen anregen – »Wenn du dich in die Rolle von Sophie versetzt. Wie würde sie das Problem beschreiben?«

So banal die Beschreibung der offenen Fragen auch klingen mag, ihre Anwendung setzt jedoch eine bestimmte Haltung voraus, die in der Hektik des Alltags immer wieder unterzugehen droht: Offene Fragen zu stellen bedeutet neugierig zu sein, bedeutet, die Antwort, Meinung oder Gedankenwelt des anderen nicht schon vorweg zu wissen. Wer gezielt offene Fragen stellt, muss bereit sein, sich überraschen zu lassen, muss offen sein für Antworten, mit denen man im Leben nicht gerechnet hätte.

Wer jedoch schon weiß, in welche Richtung die Antwort gehen soll, wer schon eine Lösungsidee im Kopf hat, wer sich voller kluger

Gedanken wähnt und beim Gesprächspartner nur noch abprüfen möchte, ob das alles so okay ist, der arbeitet überwiegend mit geschlossenen Fragen.

Geschlossene Fragen

Geschlossene Fragen werden häufig »Ja-nein-Fragen« genannt, weil ihre Formulierung eine Ja- oder Nein-Antwort ermöglicht, ja geradezu anbietet:

- Hat heute Morgen eigentlich einer mal das Angebot an Timo-Max dahingehend geprüft, ob wir überhaupt jemals in der Lage sein werden, die zugesagten Termine auch einzuhalten?
- Können Sie sich vorstellen, die verstopften Rohre im Rückgebäude mit Hilfe der neuartigen Chemikalie ... wieder frei zu bekommen?
- Haben Sie bei dem Problem ... auch an die Erfahrungen des Kollegen ... gedacht?

In allen diesen Beispielen hat der Fragende eine eigene Idee, eine eigene Hypothese, wie ein Problem am besten zu lösen sei. Und diese Vorstellung wird jetzt nur noch abgefragt, abgelehnt oder bestätigt. Damit bekommt der Fragende zwar unverzüglich eine Einschätzung des anderen, wie sinnvoll seine eigenen Gedanken sind, er erhält jedoch in der Regel keine neuen Informationen, wahrscheinlich auch keine ihm weiterhelfenden alternativen Anregungen. Dessen muss sich der Fragende bewusst sein, wenn er seine Frage so formuliert. Und wenn er an neuen Informationen interessiert ist und nicht an der ausschließlichen Prüfung der eigenen Ideen, dann könnten die Fragen – offen gestellt – lauten:

- Mit welchem Ergebnis wurde das Angebot an Timo-Max bezüglich der von uns zugesagten Termine geprüft? Oder: Wie sicher können wir die im Angebot gemachten Terminzusagen einhalten?

- Wie wollen Sie bei den verstopften Rohren im Rückgebäude vorgehen?
- Welche Lösungen schweben Ihnen bei dem Problem ... vor? Woran denken Sie da im Moment? Wer könnte Ihnen da helfen?

»Nun ist es aber in der Praxis häufig so, dass auch eine geschlossen formulierte Frage mit einem richtig ausführlichen Redeschwall beantwortet wird. Die Frage: ›Können Sie sich vorstellen, die verstopften Rohre im Rückgebäude mit Hilfe der neuartigen Chemikalie ... wieder frei zu bekommen?‹ wird dann beispielsweise beantwortet mit ›Natürlich kann ich mir das vorstellen. Das neue Mittel ... taugt aber nur bedingt. Ich würde einen Zusatz bestehend aus ... anwenden. Dazu müssen wir aber noch ... Und wenn ich an die Kosten denke ...‹ Es gibt oft also nicht nur eine einfache Ja- oder Nein-Antwort.«

»Das beobachten Sie vollkommen richtig. Auch geschlossene Fragen halten Menschen nicht davon ab, ihre Gedanken so richtig sprudeln zu lassen. Aber – und das zeigt Ihr Beispiel sehr deutlich: Die von Ihnen soeben zitierte geschlossene Frage engt das Antwortspektrum auf das Thema ›neuartige Chemikalie‹ ein. Und genau dazu, aber auch nur dazu bekommt der Fragende im Glücksfall ausführliche Informationen. Wenn er genau das wollte, gut so. In der Praxis beobachte ich jedoch vor allem bei jungen Mitarbeitern in Unternehmen, dass sie eigentlich ganz offen fragen möchten – ›Wie sollten wir ...?‹ Dass sie aber aus einem Gefühl der Unsicherheit heraus, vielleicht weil sie meinen, dem Gegenüber eigene Kompetenz signalisieren zu müssen – ›Ich kenne mich im Thema Rohrreinigung aus, daher frage ich konkret nach dem neuen Mittel ...‹ – dass sie daher überwiegend mit geschlossenen Fragen arbeiten.«

»Und ist das denn schlimm?«

»Schlimm nicht. Es kann aber eine Reihe von Problemen bereiten. Wenn ich beispielsweise nur wenig Wissen über eine Thematik habe, aber glaube, durch eine besonders kenntnisreich wirkende Frage glänzen zu müssen, dann kann es geschehen, dass mein Gesprächspartner

mich sofort als Angeberin entlarvt. Beispielsweise wenn für das Freimachen unserer Rohre eine Chemikalie absolut ungeeignet wäre. Und das Gefühl, durch eine besonders intelligente Frage glänzen zu müssen, macht Druck. – Dann doch besser fragen ›Wie würden Sie das Problem ...?‹ Und noch etwas: Wenn ich in der Anfangsphase eines Gesprächs bin und mir erst noch ein eigenes Meinungsbild machen muss, dann machen konkrete offene Fragen einfach mehr Sinn. Sie versorgen mich eher mit umfangreichen Informationen, die ich bewerten kann. Später kann ich immer noch die in der Zwischenzeit gebildeten eigenen Hypothesen durch geschlossene Fragen verifizieren oder in Frage stellen lassen.«

»Wenn ich Sie richtig verstehe, sollte ich mir beim Fragen immer bewusst machen, was ich genau vom anderen will. Wenn es mir um neue Informationen geht, um die Meinung, Einstellungen oder Gefühle des anderen, um einen eigenen Wissenszuwachs, dann bieten sich eher offene Fragen an. Wenn ich dagegen eine Idee habe, die ich prüfen möchte, eine schnelle Entscheidung herbeiführen will, eine gezielte Zustimmung bekommen möchte, dann sollte ich eher mit geschlossenen Fragen arbeiten?«

»Dem kann ich gut zustimmen. Für Ihre eigene Praxis gilt: Immer wenn Sie gerade dabei sind, eine geschlossene Frage zu stellen, probieren Sie es mit einer offenen. Sie werden merken, dass Sie andere, wahrscheinlich umfassendere Informationen erhalten. Sie werden aber auch feststellen, wie schwer es ist, gezielt mit offenen Fragen zu arbeiten. Und nebenbei bemerkt: Achten Sie im Fernsehen einmal auf Reporter in Interviews. Denen fällt es häufig ebenfalls leichter, ihre eigenen Gedanken in Frageform anzubieten als hartnäckig mit offenen Fragen den anderen zum Offenlegen seiner Gedanken oder Vorhaben zu bringen.

Sie können sich das folgendermaßen merken: Die geschlossene Frage hat als Leitmotto die Aufforderung: ›Sage mir, ob ich mit meiner Annahme richtig liege oder falsch!‹ während die Aufforderung der offenen Frage lautet: ›Schildere mir alles, was du zum Thema sagen kannst!‹ Aber einmal ganz unabhängig von der Frageform folgen jetzt noch einige Tipps zum Stellen von Fragen.«

Weitere Tipps für das Fragen

Begründen Sie Ihre Fragen: Stellen Sie sich vor, Sie kommen von einer Geschäftsreise wieder ins Büro zurück und Ihr Chef fängt Sie schon in der Tür mit einer ganzen Frageladung ab: »Wo waren Sie so lange?«, »Die Besprechung war doch schon um zehn Uhr zu Ende. Was haben Sie danach gemacht?«, »Mit welchem Zug sind Sie denn gefahren?« Und so weiter und so weiter. Gefühlsmäßig werden Sie sich in einer unangenehmen Verhörsituation befinden. So etwas kennen Sie aus unzähligen Filmen. Als Verhörter befinden Sie sich auf der Anklagebank, irgendetwas stimmt nicht, Ihnen wird anscheinend etwas vorgeworfen. In einer von Ihnen durchgeführten Fragerunde wird Ihr Gegenüber das Gefühl, verhört zu werden, ebenfalls nicht besonders schätzen. Daher macht es Sinn, wann immer es möglich ist, Ihre Frage zu begründen, den Hintergrund offen zu legen, Ihre Beweggründe für eine Frage aufzudecken. Das fördert die Bereitschaft für eine ehrliche und ausführliche Antwort.

Stellen Sie Einzelfragen: So mancher Journalist geht mit ganzen Fragebatterien in ein Interview: »Wie sehen Sie ...? Was bewegt Sie ...? Halten Sie es für möglich ...?« Der geschulte Gesprächspartner sucht sich die Frage aus, die ihm am besten gefällt und lässt die anderen unter den Tisch fallen, was der Reporter oft gar nicht bemerkt. Wenn Sie einzelne Fragen stellen, behalten Sie den roten Faden des Gespräches besser im Griff.

Stellen Sie neutrale Fragen: Es sei denn, Sie wollen

- eine versteckte Partneraussage treffen: »Wann willst du denn mal wieder zum Frisör gehen?«,
- einen mehr oder weniger offenen Appell äußern: »Was meinst du, sollte nicht jeder mal diesen Film ›Herr der kriegerischen Ohrringe‹ angesehen haben?«,
- mit einer Suggestivfrage Ihren Gesprächspartner über den Tisch ziehen: »Sie sind doch auch gelegentlich großzügig mit Ihren Abrechnungen hier im Haus, nicht wahr?«,
- Ihren Gesprächspartner bewusst provozieren: »Warum sind Sie eigentlich nicht in der Lage, diese einfache Anfrage richtig zu beantworten?«

Aber da wir dies in diesem Buch nicht vermitteln wollen, empfehlen wir Ihnen, Ihre Fragen wertschätzend der Person gegenüber, klar in der Sache und ohne bewertenden Unterton zu formulieren. Es ist häufig dieser Unterton, der über die Neutralität entscheidet. So können Sie die Frage »Wie viele Kunden werden Sie heute besuchen?« wertschätzend, sachlich neutral oder aber mit einem ironischen Ton formulieren. Es ist dieser Ton, der auch beim Fragen die Musik macht.

Michael Haller: Das Interview – Ein Handbuch für Journalisten. Konstanz 2001. Für alle, die es wirklich ganz genau wissen wollen, was man so alles mit Fragen anstellen kann.

Kris Cole: Kommunikation klipp und klar. Weinheim und Basel 2003. Alles zum Thema Fragen und Zuhören verständlich aufbereitet.

Aron Ronald Bodenheimer: Warum? Von der Obszönität des Fragens. Stuttgart 1984. Ein nachdenklich stimmendes Buch eines Autors, für den das Befragen anderer Menschen grundsätzlich unanständig ist.

Rückmeldungen geben – konstruktive Kritik äußern

»Mein Chef sagt immer: ›Wenn ich nichts zu kritisieren habe, ist das ein Lob.‹ Was halten Sie von solch einer Haltung?«

»Lassen Sie es mich vorsichtig ausdrücken: Vielleicht glaubt Ihr Vorgesetzter, dass Loben ein Zeichen von Schwäche ist und dass er sich Schwäche nicht leisten kann. Vielleicht hat er auch nur noch nicht erkannt, dass Menschen Anerkennung mindestens so nötig brauchen, wie die Luft zum Atmen. Und drittens: möglicherweise spürt er, dass eine positive Rückmeldung weit mehr Mühe und Anstrengung erfordert als eine so einfach dahingesagte Kritik. Und deshalb lässt er es bleiben.«

»Und was empfehlen Sie mir?«

»Erstens, dass Sie diese Einstellung Ihres Chefs nicht zu Ihrer eigenen machen! Zweitens, dass Sie sich bemühen, anderen Rückmeldungen zu geben und sich persönlich auch Rückmeldungen zu Ihren Leistungen zu holen. Nur durch Rückmeldungen erfahren Sie, wo Sie stehen, wo Sie sich verändern müssen und wo Ihre Stärken liegen, die Sie weiterentwickeln sollten. Drittens: Lernen Sie differenziert und gekonnt Anerkennung auszusprechen. Viertens: Lernen Sie echte konstruktive Kritik zu äußern.«

»Wenns denn weiter nichts ist!«

Anerkennung geben

Vielleicht kennen Sie folgende Situation, liebe Leserin und lieber Leser: Sie halten eine Präsentation und bekommen anschließend von den lieben Kolleginnen und Kollegen Rückmeldung. Die klingt dann häufig so: »Toller Vortrag, nur mit den Folien, das stimmt nicht, dass ... und die Fragen der Kunden hättest du ein bisschen mehr im Sinne unserer Abteilung beantworten können. Und ein anderer meint: »Gut gemacht, nur der Einstieg, da fehlte mir eine auf den Punkt formulierte Zielbeschreibung ...«

Die meisten Menschen sind in der Lage, differenziert zu beschreiben, was ihnen nicht gefallen hat und was sie anders machen würden. Dagegen fällt es vielen ungemein schwer, in der gleichen differenzierten Weise zu beschreiben, was ihnen gut gefallen hat. Was also steckt hinter Leerformeln wie »guter Vortrag« oder »gut gemacht«? Denn »gut gemacht« hilft dem Präsentierenden nicht weiter. Was soll er denn verstärken? Wo liegen seine besonderen Fähigkeiten, auf die er sich mit Sicherheit verlassen kann?

Ein »gut gemacht« ist häufig nur eine Entschuldigung dafür, sich keine Arbeit mit einer positiven Rückmeldung machen zu wollen. Daher unsere erste Empfehlung: Streichen Sie in Zukunft derartige Floskeln aus Ihrem Rückmelderepertoire.
Unsere zweite Empfehlung: Üben Sie sich im Geben von überzeugender und vollziehbarer Anerkennung.

Sie können folgendermaßen vorgehen: Beschreiben Sie genau und mit konkreten Beispielen, was Sie gesehen oder gehört haben. Was exakt hat der andere gemacht, das Ihnen gefallen hat? Schildern Sie dies mit eigenen Worten. Beispielsweise: »Mir ist bei deiner Präsentation aufgefallen, dass die Folie vier die Probleme unseres bisherigen Produktionsverfahrens nicht nur als reine Textaufzählung mit den berühmten Bullet-Points dargestellt hat sondern in Form einer Prozessdarstellung mit eingebauten Fotos ...«

Begründen Sie, warum Ihnen dieses Verhalten gefallen, Sie begeistert, beeindruckt oder sonst wie positiv gestimmt hat. »Die Inhalte dieser Folie sind mir jetzt noch vollständig in Erinnerung.«

Wenn es von der Situation her passt, äußern Sie den Wunsch, dieses Verhalten beispielsweise in einer bestimmten anderen Situation zu erleben. Ermutigen Sie Ihr Gegenüber, verstärken Sie das positive Verhalten. »Wenn irgendwie möglich solltest du einzelne Folien in der Verkaufspräsentation nächste Woche genauso gestalten. Eine derartige Qualität dürften unsere Mitbewerber nicht liefern!«

Und noch etwas: Sollten Sie beispielsweise vier Kritikpunkte zu einem Vortrag Ihres Kollegen gesammelt haben, dann versuchen Sie doch einmal ähnlich viele ernstgemeinte positive Beobachtungen zu formulieren. Es ist vielleicht mühsam – aber es geht!

Konstruktive Kritik äußern

Natürlich können Sie eine konstruktive Kritik in gleicher Form äußern, wie die positive Anerkennung: Beschreiben Sie genau mit Beispielen, was Sie gesehen oder gehört haben. Was exakt hat der andere gemacht, das Ihnen nicht gefallen hat? Begründen Sie, warum Ihnen dieses Verhalten nicht gefallen, was Sie verunsichert, verstört oder sogar geärgert hat. Formulieren Sie so treffend wie möglich, wie Sie sich ein verändertes Verhalten in Zukunft wünschen. Was konkret soll Ihr Gegenüber beim nächsten Mal anders machen, verstärken, weglassen und dafür ergänzen. Was versprechen Sie sich von diesem veränderten Verhalten? Ermutigen Sie Ihr Gegenüber, neue Schritte zu gehen oder etwas anderes auszuprobieren.

Handelt es sich bei dem Verhalten, das Sie kritisieren wollen, um eine größere Sache, beispielsweise ein verpatzter Kundenkontakt, eine in den Sand gesetzte Angebotspräsentation oder ein verlorener Kunde, dann bietet sich ein ausführliches Kritikgespräch in vier Schritten an:

- **Schritt 1:** Klären Sie die Fakten: Was genau ist geschehen? Wer hat was gemacht, wie wurde darauf reagiert? Wie stellt sich die aktuelle Situation dar? Vergewissern Sie sich, dass Sie genau verstanden haben, worum es geht. Damit vermeiden Sie, dass Sie vorschnelle und unbegründete Kritik äußern.
- **Schritt 2:** Nehmen Sie Stellung sowohl zu den Vorzügen und anerkennenswerten Dingen im Verhalten des anderen als auch zu den Punkten, die Ihnen nicht gefallen, die Sie unbedingt verändern wollen. Beispielsweise kann eine Angebotspräsentation beim Kunden zwar durchgefallen sein, einzelne Bausteine haben Ihrer Meinung nach jedoch gestimmt und sollten bei einer weiteren Präsentation erhalten bleiben und vielleicht noch verstärkt

werden. Dieser Schritt fällt den meisten schwer, hat man sich doch zu einem Kritikgespräch getroffen. Und dann etwas Positives? Aber natürlich! Denn ein Kritikgespräch dient nicht dem Ziel, die Leistungen des anderen in Bausch und Bogen zu verurteilen und ihn dann für immer und ewig zu verdammen! Das Kritikgespräch soll unangemessenes Verhalten verändern und dafür sorgen, dass beispielsweise die nächste Angebotspräsentation ein Erfolg wird. Dazu gehört das Erwähnen und Verstärken des positiv aufgefallenen Verhaltens. Aber nicht nur: Offen und konkret formulieren sollten Sie auch alle Dinge, die aus Ihrer Sicht negativ sind. Beschreiben Sie das Verhalten und machen Sie deutlich, warum Sie Bedenken haben, sich geärgert hatten oder einfach nur gänzlich anderer Meinung sind.

- **Schritt 3:** Jetzt erarbeiten Sie zusammen mit Ihrem Gesprächspartner Verbesserungsideen, die Ihre Bedenken, Ihre negative Kritik ausräumen, gleichzeitig jedoch die positiven Ansätze bewahren. Also: »Wie können wir die nächste Angebotspräsentation so durchführen, dass alle meine Bedenken, nämlich ... ausgeräumt sind, die Vorzüge Ihrer ersten Präsentation, nämlich ... erhalten bleiben?«
- **Schritt 4:** Der letzte Schritt besteht in einem Maßnahmenplan: Wer macht was bis wann? Treffen Sie konkrete Vereinbarungen für das nächste Mal. So können Sie sicher sein, dass Ihre konstruktive Kritik nicht als »unfairer Anschiss« erlebt wird, sondern als Vorstoß, erkannte Mängel abzustellen, erlebte Vorzüge zu erhalten und beides wirklich in die Praxis umzusetzen.

Karl Benien: Schwierige Gespräche führen. Reinbek 2003. Ein leicht zu lesender und praxisorientierter Ratgeber für schwierige Gespräche im Berufsalltag, also nicht nur für Kritikgespräche.

Shari Klein/Neill Gibson: Was macht dich wütend? Paderborn 2004. Gerade in ärgerlichen Situationen geraten Rückmeldungen häufig zu mehr oder weniger unüberlegten Abrechnungen. Wie es auch anders gehen kann, zeigt dieses Buch.

Barbara Berckhan: Keine Angst vor Kritik. München 2003. Die andere Seite: Wie geht man gelassen und souverän mit Kritik um?

Andere anweisen – Appelle eindeutig formulieren

»Sie hatten im Kapitel über das Vier-Botschaften-Modell erwähnt, dass viele Menschen Wünsche an andere hinter Sachaussagen verbergen. Wo liegt da das Problem?«

»Nun, wie so vieles hängt es von der Situation ab: Bei einem Flirt mit einem interessanten Gegenüber beispielsweise werden Sie vielerlei Wünsche und Appelle hinter klug gesetzte Worthülsen verbergen. Denn genau das macht die Spannung und den Kitzel eines eleganten Flirts aus. Anders bei ernsteren Dingen. Im Berufsleben beobachten wir, dass sich besonders junge Führungskräfte schwer tun, älteren und erfahreneren Kollegen eindeutig formulierte Anweisungen zu geben. Immer wieder hört man ungeschickt verpackte Appelle wie: ›Wir sollten uns mal um die Korrektur der Bestellliste … kümmern.‹ Oder: ›Gut dass ich Sie gerade treffe. Ist Ihnen schon gesagt worden, dass beim Überprüfen der Verträge zur Haftpflichtversicherung aus dem letzten Jahr … beanstandet wurde?‹ Mit etwas Glück hört der Empfänger die Appelle heraus: ›Ich soll mir die Bestellliste vornehmen und korrigieren.‹ Und: ›Ich soll unbedingt die Verträge zur Haftpflichtversicherung …‹ Aber halt nur mit einem bisschen Glück, denn noch mehr Arbeit? Das ist genau das Letzte, was Ihr Gesprächspartner im Moment benötigt. Also braucht sich unsere junge Führungskraft nicht zu wundern, wenn ihre schlecht verpackten Appelle keinen nennenswerten Erfolg zeigen und nichts geschieht.«

»Und was raten Sie mir in einer solchen Situation?«

»Klarheit! Der erste Schritt besteht darin, dass Sie sich persönlich deutlich machen müssen, ob Sie andere um etwas bitten oder Ihnen eine Anweisung geben wollen. Natürlich können Sie derartige Leerformeln wie ›Man sollte einmal …‹ oder ›Wir müssten unbedingt …‹ verwenden. Aber bitte nicht als Appelle mit dem Wunsch, dass wirklich et-

was geschieht. Und wenn Sie sicher sind, dass jemand anderes etwas ganz Bestimmtes tun soll, dann nehmen Sie allen Mut zusammen und formulieren höflich und wertschätzend einen eindeutigen Appell.«

»Wofür Sie sicher wieder eine kleine Checkliste parat haben?«

»Die ich Ihnen gerne ans Herz legen will. Aber Vorsicht! Wenn Sie unsere fünf Schritte durchgehen, werden Sie diese vielleicht als steif, aufwändig oder als bürokratisch empfinden. Ihre Aufgabe besteht nun darin, die einzelnen Punkte in einfache Sätze zu packen. Dann können Sie sicher sein, dass von Ihrer Seite aus der Appell stimmt.«

Fünf Schritte auf dem Weg zu einem ausdrücklich und eindeutig formulierten Appell

Schritt 1: Der Einstieg

Sagen Sie möglichst schon in der Einleitung, um welches Thema es Ihnen geht und dass Sie einen konkreten Wunsch, einen Auftrag oder eine Bitte an Ihren Kollegen, Mitarbeiter oder Vorgesetzten richten wollen. Sie geben damit dem folgenden Gespräch »einen Namen«, reden nicht um den heißen Brei herum und stellen sich selbst als gradlinig und offen dar: »... es geht mir um die Bestellliste für unseren Lieblingskunden, die Timo-Max AG. Ich wünsche mir, dass Sie da umgehend tätig werden.« Je nach Situation und Stellung des Gesprächspartners kann es auch lauten: »Ich habe eine dringende Bitte an Sie.« Oder: »Ich wünsche mir von Ihnen einen Gefallen.« Oder: »Sie können mir sehr helfen, wenn Sie in den nächsten Tagen ...«

Schritt 2: Die Fakten

Worum geht es genau? **Warum** möchten Sie, dass in Sachen Bestelllisten etwas geschieht? **Was** sind Ihre Beweggründe? **Was** konkret soll Ihrer Meinung nach getan werden? **Wer** soll dabei tätig werden? Begründen Sie, warum Sie Ihren Gesprächspartner für diese Tätigkeit ausgewählt haben. Möglicherweise braucht es diese Begründung nicht, weil das Korrigieren dieser Bestelllisten in das Aufgabengebiet Ihres Gegenübers gehört und kein anderer im Unternehmen dazu in der Lage wäre. Aber vielleicht ist es auch anders, dann sollten Sie gute Gründe haben, warum sich beispielsweise Ihr Chef mit den Listen beschäftigen soll. **Bis wann** soll welches Ergebnis vorliegen? Beispielsweise die korrigierten Bestelllisten bis zum 12. des kommenden Monats.Und je nach Situation könnten Sie Wünsche bezüglich des **Wo** und **Wie** der zu erledigenden Aufgabe nennen. Aber Vorsicht: Ihr Ziel sind in unserem Beispiel die sorgfältig korrigierten Bestelllisten. Wo und wie diese Korrektur erfolgt, sollte vielleicht besser Ihr Gesprächspartner entscheiden.

Schritt 3: Mehr als nur notwendige Informationen aufzeigen

Bis hierhin haben Sie im Gespräch geklärt, warum die Bestelllisten verändert werden sollen und von wem dies bis wann zu erfolgen hat. In vielen Fällen meinen Vorgesetzte, ihrem Appell nichts mehr hinzufügen zu müssen. Wir sind da anderer Meinung. Menschen erfüllen Aufträge – und besonders Zusatzaufträge – am besten, wenn sie wissen, in welchem größeren Sinnzusammenhang die Sache angesiedelt ist. Für den Appellsteller bedeutet dies: Geben Sie mit knappen Worten mehr als nur notwendige Informationen. So wird die übergeordnete Bedeutung eines einzelnen Arbeitsschrittes offen gelegt und die Ausführenden bekommen ein Gefühl dafür, wie wichtig ihre Tätigkeit ist. Also: »Die Korrektur der Bestelllisten dient der Beschaffung eines neuen, bisher nicht verwendeten Bauteils. Mit diesem Bauteil soll eine Probecharge gefertigt werden, die für einen neuen und von der Konkurrenz heftig umworbenen Kunden bestimmt ist. Die Geschäftsleitung erhofft sich ...«

Schritt 4: Verständnisprüfung

Hat Ihr Kollege Ihren Wunsch, Ihren Auftrag in Ihrem Sinne verstanden? Die übliche Frage dazu lautet: »Haben Sie alles richtig verstanden?« Und die übliche Antwort: »Na klar doch, alles paletti Chef.« Wenn Sie Glück haben, kommt dann noch ein »... äh, wie hieß noch mal die Firma, für die die Bestelllisten gedacht sind?« Wirklich sicher, ob der andere Ihren Auftrag verstanden hat, können Sie nur sein, wenn dieser ihn mit eigenen Worten wiederholen würde. Dazu kann man andere aber nur schwer verpflichten. Also behelfen Sie sich mit offenen Fragen: »Welche Fragen haben Sie noch zu der Aufgabe?«, »Wie kann ich Ihnen noch helfen?«, »Ich weiß, die ganze Geschichte kommt überraschend und passt momentan nicht ganz zu dem, was Sie sonst machen. Wo ist Ihnen daher noch etwas unklar?

Schritt 5: Akzeptanzprüfung

Einen Appell zu verstehen heißt noch lange nicht, ihn zu akzeptieren. Nun werden Sie im Verlauf des Gesprächs vielfältige Signale empfangen, die Ihnen ein Gefühl dafür geben, wie sicher Sie sein können, dass der Kollege Ihren Auftrag in Angriff nimmt. Sie werden möglicherweise Widerstände zu hören bekommen: »Immer ich, da gibt es doch auch andere, die tun den ganzen Tag nichts!« Oder »Keine Zeit, schauen Sie mal, bis morgen muss ich die englische Ausschreibung übersetzen, dann will der Vorstand auch noch, dass ich bis Montag ... da geht das ganze Wochenende bei drauf. Also beim besten Willen ...« Jetzt müssen Sie argumentieren, Ihren Willen durchsetzen, Kompromisse einräumen oder Prioritäten verändern. Damit werden Sie klar kommen. Problematischer gestaltet sich die Akzeptanzfrage, wenn der andere scheinbar zustimmt, sich mit einem »Klingt ja interessant die neue Charge. Mal sehen ob ich Zeit habe.« äußert. Wenn Sie also nicht sicher sein können, ob der andere den Auftrag auch wirklich akzeptiert hat. Die direkte Frage dazu: »Werden Sie den Auftrag bis Mittwoch erledigen?« Diese Frage können Sie natürlich nicht immer in dieser Form stellen. Also überlegen Sie sich Alternativen: »Gut, ich werde dem Vorstand mitteilen, dass er die überarbeiteten Listen am Mittwoch auf dem Tisch hat. Kann ich so vorgehen?« Oder: »Gut, ich gehe also davon aus, dass ich die Listen schon am Dienstagabend bei Ihnen abholen kann. Um wie viel Uhr darf ich kommen?« Oder: »Soweit der Wunsch an Sie. Was kann ich tun, damit die Korrekturen bis Mittwoch früh in der von uns besprochenen Weise ausgeführt sind?«

»Ein derartiges Vorgehen klingt beim ersten Lesen recht aufwändig. Funktioniert denn das in der Praxis auch?«

»Ihren ersten Eindruck teile ich. Nach etwas Übung wird aber dieses Vorgehen bei Ihnen in Fleisch und Blut übergehen und Sie werden mit traumwandlerischer Sicherheit und sehr kurz und bündig alle Ihre Appelle mit einem Orientierungseinstieg beginnen, dann die von Ihnen vorbereiteten Fakten darstellen, dazu noch den gesamten Hintergrund erläutern, um Verständnisfragen bitten und für sich beziehungsweise zusammen mit Ihrem Gesprächspartner die Akzeptanz checken.«

»Mal etwas anderes: Wenn ich bei meinem Chef im Gehaltsgespräch eine Erhöhung will, dann kann ich doch auch mit diesem Schema arbeiten, oder?«

»Selbstverständlich. Passen Sie das Schema aber an die konkrete Situation an. Vielleicht sollten Sie in einem Gehaltsgespräch die Fakten besonders gut vorbereiten und bei der Akzeptanzprüfung etwas zurückhaltender sein. Aber im Grunde haben Sie Recht, dieses Schema können Sie in allen Situationen einsetzen, in denen es um mehr als nur einen kleinen Wunsch geht. Also immer, wenn Sie einen Auftrag erteilen, einen umfangreichen Wunsch haben, etwas möchten, was über die tägliche Routine hinausgeht.«

Thomas Wilhelm/Andreas Edmüller: Überzeugen. Freiburg 2002. Hier geht es nicht nur um einzelne Appelle, sondern um das ganze komplizierte Geschäft des Überzeugens. Wie bringe ich jemanden dazu, das zu tun, was ich möchte? Wie erreichen wir eine »Win-Win-Situation«?

Heike M. Cobaugh/Susanne Schwerdtfeger: Gerade befördert – und jetzt? Weinheim und Basel 2004. Appelle, Anweisungen, Zielvereinbarungen – Handwerkszeug für junge Führungskräfte. Dazu ein Ratgeber.

Deborah Tannen: Du kannst mich einfach nicht verstehen. München 2004. Wer manchmal das Gefühl hat, dass die Kommunikation zwischen Männern und Frauen besonders schwierig ist, beispielsweise auch dann, wenn es um Appelle geht, der findet in diesem spannend zu lesenden Buch sowohl die Bestätigung für diese Vermutung geliefert als auch Hintergründe und Hilfen für den Umgang mit diesem Phänomen. Ein wertvolles Buch, nicht nur für das Berufsleben.

Besprechungen, Arbeitsgruppen, Teams

Besprechungen souverän leiten

Worum geht es dabei eigentlich?

Was eine Besprechung ist? Ganz einfach: »Viele gehen hinein, wenig kommt heraus.« Oder: »Sie wollen sich ein paar schöne Stunden machen? Laden Sie doch einfach zu einer Besprechung ein.« Und so weiter und so weiter. Die Freude daran, eine Besprechung zu leiten, scheint im Gegensatz zur Häufigkeit zu stehen, mit der Besprechungen im Alltag stattfinden.

Bei allem Hohn und Spott, die tagtäglich über Besprechungen ausgegossen werden, man scheint nicht ohne sie auszukommen. Die Lufthansa beispielsweise begrüßte in einer Anzeige, dass man im Internet Flüge buchen kann, um mit Kunden von Angesicht zu Angesicht Gespräche zu führen: »The real advantage of the internet?

Booking flights to meet my clients face to face.« Auch in Gesprächen mit jungen Managern hört man von einer Besprechungs-Renaissance aus guten Gründen. Zwar gibt es in den Unternehmen immer noch die klassischen lange und sorgfältig vorbereiteten Besprechungen und Routinemeetings mit zehn oder mehr Teilnehmern. Hinzu kommen immer häufiger kurzfristig einberufene Treffen im Rahmen von Projektarbeiten. Da bittet beispielsweise der Projektleiter einige Mitglieder seines Teams ganz kurzfristig zu einem Problemgespräch – Dauer: maximal 30 Minuten, Ort: eine Stehtheke im Kommunikationsbereich der Zentrale. Oder es befinden sich gerade ein wichtiger Zulieferer, ein alter Kunde oder Kolleginnen und Kollegen aus einer ausländischen Niederlassung im Haus. Das ist die große Chance, endlich über kleinere Schwierigkeiten des aktuellen Projekts zu sprechen. Alle diese Meetings kommen kurzfristig zustande, dauern vielleicht nur 30 Minuten und können immens bei der aktuellen Arbeit helfen. Aber dieser Nutzen wird nur eingelöst, wenn derartige Treffen professionell vorbereitet, geleitet und zu einem Abschluss geführt werden. Genau darin liegt die Chance für junge Mitarbeiter im Unternehmen: Was immer Sie an entmutigender, frustrierender und grauenhaft destruktiver Besprechungskultur in Ihrem Umfeld erleben, es geht auch anders. Vielleicht sind Sie der Erste, dem es gelingt, Besprechungen zu dem zu machen, was sie sein können: Ein Treffen von mehreren Menschen, in dem in kurzer Zeit gemeinsam etwas erarbeitet, koordiniert, verhandelt, geklärt oder entschieden wird. Und es geht! Großes Ehrenwort!

Was läuft in der Praxis häufig falsch?

Hier eine kleine Übersicht über oft beklagte Mängel, wenn es um Besprechungen geht:

- Man hatte den Eindruck, als sei die Sitzung vom Leiter nicht vorbereitet.
- In der Einladung gab es keine Hinweise über Themen und vor allem Ziel(e) der Sitzung.

- Eingeladen waren überwiegend fachfremde, inkompetente oder desinteressierte Teilnehmer.
- Die Teilnehmerzahl war zu groß.
- Die Sitzung wurde nicht pünktlich begonnen.
- Anlass und Hintergrund der Sitzung wurden nicht verständlich gemacht.
- Es wurden keine nachvollziehbaren Ziele für die Sitzung oder die einzelnen Tagesordnungspunkte genannt.
- In der Sitzung wurde nicht deutlich, wozu die Anwesenden eigentlich da waren, wozu sie wirklich benötigt wurden, welche Rolle sie einnehmen sollten.
- Es wurde sehr viel geredet, am Schluss gab es jedoch keine Ergebnisse und schon gar keine Entscheidungen, und leider auch beim Maßnahmenplan.
- Während der Diskussionen wurde immer wieder vom roten Faden abgewichen, man kam vom Hundertsten ins Tausendste.
- Es gab keine konzentrierte Diskussionsleitung: Vielredner konnten sich über Gebühr äußern, die Ruhigen kamen nicht zu Wort.
- Eigentlich war vor der Besprechung schon alles entschieden, die anwesende Gruppe sollte dem Ganzen offenbar nur einen »demokratischen« Anstrich geben.
- Der Leiter zog die Sitzung knallhart durch, keiner hat sich getraut, seine – womöglich abweichenden – Gedanken zu äußern.
- Während der gesamten Sitzung wurde nichts visualisiert.
- Die gesamte Organisation der Sitzung war mangelhaft (beispielsweise Raum, Zeit und Technik).
- Aus dem Verlauf der Besprechung wurde nichts für die nächste Sitzung gelernt – sie lief nämlich ebenso ab wie alle bisherigen.

»Diese Liste wirkt auf mich so, als ob das Leiten einer Besprechung gleichzeitig eine Einladung zum Fehlermachen ist.«

»Dieser Eindruck kann wirklich entstehen. Deutlich soll aber werden, dass das Leiten von Besprechungen eine anspruchsvolle Tätigkeit darstellt, richtige Knochenarbeit sozusagen. Als Leiter einer Besprechung sollten Sie methodisch vorbereitet sein, Ihr Ziel und die Arbeitsschritte auf dem Weg dahin kennen.

In der Besprechung haben Sie dann ein feines Gespür dafür, wann Sie mit Fragen oder der Zusammenfassung des bisher Erreichten eingreifen müssen, um die Sitzung in Richtung Ziel voranzubringen. Als erfahrener Leiter wissen Sie auch, wann Sie mit eigenen inhaltlichen Beiträgen auftreten. Und bei allem inhaltlichen Engagement verlieren Sie nie den Arbeitsprozess aus den Augen. Ein Drittes kommt hinzu: Neben dem Engagement in der Sache und der methodischen Verantwortung achten Sie stets auf die Beziehungsebene während einer Besprechung. Sie haben feine Sensoren für die Stimmungen in der Gruppe und wissen genau, ob, wann und wie Sie bei Störungen reagieren, damit die Arbeit an den Inhalten weitergehen kann.«

»Ist das nicht ein bisschen viel verlangt, gerade für jemanden, der noch ungeübt ist?«

»Sicherlich, dieses Tanzen auf drei Hochzeiten will gelernt werden. Als Einstieg zunächst einige Tipps für die Praxis. Und mit jeder Besprechung, in der Sie etwas von diesen Tipps anwenden, werden Sie sicherer und beginnen mit kleinen Schritten, eine neue Besprechungskultur in Ihrem Umfeld einzuführen.

Tipps für die Praxis

Überlegen Sie sich vorher, ob Sie wirklich leiten wollen – denn das hat Konsequenzen! Dies gilt nicht nur für Meetings, die Sie einige Tage vorher sorgfältig vorbereiten können, sondern ebenso für sehr kurzfristig einberufene Besprechungen. Wenn Sie während der Arbeitszeit anderer Menschen Zeit beanspruchen wollen und nicht zu einem lockeren Beisammensein in der Kaffeeküche eingeladen haben, dann nennen Sie diese Veranstaltung wirklich »Besprechung« und übernehmen dafür die volle Verantwortung: Sie bereiten sich also zielgerichtet vor und leiten das Geschehen mit Fragen und Zusammenfassungen und einem Maßnahmenplan am Schluss des Treffens.

Bestimmen Sie im Vorfeld, was genau Sie von den Teilnehmern an Ihrer Besprechung erwarten. Notieren Sie sich Antworten auf folgende Fragen: Wozu haben ich die einzelnen Personen eingeladen? Was sollen die von mir Eingeladenen in diesem Treffen leisten?

Sie fragen sich also, ob das Zusammentreffen mehrerer Personen zu Ihrem Thema wirklich notwendig ist. Vielleicht wird Ihnen dabei bewusst, dass Einzelne gar nicht gebraucht werden oder dass bestimmte Themen und Fragen anders bearbeitet werden können als in einer Besprechung. Für den Fall, dass Sie zu einem bestimmten Thema die Gruppe wirklich benötigen, haben Sie das Ziel der Sitzung oder des einzelnen Tagesordnungspunktes (TOP) bestimmt. Sie brauchen es nur noch auszuschreiben oder sich auf dem Weg zum kurzfristig einberufenen Fünfzehn-Minuten-Meeting einmal laut vorzusprechen: »Am Ende der Sitzung möchte ich zusammen mit Ihnen erreichen, dass ...«

Kümmern Sie sich um einen angemessenen Rahmen für Ihre Besprechung. Fragen Sie sich: Ist der Raum groß genug? Ist es an den Stehtischen im Kommunikationsforum angenehm warm und ruhig? Ist die benötigte Technik vor Ort und einsatzbereit, egal ob es um die Stifte für das Flipchart oder um den Beamer geht. Bekommen die Gäste Tee, Kaffee, Wasser, frisches Obst oder die beliebten steinharten und jahrhundertealten Kekse?

Gestalten Sie einen überzeugenden Einstieg in Ihre Besprechung.

- Der Beginn vor dem Beginn: Sie sind einige Minuten vor dem Start im Raum und begrüßen jeden persönlich.
- Begrüßen Sie alle anwesenden Teilnehmer laut und eröffnen damit die Sitzung.
- Stellen Sie sich kurz vor oder lassen Sie einzelne Teilnehmer sich vorstellen – aber nur, wenn dies erforderlich ist.
- Klären Sie noch offene organisatorische Fragen, sprechen Sie die Zeit an.
- Stellen Sie dar, warum Sie gerade diese Gruppe zusammengerufen haben und was die Sitzung soll.
- Nennen Sie das Thema und das Ziel, das Sie erreichen wollen.
- Für den Fall, dass die Ergebnisse dokumentiert werden sollen, klären Sie Art und Umfang des Protokolls.
- Fragen Sie kurz, ob es noch offene Fragen gibt.
- Legen Sie mit dem Thema los.

Arbeiten Sie in Ihrer Leitung mit Fragen. Fragen Sie die Teilnehmer nach ihren Meinungen, Erfahrungen, Ideen, Einwänden oder Vorschlägen. Stellen Sie offene Fragen und fragen Sie so konkret wie möglich. Sie können Einzelne in der Runde fragen oder alle und um ein Meinungsbild bitten. Achten Sie darauf, dass Ihre Fragen die Zielerreichung unterstützen.

Hören Sie zu – konzentriert und aufmerksam. Bemühen Sie sich, die Beiträge der anderen zu verstehen und zeigen Sie das auch. Schließlich haben Sie die Gruppe zusammengeholt, damit alle Ihnen etwas erzählen, mit dem dann weitergearbeitet werden soll.

Wiederholen Sie mit eigenen Worten die zentralen Inhalte Ihrer Besprechungsteilnehmer: »Verstehe ich Sie richtig, dass ...«, »Wenn ich das bisher Gesagte einmal zusammenfasse, liegen meinem Verständnis nach drei Vorschläge vor, nämlich ...« Wichtig ist, dass Sie sich konsequent bemühen, die Perspektive der anderen so wiederzugeben, wie diese sie verstanden haben wollen.

Niemals ohne Maßnahmenplan. Eine immer wieder zu hörende Kritik an Besprechungen sind die fehlenden Folgen: »Warum treffen wir uns eigentlich, wenn es absolut keine Konsequenzen gibt und nichts beschlossen wird?« Daher beenden Sie jedes Thema mit der Frage: »Was folgt daraus an Konsequenzen? Wer macht was, bis wann?«

Schlussmachen ist eine Meisterleistung – also gestalten Sie ein überzeugendes Ende. Sie können beispielsweise die wichtigsten Ergebnisse noch einmal zusammenfassen, die getroffenen Maßnahmen wiederholen, das erreichte Ziel kommentieren. Teilen Sie mit, warum sich aus Ihrer Sicht das Treffen gelohnt hat (ehrlich sein!), bedanken Sie sich für die Zeit, die Ihnen alle zur Verfügung gestellt haben. Sprechen Sie mit klarer lauter Stimme, schauen Sie alle Anwesenden an und bestehen Sie darauf, dass Sie das letzte Wort in der von Ihnen verantworteten Sitzung haben. Sie gestalten den Schluss, nicht der Schluss Sie.

Martin Hartmann/Rainer Röpnack/Hans-Werner Baumann: Immer diese Meetings! – Besprechungen, Arbeitstreffen, Telefon- und Videokonferenzen souverän leiten. Weinheim und Basel 2002. Von der Vorbereitung über das Handwerkszeug für den Leiter bis zum Umgang mit Störungen – alles was Sie für eine souveräne Besprechungsleitung benötigen.

Malcolm Goodale: The Language of Meetings. Brighton and Hove 2000. Malcolm Goodale arbeitet als Lehrer bei den Vereinten Nationen in Genf. Sein Anliegen: »This book presents and teaches all the language you need to participate effectively in meetings in English.«

Ebenfalls empfohlen sei: **Langenscheidt Basic Training Business English: Meetings. München 2004.**

Udo Konradt/Guido Hertel: Management virtueller Teams. Weinheim und Basel 2002. Meetings über das Internet – ein Thema der Zukunft?!

Wilbert van Vree: Meetings, Manners and Civilization – The development of modern meeting behaviour. London und New York 1999. Eine kulturhistorische Abhandlung über das Thema »Meetings« im Laufe der Geschichte, für historisch Interessierte.

Karlheinz A. Geißler: Anfangssituationen. Was man tun und besser lassen sollte. Weinheim und Basel 2005.

Karlheinz A. Geißler: Schlußsituationen. Die Suche nach dem guten Ende. Weinheim und Basel 2005.
Zwei ausgesprochen anregende Bücher für alle, die sich mit den Themen »Anfangen« und »Schluss machen« in Meetings, Arbeitsgruppen, Workshops oder Seminaren beschäftigen möchten.

In Besprechungen konstruktiv mitarbeiten

Schlechte Leitung – schlechte Teilnehmer. Ist doch so – oder?

»Wenn Sie sich ein paar schöne Stunden machen wollen – laden Sie doch Ihre Kollegen einfach zu einem Meeting ein.« Davon haben wir im vorigen Kapitel berichtet. Und darüber, wie viele Fehler täglich von Besprechungsleitern begangen werden. Mehr oder weniger schlecht vorbereitete und geleitete Besprechungen gibt es zuhauf.

Was jedoch bei aller berechtigten Kritik an einer mangelhaften Besprechungsleitung übersehen wird, ist die Tatsache, dass sich viele Meetingteilnehmer in ihrem Verhalten dem Stil des kritisierten Leiters anpassen: Wie dieser sind auch sie nicht sorgfältig vorbereitet, vernachlässigen die Rededisziplin, lassen sich mit »Maßnahmen« à la »Wir sollten uns mal um diesen Punkt genauer kümmern« abspeisen und – dies jedoch anders als der Leiter – klagen zusammen mit ihren Kollegen nach dem Meeting über die verschwendete Zeit. Da hilft nur eines: Es anders machen.

»Soll es jetzt sogar Trainings für die erfolgreiche Besprechungsteilnahme geben?«

»Nicht unbedingt gleich ein Training. Nur: Besprechungen sind viel zu wichtig, um sie auf die leichte Schulter zu nehmen. Der Erfolg eines Meetings ist nicht nur Aufgabe des Leiters, selbst wenn dieser einen großen Teil der Verantwortung trägt. Auch die Teilnehmer können ihren Beitrag leisten. Und so manches Meeting wird gerade durch die Teilnehmer zum Erfolg, auch wenn der Leiter einen schlechten Tag hatte. Etwas anderes ist mir aber ebenso wichtig. Gerade für junge Mitarbeiter bieten sich Besprechungen als Forum an, positiv auf sich aufmerksam zu machen. Sie können sich als gut vorbereitet, an der Sache interessiert, konstruktiv mitarbeitend und als ein im Unternehmen engagierter Kollege präsentieren. Das gilt besonders, wenn wichtige Leute im Meeting anwesend sind. Diese Chance sollten sie nutzen!»

Tipps für die konstruktive Mitarbeit in Besprechungen

Bereiten Sie sich vor! Wer tut das schon – obwohl! Profis lesen die Einladung zu einer Besprechung sorgfältig, studieren vor allen Dingen die Unterlagen, fragen bei Unklarheiten nach und prüfen, welche Relevanz der jeweilige Tagesordnungspunkt (TOP) für sie persönlich, für ihre Abteilung oder für das Unternehmen hat. Sie vermeiden auf diese Weise, bei Themen, die sie persönlich betreffen, auf dem »falschen Fuß« erwischt zu werden. Und noch etwas: Klären Sie wenn irgend möglich im Vorfeld, was sich hinter den Überschriften zu den einzelnen TOPs verbirgt. So mag der TOP »Urlaubsplanung« erst einmal harmlos klingen. Aber was soll im Meeting genau geschehen? Werden die Urlaubswünsche nur zur Kenntnis genommen? Oder wird über Vertretungen, Kapazitäten, Maschinenauslastungen diskutiert und vielleicht sogar Entscheidungen verabschiedet? In beiden Fällen bietet sich eine unterschiedliche Vorbereitung auf das Treffen an.

Kommen Sie *just in time* – besser etwas vorher! Früher nannte man das »pünktlich«. Aber – so der Zeitforscher Karlheinz A. Geißler – wozu sich um Pünktlichkeit bemühen, wenn man doch über das Handy kurz mitteilen kann, dass man auf dem Weg ist und die anderen schon einmal anfangen können. Zeit ist ein wertvolles Gut, und eine Besprechung bindet die Zeit vieler Menschen. Respektieren Sie dies, erscheinen Sie rechtzeitig zu jeder Besprechung, an der Sie teilnehmen. Und noch ein Vorteil: Wer zuerst kommt kann sich einen guten Platz aussuchen, beispielsweise den mit dem Fenster im Rücken oder den direkt neben dem Keksteller.

Klären Sie den Zeitrahmen der Besprechung! Wenn der Leiter dies nicht tut, fragen Sie nach den Zeiten. Soll es eine Pause geben? Vor allen Dingen jedoch: Wie lange soll das Treffen dauern. Dies gilt insbesondere für spontan einberufene Kurzmeetings auf der Kommunikationsebene oder in einem gerade freien Besprechungszimmer. Wenn Sie den Zeitrahmen für die Sitzung kennen, können Sie souveräner Ihr eigenes Diskussionsverhalten steuern.

Helfen Sie bei der Zielklärung! Wird ein Tagesordnungspunkt aufgerufen folgt dem nicht immer eine Information über die Ziele, die bei diesem Punkt erreicht werden sollen. Gut vorbereitete Leiter tun das von sich aus: Sie beschreiben kurz, auf welches Ziel hin ein bestimmtes Thema bearbeitet werden soll. Für ein Thema wie »Kapazitätsplanung in unserer Abteilung« kann das Ziel darin bestehen, »Erste Ideen für die Kundenbetreuung während des Urlaubsmonats August zu sammeln«; ein Ziel könnte aber auch sein »die Aufteilung der zu betreuenden Kunden auf die einzelnen Kundenbetreuer nach dem Weggang von Frau ... neu zu regeln und anschließend zu verabschieden«. In beiden Fällen wird der TOP wahrscheinlich ganz unterschiedlich verhandelt. Sollte der Leiter kein Ziel für einen TOP nennen, fragen Sie nach: »Was ist das Ziel für diesen Tagesordnungspunkt? Was sollen wir erreichen? Was soll am Ende dieser Sitzung in Sachen ›Kapazitätsplanung‹ herauskommen?« Auf diese Weise schaffen Sie für alle Beteiligten die notwendige Klarheit, um effektiv mitzuarbeiten.

Hören Sie zu! Dazu gehört eine zugewandte Körperhaltung, ein angemessener Blickkontakt, ein unterstützendes Kopfnicken und gelegentliche Kurzäußerungen, wie beispielsweise »hm«, »ja«, »aha«. Sie signalisieren, dass Sie den Äußerungen der anderen aufmerksam zuhören. Dazu gehört aber auch, dass Sie Fragen stellen, wenn Sie sich nicht ganz sicher sind, etwas so verstanden zu haben, wie es der andere gemeint haben könnte: »Was verstehen Sie unter ...?«, »Welches Beispiel haben Sie für ...?« Bleiben Sie dabei möglichst eng beim Thema des anderen und versuchen Sie dessen Position vollständig zu verstehen. Erst dann sollten Sie Ihre zustimmende, abweichende oder ergänzende Meinung einbringen, wenn Sie dies an dieser Stelle schon möchten.

Wiederholen Sie mit eigenen Worten die Perspektiven der anderen. Dies ist eine der wohl wichtigsten kommunikativen Fertigkeiten, um in einer Diskussion Verstehen – nicht jedoch Übereinstimmung – herzustellen. Sie wiederholen mit Ihren eigenen Worten die zentralen Inhalte Ihres Gesprächspartners. Wiederholungen werden oft mit Sätzen eingeleitet wie: »Verstehe ich Sie richtig, dass ...«, »Bedeutet das, dass ...«, »Liegt Ihrer Ansicht nach ...« Wichtig ist, dass Sie sich konsequent bemühen, die Perspektive des anderen so wiederzugeben, wie dieser sie verstanden haben will. Mit dieser Fertigkeit erreichen Sie,

- dass andere sich ernst genommen und verstanden fühlen,
- dass in schwierigen Diskussionen Transparenz über die im Raum schwingenden Ansichten und Perspektiven entsteht,
- dass zumindest Sie den roten Faden auf dem Weg zur Zielerreichung nicht aus den Augen verlieren und
- dass Sie jederzeit sicher sind, wo Sie noch zustimmen können und wo Sie Ihre abweichende oder weiterführende Meinung einbringen sollten.

Helfen Sie anderen, sich an der Diskussion zu beteiligen! Sie können sich als teamfähig und offen darstellen, indem Sie immer wieder auch die Teilnehmer der Besprechung einbeziehen, die bisher noch nichts gesagt haben. Fragen Sie nach deren Ansichten, begründen Sie aber Ihre Frage, damit nicht der Eindruck entsteht, Sie wollten die anderen nur vorführen: »Bei diesem Punkt geht es ja letztlich darum, dass alle in der Abteilung mit der zu erstellenden Regelung leben können. Daher interessiert mich, wie Sie ... und Sie ... über den Vorschlag denken?«

Helfen Sie bei Konflikten wieder zur Sachebene zurückzukommen. Leichter gesagt als getan! Aber Sie spüren schnell, wenn vom Thema abgewichen wird, wenn es beispielsweise nur noch um Schuldzuweisungen oder das Herumwühlen in alten Versäumnissen geht. Da können Sie natürlich mitmachen. Sie können aber auch dabei helfen, die Diskussion wieder auf die inhaltliche Schiene in Richtung Zielerreichung zu bringen. Bleiben Sie vor allen Dingen wertschätzend gegenüber den Diskutanten. Formulieren Sie Fragen, die auf das Sachproblem verweisen. Fragen Sie beispielsweise nach dem weiteren Vorgehen, nach Maßnahmen für ein besseres Gelingen in der Zukunft. Es muss Ihnen gar nicht gelingen, einen Streit zu schlichten oder gar zu klären. Wichtig ist, dass Sie sich in Besprechungen den Ruf erarbeiten, an sachlichen, fairen und umsetzbaren Lösungen interessiert zu sein.

Niemals ohne Maßnahmenplan! Eine häufig zu hörende Kritik an Besprechungen sind die fehlenden Folgen: »Warum treffen wir uns eigentlich, wenn es absolut keine Konsequenzen gibt und nichts beschlossen wird?« Vielen vertraut dürfte das Schlusswort so mancher Besprechungsleiter sein: »Darum sollten wir uns in der nächsten Zeit einmal intensiver kümmern.« Und ein jeder Teilnehmer weiß, was das bedeutet, nämlich nichts. Daher drängen Sie bei jedem Thema oder Teilthema auf Klärung der Frage »Was bedeutet unsere Diskussion für die nächsten Schritte?« Oder: »Wer macht jetzt was, bis wann?« Zeigen Sie sich als jemand, der über das bloße Diskutieren an Maßnahmen, an Konsequenzen und an pragmatischen Schritten interessiert ist. Das gilt gleichermaßen in den Fällen, in denen Sie selbst von den zu erledigenden Maßnahmen betroffen sind.

Und ganz zum Schluss: Überlegen Sie nach einiger Zeit, ob Sie nicht selbst einmal eine Sitzung leiten wollen. Nach mehrmaligem Sitzungsleiten wird sich Ihre konstruktive Mitarbeit als Teilnehmer noch um Klassen verbessern. Ehrenwort.

Martin Hartmann/Rainer Röpnack/Hans-Werner Baumann: Immer diese Meetings! – Besprechungen, Arbeitstreffen, Telefon- und Videokonferenzen souverän leiten. Weinheim und Basel 2002. Für Leiter geschrieben, mit gleichem Gewinn aber auch von Sitzungsteilnehmern zu lesen, die in Besprechungen mehr wollen als nur ihre Zeit absitzen.

Thomas Wieke: Meetings – Wie Sie sich durchsetzen – wie Sie Ihre Ziele erreichen. Frankfurt a.M. 2000. Überwiegend Tipps für Berufseinsteiger, wie sie sich als Teilnehmer in Sitzungen verhalten sollen. Von der angemessenen Vorbereitung bis zum Umgang mit schwierigen Situationen.

René Bosewitz/Robert Kleinschroth: Get through at meetings – Business English für Konferenzen und Präsentationen. Reinbek, rororo 2000. Der Gast aus Übersee sorgt dafür, dass die wöchentliche Routinesitzung auf Englisch erfolgt. Da sollten Sie glänzen!

Gabriele Cerwinka/Gabriele Schranz: Professionelle Protokollführung. Wien/Frankfurt a.M. 1999. Das Protokoll, ein Thema, das hauptsächlich Sitzungsteilnehmern vorbehalten ist. 100 informative Seiten, die sich ausschließlich damit befassen.

Arbeitsgruppen gekonnt moderieren

»Moderation« ist doch nur ein anderes Wort für »Besprechungsleitung« – oder?

Auch wenn in vielen Köpfen immer noch die Vorstellung herumgeistert, dass »moderieren« und »leiten« unterschiedliche Begriffe für ein und dieselbe Sache sind: Sie sind es nicht! Beide Begriffe bezeichnen unterschiedliche Konzepte: Bei der **klassischen Besprechungsleitung** versucht der Leiter unter Einbeziehung der anwesenden Besprechungsteilnehmer ein Ziel zu erreichen. Er selbst hat häufig ein besonderes Interesse am Thema, äußert daher auch seine Ansichten und beteiligt sich engagiert inhaltlich an der Diskussion.

Anders bei einer **idealtypischen Moderation**. Hier ist es eine (Arbeits-)Gruppe, die ein bestimmtes Ziel erreichen will oder soll. Beispielsweise sollen Arbeitsabläufe verbessert werden. Die Arbeitsgruppe ist für die inhaltliche Qualität des Ergebnisses verantwortlich. Der Moderator wiederum unterstützt die Gruppe bei der Zielerreichung. Dazu bleibt er – eine seiner wichtigsten und in der Praxis häufig schwer zu lebenden Kompetenzen – inhaltlich unparteiisch. Er hält sich also mit inhaltlichen Diskussionsbeiträgen heraus. Stattdessen schlägt er der Gruppe immer wieder konkrete Arbeitsschritte vor, beispielsweise eine Ideensammlung, eine Ideenbewertung, eine kurze Kleingruppenarbeit zu kontroversen Vorschlägen oder eine intensive Diskussion mit anschließendem Maßnahmenplan. Und wenn der Moderator »gut« ist, dann schafft er es, dass selbst in emotional geladenen Situationen sämtliche Teilnehmer an den Sitzungen gleichberechtigt, aktiv und kreativ mitmachen, und dass alle mit dem Gefühl aus der Sitzung herausgehen, dass trotz vielfältiger Auseinandersetzungen doch immer wieder zur Sacharbeit zurückgefunden wurde.

»Also, wenn ich das, was ich über Moderation bisher gehört habe einmal kritisch auf unsere Firma übertragen darf! So ein Moderator müsste sich auf den Sitzungen in unserer Firma erstens inhaltlich aus allem heraushalten; zweitens müsste er gemeinsam mit uns für Zielklarheit sorgen; drittens uns auf dem Weg zur Zielerreichung mit den geeigneten Arbeitsschritten helfen, dabei auf alle Abweichungen aufmerksam machen; und viertens Streitigkeiten, die unseren Arbeitsprozess in der Sache behindern, bewusst machen und uns helfen, zur sachlichen Problemlösung zurückzukehren. Damit es aber möglichst gar nicht zu Konflikten kommt, müsste er fünftens geeignete Regeln für den Umgang aller Teilnehmer untereinander anbieten oder erarbeiten lassen und deren Einhaltung überwachen. Gleichzeitig soll unser Treffen aber auch inhaltlich fruchtbar und möglichst für jeden befriedigend sein, also müsste er sechstens dafür sorgen, dass sich wirklich alle beteiligen, und zwar gleichberechtigt. Und wenn schon alle mitmachen, dann darf nichts von den Inhalten verloren gehen, also muss er siebtens möglichst viel aufschreiben, protokollieren oder visualisieren. Und dann, das wäre achtens, wünsche ich mir persönlich zudem konkrete Gruppenarbeitstechniken oder Verfahren für eine abwechslungsreiche und spannende Arbeit. Ach ja, und neuntens, so jemand würde ja dafür sorgen, dass ich als zukünftiger Besprechungsleiter überflüssig würde und zehntens: Jemanden, der das alles kann, so jemanden gibt es nicht – zumindest nicht in unserer Firma.«

»Der Reihe nach: Bei den Punkten eins bis acht stimme ich Ihnen zu. Alles das macht einen kompetenten Moderator aus. Um gleich auf Punkt zehn einzugehen: Moderieren kann man lernen. Es handelt sich dabei um eine anspruchsvolle Fähigkeit, die zunehmend von Führungskräften eingefordert wird. Es gibt eine Menge Literatur zum Thema und ausgezeichnete Seminare, die diese Kompetenzen vermitteln. Jetzt zu Punkt neun: Auf keinen Fall soll die Moderation die klassische Besprechungsleitung ersetzten. Besprechungen werden auch in Zukunft geleitet werden, beispielsweise dann, wenn Sie als Leiter inhaltlich mitdiskutieren wollen, wenn in sehr kurzer Zeit Vorgänge koordiniert werden müssen oder eine Gruppe über eine Entscheidung

informiert werden soll und die Teilnehmer ihre Meinungen dazu äußern sollen. In den Fällen jedoch, in denen die ›geballte‹ Kompetenz einer Gruppe gefragt ist, in denen diese Gruppe einen großen Gestaltungsraum hat, was das inhaltliche Ergebnis angeht und in denen ausreichend Zeit für den Arbeitsprozess zur Verfügung steht, in diesen Fällen sollte man über eine Moderation nachdenken. Bei derartigen Sitzungen kann es sich handeln um

- *Gruppenarbeitssitzungen in der Produktion, in denen über Verbesserungen nachgedacht wird;*
- *Sitzungen, in denen Probleme gelöst werden sollen, beispielsweise der schleppende Informationsfluss zwischen Verkauf und Qualitätssicherung;*
- *›KVP-Gruppen‹ (Kontinuierliche Verbesserungsprozesse), die über eine schnellere Belieferung wichtiger Kundengruppen nachdenken.*
- *Oder denken Sie an Ihre wöchentliche Montagsbesprechung: Hier könnte ein Tagesordnungspunkt wie ›Entwicklung und Diskussion erster Ideen zur Verbesserung der Kaltakquisition‹ moderiert werden. Für diese kurze Moderation sollten Sie dann aber etwas Zeit reservieren, vielleicht eine Stunde. Das wäre noch zu überlegen.«*

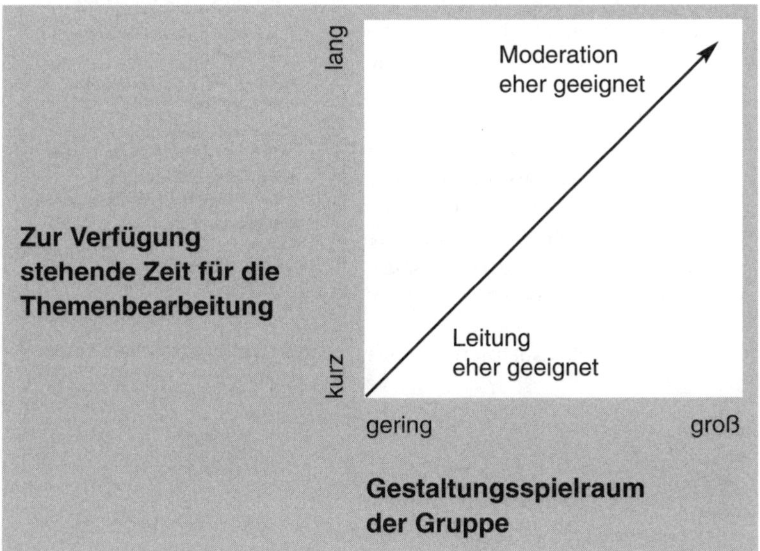

Acht Verhaltenstipps für einen pfiffigen Moderator

① Der Moderator stellt seine eigenen Ziele, Wertungen und Meinungen zurück. Er bewertet weder Meinungsäußerungen noch Verhaltensweisen. Es gibt für ihn inhaltlich kein »richtig« oder»falsch«. Er konkurriert nicht mit den Teilnehmern um Sachfragen.

② Er nimmt alle Teilnehmer ernst, zeigt allen gegenüber die gleiche Wertschätzung, bevorzugt oder benachteiligt niemanden.

③ Er achtet darauf, dass alle ihre Meinungen, Ideen und Ansichten vertreten können. Er sorgt also dafür, dass die Ruhigen und eher Schweigsamen Gelegenheit bekommen, am Arbeitsprozess aktiv teilzunehmen.

④ Er hat ständig das Ziel der Sitzung oder einzelner Phasen im Auge und signalisiert der Gruppe Abweichungen vom Weg zur Zielerreichung.

⑤ Er versucht in Konfliktsituationen, die Gruppe darauf aufmerksam zu machen, wenn sie zu sehr von der inhaltlichen Diskussion abweicht und führt sie wieder zurück zur Sacharbeit.

⑥ Er hört überwiegend zu und spricht wenig selbst. Er versucht, den Austausch und die Diskussion zwischen den Gruppenteilnehmern zu unterstützen. Aber: Nicht er steht im Mittelpunkt, sondern die Teilnehmer, das Thema und das Ziel. Daher nimmt er permanent eine fragende Haltung ein und keine behauptende. Durch Fragen öffnet und aktiviert er die Gruppe für den Gedankenaustausch untereinander.

⑦ Er wiederholt den Teilnehmern das, was gerade an Äußerungen, Themen, Meinungen in der Gruppe existiert, immer dann, wenn er dadurch den Arbeitsprozess erleichtern, transparent machen oder vorantreiben kann.

⑧ Er visualisiert, visualisiert, visualisiert.

Die Stärken der Methode

In den letzten Jahren hat sich die Moderationsmethode immer stärker etabliert. Immer häufiger wird auf sie zurückgegriffen, wenn Menschen in Gruppen zusammenkommen, um etwas zu erarbeiten. Die wichtigsten dabei erlebten Stärken dieser Methode sind:

- Die Kompetenz, das Wissen und die Kreativität möglichst aller Teilnehmer der Arbeitssitzung werden genutzt. Allen Gruppenmitgliedern wird die aktive Teilnahme ermöglicht. Das erhöht die Qualität des Ergebnisses. Dazu werden Arbeitsverfahren eingesetzt, die alle Teilnehmer mit ihren subjektiven Voraussetzungen gleichermaßen aktivieren und einen lebendigen Arbeitsprozess ermöglichen.
- Der moderierte Arbeitsprozess soll ein hierarchiefreies Klima erzeugen. Die Rolle des Moderators und die Regeln der Moderationsverfahren sind darauf ausgerichtet, in der Gruppe niemanden zu bevorzugen oder zu benachteiligen.
- Störungen und Konflikte während der Arbeitsprozesse werden bearbeitet und versachlicht, um die volle inhaltliche Leistungsfähigkeit der Gruppe zu erhalten oder wiederherzustellen.
- In einem gelungenen moderierten Arbeitsprozess sind alle Teilnehmer aktiv beteiligt und gemeinsam für das inhaltliche Ergebnis verantwortlich. Die erarbeiteten Ergebnisse einer moderierten Sitzung finden bei den Teilnehmern daher hohe Akzeptanz, was ihre Realisierungschancen in der Praxis erhöht.

Bausteine für eine moderierte Arbeitssitzung

Nicht in jeder Sitzung werden sämtliche Punkte angesprochen. Für die Vorbereitung empfiehlt es sich jedoch, mit Hilfe dieser Liste das eigene Vorgehen zu bestimmen.

Bausteine für den Einstieg

- Begrüßung, persönliche Vorstellung des Moderators. Anlass, Hintergrund der Sitzung: Warum findet diese Sitzung statt? Hinweise auf die Besonderheiten einer moderierten Sitzung – die Gruppe ist »Souverän des Prozesses«.
- Klärung der Rolle des Moderators während der Sitzung – beispielsweise seine inhaltliche Neutralität.
- Ziel der Arbeitssitzung vorstellen, abklären, vereinbaren.
- Ablauf, Verfahren, Zeit vorstellen, vereinbaren.
- Spielregeln für den Umgang untereinander vorstellen, vereinbaren.

Bausteine für den Hauptteil

Hier bieten sich verschiedene Vorgehensweisen an, je nachdem, was in der Sitzung erreicht werden soll. So kann es gehen um
- Themensammlung,
- Themenauswahl,
- Themenbearbeitung in Kleingruppen,
- Diskussion der Ergebnisse im Plenum,
- Verabschiedung eines Maßnahmenplans.

Denkbar ist beispielsweise auch:
- Präsentation des aktuellen Problems vor der Gruppe durch einen externen Fachmann.
- Sammlung erster Lösungsvorschläge in der Gruppe mit Hilfe eines Brainstormings.
- Diskussion der verschiedenen Lösungsvorschläge.
- Bewertung der einzelnen Lösungsvorschläge nach bestimmten Kriterien.
- Auswahl der Lösungsvorschläge, die in einem ersten Schritt weiterbearbeitet werden sollen.

Bausteine für den Abschluss

- Aktionsplan oder Maßnahmenplan.
- Rückmeldung zur erlebten Arbeitssitzung: »Was ist gelungen, was machen wir beim nächsten Treffen anders, um unsere Ziele zu erreichen?«
- Beenden der Moderation/Verabschiedung.

»Lassen sich diese Tipps in der Praxis immer so genau umsetzen?«

»Nicht immer. Die Moderationspraxis stellt sich meist als sehr bunt dar. Es kann beispielsweise vorkommen, dass der Moderator inhaltlich Stellung bezieht. Dann nämlich, wenn er erkennt, dass die Gruppe in eine Sackgasse rennt oder eine wichtige Rahmenbedingung aus den Augen verloren hat. Ein erfahrener Moderator macht der Gruppe in diesen besonderen Situationen jedoch deutlich, dass er und warum er sich inhaltlich einschaltet. Damit behält er seine Moderatorenkompetenz und wird weiterhin von der Gruppe als Prozessbegleiter akzeptiert. Dazu muss er aber die von uns vorgestellten Tipps für einen pfiffigen Moderator (s. S. 62) *absolut beherrschen. Denn erst der Meister zerbricht die Form, alles andere ist Murks.«*

»Noch etwas. Ich habe von Kollegen gehört, dass in moderierten Arbeitssitzungen viele Kärtchen voll geschrieben und viele bunte Punkte geklebt werden. Stimmt das?«

»Was Ihre Kollegen beschreiben sind einzelne Moderationstechniken, mit denen gelegentlich in moderierten Sitzungen gearbeitet wird. In diesem Fall das Karten-Antwort-Verfahren, mit dem beispielsweise Ideen, Lösungsvorschläge oder Maßnahmen gesammelt und strukturiert werden können. Eine tolle Sache, denn in diesem Verfahren kommen alle Anwesenden gleichberechtigt zum Zuge. Hierarchie spielt dort kaum eine Rolle. Das Punktekleben wiederum gehört zur Bewertungstechnik. Mit dieser Moderationstechnik können Sie Entscheidungen treffen, Reihenfolgen festlegen oder Vorschläge bewerten. Auch das Punktekleben ist eine ausgesprochen leistungsfähige Angelegenheit, wenn, ja wenn diese Technik, wie auch alle anderen Techniken im Sinne der Moderationsmethode eingesetzt wird. Also im Sinne der Verhaltens-

tipps für den pfiffigen Moderator. Kartenbeschreiben und Punktekleben alleine machen keine Moderation. Wenn Sie zu den einzelnen Techniken mehr wissen möchten und zu deren Einsatz während einer Moderation, dann sollten Sie in der Literatur nachblättern. Dort werden Sie reichlich bedient.«

Martin Hartmann/Michael Rieger/Andreas Auert: Zielgerichtet moderieren – Ein Handbuch für Führungskräfte, Berater und Trainer. Weinheim und Basel 2003. Alles, was man wissen muss, um eine moderierte Sitzung vorzubereiten und durchzuführen. Inhalte: Besonderheiten der Moderationsmethode, Handwerkszeug für den Moderator, Anleitungen für die Vorbereitung und Durchführung einer Moderation, Aufbau und Ablauf, die speziellen Moderationstechniken, Beispiele aus der Praxis.

Ulrich Lipp/Hermann Will: Das große Workshop-Buch. Weinheim und Basel 2004. Für alle geschrieben, die umfangreichere Workshops moderieren und mehr über Planung, Organisation, Vorbereitung, Durchführung und Nachbereitung wissen wollen.

Bernd Weidenmann: 100 Tipps & Tricks für Pinnwand und Flipchart. Weinheim und Basel 2003. Tipps für den professionellen Einsatz der wichtigen Moderationsmedien.

Joachim Freimuth/Fritz Straub: Demokratisierung von Organisationen. Wiesbaden 1996. In diesem Buch berichten Zeitzeugen über die Entwicklungsbedingungen und Ursprünge der Moderationsmethode, über erste Anwendungen und Erfahrungen, Widerstände und Probleme in der Praxis. Das anspruchsvolle und informative Hintergrundbuch zum Thema.

In moderierten Sitzungen werden immer wieder ausgeklügelte Verfahren zum Strukturieren von Informationen, zum Bewerten oder zum Herstellen von Beziehungen oder Abhängigkeiten eingesetzt, beispielsweise das Ursachen- und Wirkungs-Fischgrätendiagramm, das Flussdiagramm, die Prioritätenmatrix oder das Kräftefelddiagramm. Siehe dazu:

Michael Brassard/Diane Ritter: Der Memory Jogger. Methuen 1994.

Philipp Theden/Hubertus Colsman: Qualitätstechniken. München 2002.

Christian Malorny/Marc Alexander Langner: Moderationstechniken. München 2002.

Fit im Team – die eigene Teamkompetenz verbessern

»Ich ahne, was nun folgt: Nachdem Sie mir bereits eine Menge Anregungen gegeben haben, wie ich mich als Teilnehmer in Besprechungen verhalten soll, geht es nun darum, mich zu einem echten ›Teamplayer‹ auszubilden. Ein Begriff, den ich häufig höre, aber gar nicht so richtig einordnen kann, wenn ich ehrlich sein soll.«

»Sie geben es zumindest zu! ›Team‹ ist zu einem Allerweltswort geworden, ›Teamplayer‹ klingt nach mehr, also schmückt sich jeder damit. Dabei verhalten sich die meisten doch nur wie einfache Gruppenmitglieder!«

»Das verstehe ich nun aber doch nicht. Ist Team nicht nur die schicke amerikanische Bezeichnung für Gruppe?«

»Gut, gehen wir der Reihe nach vor: Viele Unternehmen setzen gezielt auf den Vorteil von Teamarbeit. Mehr noch, einige sehen Teamarbeit sogar als einen der entscheidenden Erfolgsfaktoren zur Sicherung ihrer Wettbewerbsfähigkeit und erhoffen sich durch die Einführung

von Teamarbeit unmittelbare Kosteneinsparungen. Außerdem lassen sich komplexe Aufgaben nicht mehr von einzelnen Mitarbeitern, sondern nur noch von Teams bewältigen mit Mitarbeitern unterschiedlicher Qualifikation und Kompetenz. Es stimmt: Ein wirklich engagiertes Team bildet eine äußerst leistungsstarke Arbeitseinheit. Vorausgesetzt, dass das Team genügend Handlungsspielraum hat, gemeinsam für ein Ergebnis verantwortlich ist, und vor allem, dass sich die einzelnen Mitarbeiter wie richtige Teammitglieder verhalten. Das würde in Ihrem Fall voraussetzen, dass Sie sich ein bisschen mit den Besonderheiten von Teams auseinander setzen. Und dabei möchten wir Sie hier unterstützen.«

»Nun denn, dann unterstützen Sie mal.«

Team oder Gruppe?

Der Begriff **Team** weckt bei den Menschen die unterschiedlichsten Assoziationen: Viele denken an die Teams im Sport, wo es darauf ankommt, durch ein intelligentes Zusammenspiel die gegnerische Mannschaft zu schlagen. Andere denken an **Teamwork** und verbinden damit die Bereitschaft, miteinander zu diskutieren, zu kooperieren und einander zu helfen. Wieder andere sehen überhaupt keinen Unterschied zwischen einer Gruppe, der man zugeteilt wurde und einem Team: »Team ist der neumodische Begriff für die gleiche Sache, außer vielleicht, dass wir jetzt mehr arbeiten müssen«, so gelegentlich eine kritische Zustandsbeschreibung.

Das Gleichsetzen von Gruppe und Team jedoch verstellt den Blick auf das zentrale Charakteristikum eines Teams. Während sich eine Arbeitsgruppe im Wesentlichen auf die individuellen Leistungen der Mitglieder verlässt, die jeweils ihren persönlichen Bereich bearbeiten, ohne sich dabei unbedingt um ein Gesamtziel der Gruppe zu kümmern, zielt das Team auf gemeinsame Verantwortung und die Synergieeffekte der unterschiedlichen Einzelleistungen. In Teams geht es nicht darum, dass Einzelne nur eine hervorragende Leistung erbringen. Es geht darum, dass die hervorragenden Leistungen der Einzelnen auf das gemeinsame Ziel des Teams ausgerichtet und in enger Absprache und Koordination mit den Leistungen der anderen erfolgen. **Teamplayer** betonen sowohl ihre individuelle als auch ihre gemeinsame Verantwortung. Demgegenüber werden in einer Arbeitsgruppe vorrangig die individuellen Leistungen überprüft und bewertet. Im Team müssen die Mitglieder einen entscheidenden Bewusstseinswandel vollziehen. Sie müssen an den Sinn der Zusammenarbeit glauben, sie müssen Vertrauen zueinander fassen, Verantwortung für das gemeinsame Ziel übernehmen und ihr Handeln in den Dienst einer gemeinsamen Sache stellen, nämlich das Erreichen eines vorgegebenen oder selbst gesetzten Ziels.

Die bekannten Teamforscher Katzenbach und Smith beschreiben Team als »eine kleine Anzahl von Mitarbeitern, die über komplementäre Qualifikationen und Kompetenzen verfügen und die sich auf eine gemeinsame Arbeitsaufgabe konzentrieren. Um diese Aufgabe zu lösen, entwickeln die Teammitglieder gemeinsam Leistungsziele und eine Arbeitsstrategie, für die sie gemeinsam die Verantwortung übernehmen.«

»Nun wollen viele Kollegen ihre eigenen Interessen aber gar nicht in den Dienst einer gemeinsamen Sache stellen, sie verfolgen in jeder Situation ihren eigenen Stiefel. Sind die denn teamfähig?«

»Nein, das sind sie nicht. Ihre Leistungen mögen hervorragend sein und ihre Ergebnisse einen wichtigen Beitrag zum Ergebnis einer Abteilung darstellen. Wollten sie aber beispielsweise in einem Projektteam mitarbeiten, müssten sie sich ändern. Sie müssten ihre Arbeit in die des Teams integrieren, müssten sich absprechen, anderen zuarbeiten und auf deren Ergebnisse aufbauen. Machen wir uns da nichts vor! Auch wenn im Einstellungsgespräch alle von sich behaupten, teamfähig zu sein, nur wenige sind es. Sie können es jedoch werden. Wir wollen daher in einem ersten Schritt einige Merkmale erfolgreicher Teamarbeit skizzieren und Ihnen praktische Handlungsempfehlungen geben.«

Was macht ein Team zu einem erfolgreichen Team?

Anzahl der Teammitglieder: Ist ein Team zu groß, und das ist unserer Meinung schon ab zehn Mitgliedern der Fall, dann besteht die Gefahr, dass die Interaktion im Team unübersichtlich wird. Diskussionen können nicht mehr gründlich und differenziert geführt werden und der Zeitaufwand, um tragfähige, alle mit ins Boot holende Vereinbarungen zu treffen, wird einfach zu groß. Wir plädieren für Teams mit vier bis acht Mitgliedern. Sollen mehr Mitglieder an einer Aufgabe arbeiten, bieten sich Untergruppen an, in denen eine dichte und leistungsfähige Interaktion möglich ist.

Ein Tipp für Sie: Wenn Sie Einfluss auf die Größe des Teams haben, setzen Sie sich für eine Gruppengröße zwischen vier und acht Mitgliedern ein.

Komplementäre Kompetenzen: Natürlich ist es ganz schön, wenn man in einem Team unter seinesgleichen ist: Vier Ingenieure sprechen die gleiche Sprache, fünf Vertriebsprofis einer Versicherung verstehen sich auf Anhieb besser als wenn da noch ein nörgelnder Controller, ein einsamer Innendienstleister aus der Organisationsabteilung und ein in Paragraphen denkender Jurist mitmischen würden.

Nun sind Teams jedoch keine Kuschelgruppen und sie sind auch nicht dazu da, die Welt für die Einzelnen ein wenig schöner zu machen (selbst wenn dies in Hochleistungsteams häufig der Fall ist!). Teams sollen komplexe, unübersichtliche, problematische und bisweilen heikle Probleme lösen, dies nicht selten unter immensem Zeit- und Kostendruck. Und je nach Aufgabe ist es notwendig, dass der Vertriebsprofi in seinem Team auf einen Rechtsexperten, einen Controller und vielleicht noch auf den einen oder anderen Ingenieur trifft. Der richtige Mix an unterschiedlichen fachlichen Fertigkeiten und Kompetenzen ist ein entscheidendes Kriterium für den erfolgreichen Verlauf und das gewünschte Ergebnis der Arbeit.

Aber es kommt noch »schlimmer«: Neben fachlichen verfügen Mitarbeiter über unterschiedlich ausgeprägte methodische Kompetenzen. Der eine sprüht vor Kreativität und hat für jedes Problem eine pfiffige Lösungsidee. Ein anderer kann ausgesprochen systematisch denken und bringt jede noch so verrückte Idee in den angemessenen Zusammenhang und ein Dritter ist ein Meister darin, Entscheidungen auf ihre Folgewirkungen abzuprüfen. Ein gutes Team nutzt derartige unterschiedliche Methodenkompetenzen und vermeidet Eintönigkeit. Um einmal nicht mit Vorurteilen zu geizen: Fünf Controller werden nicht gerade für einen Kreativitätswettbewerb anstehen und fünf ausgesprochen Kreative können mit ihren Ideen ein Unternehmen schnell in die Pleite führen.

In einem erfolgreichen Team kommen also unterschiedliche fachliche und methodische Kompetenzen zusammen. Diese werden ergänzt durch verschiedene soziale Kompetenzen. Beispielsweise werden Menschen benötigt, die in Konfliktsituationen ausgleichend wirken. Andere wiederum verwandeln eine trübe Stimmung schnell in etwas Sonnenschein, wiederum andere sind entscheidungs- und risikofreudig und ziehen die Zögerlichen mit, die wiederum an der richtigen Stelle bremsen, um ein Projekt nicht gegen die Wand zu fahren. Es ist außerordentlich wichtig, dass das Team von Anfang an über eine produktive Mischung unterschiedlicher fachlicher, methodischer und sozialer Kompetenzen verfügt. Daher legen erfahrene Teamleiter großen Wert darauf, dass Unterschiedlichkeiten nicht lediglich geduldet, sondern bewusst akzeptiert und geschätzt werden.

Ein Tipp für Sie: Wenn Sie bei Ihrem Eintritt in ein Team vielleicht mit Schrecken über das »Chaos« an Unterschiedlichkeit unter den Mitgliedern reagieren – verändern Sie einmal bewusst Ihre Perspektive. Fragen Sie sich – und diskutieren Sie dies auch mit anderen – welchen Nutzen die einzelnen Kompetenzen zum Erreichen des Ziels beitragen. Fangen Sie an, die Vielfalt als Stärke zu erleben, so ungewohnt Ihnen dieser Gedanke zunächst erscheinen mag.

Eine gemeinsame Aufgabe und gemeinsame Ziele: Eine gemeinsame Aufgabe ist eine grundlegende Voraussetzung dafür, dass die einzelnen Teammitglieder Engagement, Arbeitsenergie und Kreativität entwickeln können. Sie müssen sich mit dieser Aufgabe identifizieren können. Sie muss ihnen plausibel sein und grundsätzlich lösbar erscheinen. Die gemeinsame Aufgabe gibt dem Team seine Identität und einen zentralen Bezugspunkt, der die einzelnen Teammitglieder bei aller Unterschiedlichkeit miteinander verbindet.

Aus der Teamaufgabe müssen spezifische, konkrete und messbare Arbeitsziele abgeleitet werden. Sie definieren die angestrebten Arbeitsergebnisse und zeigen an, wann diese erreicht worden sind. Spezifische Arbeitsziele fördern darüber hinaus die klare Kommunikation unter den Teammitgliedern und ermöglichen eine konstruktive Haltung in kontroversen Teamdiskussionen.

Ein Tipp für Sie: Sollten Ihnen das Ziel, die Arbeitsaufgabe oder der Hintergrund der gesamten Teamarbeit nicht vollständig verständlich sein, bemühen Sie sich um Klärung. Fragen Sie nach. So lange bis Sie wissen, worum es geht. Sollte Ihnen das Ziel nicht sinnvoll erscheinen, gilt auch hier: Fragen Sie Ihre Teamleitung, diskutieren Sie mit Ihrem Chef und den anderen Teammitgliedern. Sorgen Sie zumindest dafür, dass Sie und alle anderen im Team die Hintergründe verstehen.

Eine gemeinsame Arbeitsstrategie: Hat sich ein Team klar definierte Ziele gesetzt, muss es eine dazu passende Arbeitsstrategie entwickeln. Die Teammitglieder müssen sich einigen,

- wer bestimmte Aufgaben übernimmt,
- wer für welches Teilergebnis verantwortlich ist,
- welche Zeitpläne aufgestellt werden,
- welche Kompetenzen dazugelernt werden müssen,
- wie Entscheidungen innerhalb des Teams getroffen werden und
- wer mit wem zusammenarbeitet.

Die Mitglieder sollten sich darüber im Klaren sein, dass auch verschiedene »soziale« Aufgaben wahrgenommen werden müssen. Da kann es um das Zusammenwachsen des Teams gehen, um das Klären von Konflikten auf der Beziehungsebene oder um das Feiern kleinerer und größerer Erfolge.

Fordern Sie daher eine für Sie nachvollziehbare und verständliche Arbeitsstrategie, in der Sie Ihre Aufgaben und Verantwortlichkeiten klar geregelt finden und in der Sie Ihre Kompetenzen und Qualifikationen optimal genutzt sehen.

Rollen und Verantwortlichkeiten: Je nach Aufgabe und Gruppengröße kann es sinnvoll sein, bestimmte Rollen und Verantwortlichkeiten unter den Teammitgliedern zu verteilen. Vielleicht steht die

Teamleitung ja schon fest, vielleicht soll sie in der Gruppe vereinbart werden. Weitere Rollen können beispielsweise sein: wechselnde Besprechungsleiter für die regelmäßig stattfindenden Meetings, Budget- und Zeitverantwortliche bei komplexen Aufgaben, Kontaktpersonen zu bestimmten Abteilungen, zur Presse oder zu Kunden. Sorgfältig definierte Rollen und Verantwortlichkeiten sorgen für Klarheit, vermeiden Missverständnisse und helfen, den Arbeitsprozess voranzutreiben.

Ein Tipp für Sie: Misstrauen Sie Teams, die von vornherein auf jegliche Rollen und persönlich zugeschriebene Verantwortlichkeiten verzichten, nach dem Motto: »Wir kennen uns doch alle und sind zudem so klein, wir brauchen keine Leitung oder Koordination und auf die Zeit achten wir schon alle gemeinsam.« Das funktioniert schon in der Wohngemeinschaft nicht. Scheuen Sie sich nicht, gerade zu Beginn Ihrer Karriere selbst kleinere Aufgaben zu übernehmen. Die dort gemachten Erfahrungen sind unbezahlbar.

Wechselseitige Verantwortlichkeit: Ein gut funktionierendes Team lebt von der Bereitschaft aller Mitglieder, sich für die gemeinsam zu lösende Aufgabe verantwortlich zu fühlen. Das Bewusstsein der gemeinsamen Verantwortung wird sich langsam im Verlauf der Zusammenarbeit entwickeln. Sobald sich das Team auf die zentrale Arbeitsaufgabe eingeschworen hat und die ersten Ziele erreicht sind, beginnt dieses Verantwortungsbewusstsein zu wachsen. Mit zunehmendem Erfolg wird dieses Bewusstsein größer und für alle Teilnehmer selbstverständlicher. Selbst überwundene Krisen und Rückschläge können dazu beitragen, das Verantwortungsbewusstsein der Teammitglieder zu intensivieren. Man hat beobachtet, dass sich in besonders erfolgreichen Teams die einzelnen Teammitglieder immer wieder gegenseitig in die Pflicht nehmen und es auch bei sich akzeptieren, wenn sie von anderen auf Zeichen nachlassenden Engagements bei der Teamarbeit angesprochen werden. Diese wechselnde Verantwortlichkeit und das gegenseitige In-die-Pflicht-Nehmen macht wahrscheinlich den größten Unterschied zwischen Team und Gruppe aus.

Ein Tipp für Sie: Scheuen Sie sich in Ihrem Team nicht, das Thema »Verantwortlichkeit der Teammitglieder für die gemeinsame Aufgabenlösung« anzusprechen, wenn Sie den Eindruck gewinnen, dass das Gleichgewicht im Team ins Wanken gerät. Prüfen Sie aber auch sich selbst immer wieder kritisch, wie weit es mit Ihrem persönlichen Engagement, mit Ihrem persönlichen Einstehen für die gemeinsamen Ziele steht. Was müssen Sie tun, um wieder voll bei der Sache zu sein?

»Noch schnell eine andere Frage. Ich habe davon gehört, dass Gruppen oder auch Teams bestimmte Entwicklungsschritte durchlaufen, fast so als ob eine unsichtbare Hand ein Team mit festem Griff durch bestimmte Phasen schleust. Ist da was dran und lohnt die Beschäftigung damit?«

»Die Antwort auf die letzte Frage zuerst: Auf jeden Fall lohnt eine Beschäftigung mit diesen Phasen. Es ist wirklich so, dass fast alle Teams zuerst einmal drei ganz besondere Phasen der Teamentwicklung durchlaufen, ja diese sogar zu brauchen scheinen, bevor sie dann in der vierten Phase ihre volle Leistungsfähigkeit ausschöpfen und fleißig arbeiten. Und wenn Sie wissen, dass die Phasen eins bis drei notwendige Schritte auf dem Weg zu dieser optimalen Leistungsfähigkeit darstellen, werden Sie das Frustpotenzial, das diese ersten drei Phasen bereithalten können, auch viel besser verkraften.«

Wie entwickeln sich Teams?

Es gibt wohl kaum ein neues Team auf der Welt, das augenblicklich nach seiner Gründung mit der störungsfreien inhaltlichen Arbeit an der Zielerreichung beginnt. Bis ein Team in Phase vier wirklich effizient zusammenarbeiten kann und bestmögliche Ergebnisse produziert, durchläuft es normalerweise drei Phasen der Teamentwicklung, die je nach konkreten Bedingungen unterschiedlich lang ausfallen können: Es hilft, sich mit diesen Phasen zu beschäftigen und besonders die turbulenten und schwierigen Anfangsschritte eines Teams als etwas recht Normales, ja sogar Notwendiges zu begreifen. So hält sich das Maß an Frustration in Grenzen.

- Phase 1: Formierungs- und Orientierungsphase (»forming«)
- Phase 2: Konflikt- und Konfrontationsphase (»storming«)
- Phase 3: Ordnungsphase oder auch Konsens- und Kompromissphase (»norming«)
- Phase 4: Arbeitsphase (»performing«)
- Phase 5: Abschlussphase (»celebrating«)

Formierungs- und Orientierungsphase (»forming«): In dieser Phase erkennen die Teammitglieder die Aufgabe und verstehen die Ziele des Teams. Sie beginnen Strukturen und Methoden zu entwickeln und Teilziele zu definieren. Jedes Teammitglied ist noch auf der Suche nach seinem Platz innerhalb des Teams. Der Arbeitseifer hält sich häufig noch in Grenzen. Der Umgang untereinander ist in der Regel höflich distanziert. Dabei werden verschiedene Verhaltensmuster ausprobiert. Oft wird in dieser Phase die Nähe zum Teamleiter oder zu einem hervortretenden Teammitglied gesucht. Unsicherheit ist ein in dieser Phase häufig genanntes Grundgefühl.

Konflikt- und Konfrontationsphase (»storming«): In dieser Phase bilden sich Teilgruppen, die nicht selten untereinander rivalisieren. Es findet häufig eine Polarisierung von Meinungen statt, oftmals in direkter Konfrontation mit dem Teamleiter. Interessengegensätze werden deutlich, erste Schwachstellen bei der Aufgabe, den Ressourcen oder im Team werden erkannt und lösen Frustrationen aus. Die kritischen Stimmen nehmen überhand. Kritisch werden bisweilen auch Sinn und Zweck der Aufgabenstellung und des vorgegebenen Ziels hinterfragt. Diese Konfrontationsphase kann sehr gefühlsbetont ablaufen und wird meistens als störend und überflüssig beschrieben. Aus der Beobachtungsperspektive heraus lässt sie sich als notwendige Durchgangsphase für die wichtige Phase drei beschreiben.

Ordnungsphase oder auch Konsens- und Kompromissphase (»norming«): Diese Phase ist geprägt von der Suche nach Konsens und Kompromiss. Es findet ein offener Austausch von Ideen und Meinungen statt. Die Teammitglieder beginnen, sich mit dem Team und dessen Zielen zu identifizieren. Die Ziele stehen fest, wurden vielleicht nachjustiert, konkretisiert. Die einzelnen Mitglieder haben ihre Rolle im Team gefunden. Polarisierungen und Schuldzuweisungen sind überwunden. Das Team entwickelt von allen getragene Normen. In manchen Teams werden ausdrücklich Spielregeln für den Umgang miteinander formuliert, die die weitere Zusammenarbeit unterstützen. Vertrauen, Hilfsbereitschaft und Respekt untereinander wachsen und alle fühlen, dass sich etwas ins Positive entwickelt.

Arbeitsphase (»performing«): Jetzt kann das Team seine ganze Energie für die Lösung der inhaltlichen Aufgaben verwenden. Die Teammitglieder arbeiten weitgehend reibungslos zusammen. Es entsteht ein »Gemeinsam-sind-wir-stark-Gefühl« und häufig auch Stolz darüber, in diesem Team an dieser Aufgabe mitwirken zu können.

Abschlussphase (»celebrating«): Während die klassische Teamforschung es bei vier Phasen bewenden lässt, wollen wir eine fünfte Phase anfügen, die uns für manche Unternehmen notwendiger denn je erscheint. Häufig arbeiten Mitarbeiterinnen und Mitarbeiter in mehreren Teams parallel. Sie verfolgen unterschiedliche Aufgaben und unterschiedliche Zielstellungen. In einer solchen Situation wird wenig Raum für das Beenden von Teamarbeiten eingeräumt. Sobald das Ergebnis abgeliefert wird, stürzen sich die Teamplayer schon mit vollem Elan auf die Aufgaben des Teams, das vor wenigen Tagen gestartet wurde. Aber plötzlich merkt man, dass man sich von den alten Teamkollegen nicht verabschiedet und noch viele offene Fragen im Kopf hat. Und der überall propagierte Anspruch, aus einer Teamarbeit für die folgende zu lernen, wird schon gar nicht eingelöst. Daher plädieren wir für einen bewussten Abschluss einer Teamarbeit, für die Klärung sämtlicher Fragen, für eine Auswertung der gemachten Erfahrungen und für eine kleine, aber niveauvolle Fete.

»Die Beschäftigung mit Teams scheint mir eine Wissenschaft für sich zu sein. Aber spannend. Gibt es denn aus Ihrer Sicht so etwas wie das Lebensmotto eines erfolgreichen Teamplayers?«

»Vor allem unter jungen Unternehmensberatern kursiert der Spruch ›Work hard – play hard‹. Er gibt meines Erachtens aber nur einen kleinen Teil dessen wieder, worauf es bei der erfolgreichen Teammitgliedschaft ankommt. Besser trifft diesen Gedanken vielleicht ein Satz in Abwandlung eines berühmten Zitates von John F. Kennedy: ›Frage nicht danach, was das Team für dich tun kann – frage beständig danach, was du zum Erfolg des Teamganzen beitragen kannst.‹ Das hat doch was, oder?«

»Also, darüber muss ich noch etwas nachdenken. Lassen Sie uns doch lieber zum nächsten Kapitel weitergehen.«

Christoph von Haug/Cornelia Haug: Erfolgreich im Team. München 2003. Dieses Taschenbuch eignet sich gut als Einstieg in das Thema.

Jon Katzenbach/Douglas Smith: Teams. Der Schlüssel zur Hochleistungsorganisation. München 2003. Was unterscheidet ein Team von einer Gruppe und was besonders zeichnet Hochleistungsteams aus? Mittlerweile ein Klassiker der Teamliteratur.

Barbara Langmaack/Michael Braune-Krickau: Wie die Gruppe laufen lernt. Weinheim und Basel 2000. Ein Buch für die, die tiefer in die Gruppenpsychologie einsteigen möchten.

Gabriele Stöger: Besser im Team. Weinheim und Basel 2003. Ein Buch, das das Arbeiten im Team und die eigenen Persönlichkeitsmerkmale mit Hilfe einer ausgesuchten Persönlichkeitstypologie verbindet.

Projektmanagement

»Ich hoffe, dass Sie mich auf den nächsten Seiten nicht zu einem Projektleiter ausbilden wollen! Dafür scheint mir der Platz doch etwas zu knapp!«

»Das sehe ich ebenso. Alleine die Literatur über das Thema füllt ganze Regale, und eine gute Ausbildung kann mehrere Wochen dauern. Bis Sie über ausreichende Erfahrung verfügen, vergehen noch einmal viele harte Praxismonate. Wir möchten an dieser Stelle aber einen ersten Einblick vermitteln, um was es beim Thema ›Projektmanagement‹ geht, welche Faktoren für eine erfolgreiche Projektdurchführung ausschlaggebend sind und welche zentralen Aufgaben ein Projektleiter zu erfüllen hat. Womit wir langfristig doch wieder bei Ihnen wären!«

»Wieso?«

»Praktisch alle Organisationen, egal ob im Profit- oder im Non-Profit-Bereich, führen heute Projekte durch. Ein Grund dafür liegt darin, dass wichtige Teile der ständig komplexer werdenden Aufgaben in den Unternehmen am besten durch bereichsübergreifende Projekte abgewickelt werden können. Sie werden in den nächsten Jahren also ziemlich sicher mit Projekten zu tun haben, zumindest in der Rolle als Projektmitarbeiter, also als kompetenter Teamplayer. Da schadet es

nicht, auch etwas über die Hintergründe des Projektmanagements zu wissen. Umso konstruktiver können Sie mitdenken. Nicht weniger wichtig scheint uns jedoch, Ihnen Lust zu machen auf einen der schönsten Berufe der Welt, den des Projektleiters!«

»Also, die Projektleiter, die ich so kenne, leben meistens am Rande des Nervenzusammenbruchs. Nichts als Ärger, Terminprobleme, Kosten, die aus dem Ruder laufen und Nachtarbeit. Von Schönheit keine Spur!«

»Es gibt kaum eine Tätigkeit, die so vielseitig ist und so hohe Anforderungen an die fachlichen, die methodischen und an die kommunikativen Kompetenzen stellt wie die eines Projektleiters. Projektleitung stellt das Gegenteil von Routinetätigkeit dar. Jeder Tag ist einzigartig, jedes Problem neu, jede Situation eine Herausforderung. Und ein erfolgreich abgeschlossenes Projekt eine riesige Befriedigung und sicherlich zudem ein nützlicher Schritt auf der Karriereleiter. Eine solche Komplexität will natürlich beherrscht sein. Sie – und da kann ich Ihre Beobachtung teilen – birgt mannigfaltige Schwierigkeiten sowie kleinere und größere Momente des Scheiterns. Alles das spricht für eine gründliche Ausbildung.«

»Ich werde in mich gehen. Nun denn, wann ist denn so ein Projekt kein Grund für einen Nervenzusammenbruch, was macht es wirklich erfolgreich?«

Laut DIN 69901 ist ein Projekt »ein Vorhaben, das im Wesentlichen durch die Einmaligkeit der Bedingungen in ihrer Gesamtheit gekennzeichnet ist, wie zum Beispiel:

- Zielvorgabe,
- zeitliche, finanzielle, personelle oder andere Begrenzungen,
- Abgrenzungen gegenüber anderen Vorhaben und
- projektspezifische Organisation.«

Mit anderen Worten: Von einem Projekt kann man dann sprechen, wenn eine einmalige Aufgabe in einem begrenzten Zeitraum, abteilungs- oder bereichsübergreifend für einen Kunden realisiert wird. Dazu werden ausgewählte Personen aktiv, eine kluge Projektorganisation eingerichtet und hart gearbeitet.

Was gehört alles zu einem professionell und erfolgreich durchgeführten Projekt?

Das Ziel: Jedes Projekt hat ein ausformuliertes, messbares, realistisches und vom Projektteam in einem genau festgelegten Zeitraum zu erreichendes Ziel. Wird dieses Ziel erreicht, war das Projekt erfolgreich, sonst nicht.

Unterstützung von ganz oben: Die Geschäftsleitung oder das obere Management muss mit voller Überzeugung hinter dem Projekt stehen und dieses mit ganzer Kraft fördern. Dazu können ein oder mehrere Projektsponsoren bestellt werden, meistens Führungskräfte, die selbst nicht am Projekt mitarbeiten, jedoch an wichtigen Sitzungen teilnehmen und bei Problemen tätig werden. Ohne diese uneingeschränkte Unterstützung des Managements ist jedes Projekt jämmerlich zum Scheitern verurteilt.

Der Zeitrahmen: Ein Projekt hat einen genau festgelegten Starttermin und ein fixiertes Ende. Dann muss dem Kunden, egal ob intern oder extern, das Ergebnis der Projektarbeit überreicht werden.

Projektphasen: Jedes Projekt durchläuft bestimmte Phasen, die sorgfältig vorbereitet und durchgeführt werden wollen. Hier eine Möglichkeit, die Phasen zu unterteilen.

- Phase 1: Zusammen mit dem Management formuliert der Projektleiter das **Projektziel** und den **Projektauftrag**. Dazu gehört beispielsweise eine Beschreibung der Problemlage, aller zu erreichenden Ziele, aller beteiligten Abteilungen oder Institutionen innerhalb und außerhalb der eigenen Organisation. Bestandteil des Dokuments werden zusätzlich die wichtigsten Arbeitsschritte und die teilnehmenden Personen. Wird der Auftrag zur Durchführung des Projektes erteilt, erstellt der Projektleiter in
- Phase 2: die **konkrete Projektplanung**. Dazu gehört natürlich das Festlegen des Kostenrahmens, also die Planung der Aufwendungen für Personal, Material, Fremdleistungen und anderes. Gedanken muss sich der Projektleiter auch über eventuelle Risiken machen, die die Zielerreichung behindern könnten. Sie werden aufgelistet und bewertet. Für sie werden Gegenmaßnahmen formuliert. Zentraler Gegenstand dieser Phase ist jedoch das Planen

der einzelnen Arbeitsschritte, Termine und Mitarbeiterkapazitäten. Wer macht was und bis wann, damit am Ende der Kette der Kunde pünktlich sein Ergebnis erhält. Für diesen Planungsschritt bieten sich zunehmend IT-unterstützte Hilfmittel wie das überall zu kaufende »MS-Project« an.

- Phase 3: Die **Projektdurchführung** und der **Projektabschluss**. In dieser Phase wird gehämmert, gebohrt, geschrieben, gerechnet – also richtig gearbeitet. Es werden aber auch Informationen ausgetauscht, Verantwortlichkeiten geregelt, neue Aufgaben verteilt, Absprachen getroffen, Konflikte ausgetragen, der Projektfortschritt überprüft, die Kosten kontrolliert und gelegentlich in Meetings gedöst. Immer jedoch sollten folgende Fragen im Mittelpunkt stehen: »Was müssen wir konkret als Nächstes tun, um das Ziel des Projektes in der geplanten Zeit zu erreichen? Was behindert uns und auf welche Tätigkeiten können wir getrost verzichten, da es in diesem Projekt nicht um Beschäftigungstherapie geht, sondern um das Erstellen eines konkret gewünschten Ergebnisses für einen Auftraggeber, unseren Kunden?«

Beteiligte: Natürlich kann man bei der Auswahl der Projektmitarbeiter einmal durch das Unternehmen schlendern und alle diejenigen, die gerade nichts zu tun haben, für das Projektteam verpflichten. Der Klügste unter ihnen wird dann Projektleiter und als Sponsor fungiert die Führungskraft, die nicht schnell genug »Nein« sagen konnte. Das soll es schon gegeben haben. Wir meinen: Wenn es sich bei einem Projekt wirklich um eine für die Organisation wichtige Angelegenheit handelt, dann gehören nur die besten Mitarbeiterinnen und Mitarbeiter in das Projektteam. Sie sind leistungsbereit, belastbar und versprechen einen erfolgreichen Abschluss. Je nach Projekt sollten die Teammitglieder aus den, für die zu bearbeitende Aufgabe relevanten Bereichen der Organisation stammen. Sie sollten unterschiedliche Kompetenzen mitbringen sowie verschiedene fachliche Ausrichtungen vertreten. Natürlich müssen sie für die Zeiten der Projektarbeit von den täglichen Aufgaben freigestellt werden. Als Projektsponsor eignet sich ein Manager, der ein besonderes Interesse an einem erfolgreichen Projektabschluss hat, beispielsweise weil das Projektergebnis in seinem Bereich angewendet werden soll.

Aufgaben des Projektleiters: Ob die Tätigkeit eines Projektleiters wirklich zu den schönsten Berufen der Welt gehört, sei einmal dahingestellt. Sicher ist jedoch, dass diese »Führungskraft auf Zeit« entscheidend für den Erfolg des Unternehmens verantwortlich zeichnet. Ein Projektleiter muss auf »drei Hochzeiten gleichzeitig tanzen«:

- Als für die gesamte Organisation des Projektes Verantwortlicher gestaltet er beispielsweise Arbeitsprozesse und Terminpläne, koordiniert Aktivitäten und Ressourcen, überwacht kontinuierlich den Projektfortschritt, hat die Kosten fest im Griff, sorgt für optimale Arbeitsbedingungen und beseitigt sämtliche Probleme, die der Durchführung der Arbeit im Wege stehen.
- Als Führungskraft für die Projektmitarbeiter vereinbart er zum Beispiel Ziele, informiert regelmäßig über den Stand der Arbeiten und die erbrachten Leistungen, unterstützt bei Schwierigkeiten, hört sorgfältig zu, gibt angemessene Rückmeldungen, vermag die Gruppe zu einem leistungsfähigen und möglichst gut motivierten Team zusammenzuschweißen.
- Als Fachexperte, wenn auch nicht Spezialist für sämtliche Feinheiten, behält er den Überblick über den fachlichen Gesamtzusammenhang, kann Abweichungen auf dem Weg zur Zielerreichung erkennen und ist in der Lage, die Qualität der Einzelleistungen zu bewerten.

Von allen drei Rollen sind es die des Organisators und der Führungskraft, die besonders gefragt sind. In den meisten Projekten wird der Projektleiter nicht selbst inhaltlich aktiv, dafür sind die Projektmitarbeiter sowie unterstützende Experten zuständig. Mit der reinen Leitungsaufgabe hat der Projektleiter jedoch genug zu tun. Und das erfordert eine weitere, immens wichtige Kompetenz: Ein guter Projektleiter kann sich hervorragend selbst organisieren. Projekte sind meist dadurch gekennzeichnet, dass sie eine Unmenge von unterschiedlichen Aufgaben fast zeitgleich hervorbringen. Die Gefahr des Verzettelns ist gewaltig. Nicht wenige Projektleiter verrennen sich in Kleinigkeiten, wollen alles auf einmal machen, verlieren die Übersicht, machen das Unwichtige zuerst, das weniger Wichtige danach und wundern sich, dass sie gegen Mitternacht wirklich an den Rand eines Nervenzusammenbruchs geraten. Eine Konsequenz: Nicht das kreative Genie stellt den besten Projektleiter dar, sondern jemand, der die Übersicht bewahrt, das Ziel und den Kunden nicht aus den Augen verliert, sich selbst und andere organisieren aber auch motivieren kann und der über ein gutes Maß an Selbstdisziplin verfügt.

»Das klingt nach einem Fulltime-Job ohne Erfolgsgarantie!«

»Nun, Leben ist lebensgefährlich, aber auch schön. Eine ruhige Kugel werden Sie als Projektleiter nicht schieben, aber bewegen können Sie viel, einiges gestalten und auch etwas erreichen. Und es gibt nicht wenige Projektleiter, die auf dem Abschlussfest eines sorgfältig geplanten und konsequent durchgezogenen Projektes diese Zeit als die abwechslungsreichste des zurückliegenden Jahres beschreiben. Das gilt nicht nur bei Projekten wie dem Bau einer komplizierten Hängebrücke oder der Entwicklung eines neuen Katalysators – das gilt gleichermaßen für Projekte wie die Einführung eines neuen Rechnungswesens, die Verbesserung eines bestehenden Versicherungsangebots, das Zusammenfüh-

ren zweier Abteilungen aus unterschiedlichen Unternehmen. Die Liste ließe sich beliebig fortführen. Projekte ohne Ende – und Lernbedarf ohne Ende, freuen Sie sich drauf.«

»Nun denn, wenn Sie mir etwas von Ihrer Begeisterung abgeben, könnte es ja klappen.«

Als Einstiegsliteratur für Projektmanagement können Sie folgende Bücher heranziehen.

Roman Stöger: Wirksames Projektmanagement – Mit Projekten zu Ergebnissen. Stuttgart 2004. Ein Buch, dem wir viele Anregungen verdanken. Die wichtigen Inhalte des Themas werden gut verständlich, praxisnah und kurzweilig vermittelt. Ein überzeugender Einstieg in das Thema.

Petra Krämer: Projekte steuern ... Nerven behalten! Termine sicher einhalten und Ziele souverän erreichen. Weinheim und Basel 2004. Ein verständlich geschriebenes Buch für Einsteiger.

Svenja Thiel/Wolfgang Widder: Konflikte konstruktiv lösen. Ein Leitfaden für die Teammediation. Neuwied und Kriftel 2003. Wenn es im Projektteam Konflikte gibt – ein Ratgeber für Projektleiter.

Wilfried Reiter: Die nackte Wahrheit über Projektmanagement. Zürich 2003. Der Autor beschreibt die Praxis des Projektmanagements, in der geschönt, getürkt und nicht selten gelogen wird. Aus Fehlern lernen heißt die Devise.

Tom DeMarco: Der Termin – Ein Roman über Projektmanagement. München 1998. Leicht und schnell zu lesen, für alle, die sich an das Thema »heranschmökern« möchten.

Vor Gruppen präsentieren und vortragen

Gekonnt präsentieren

Worum es geht

Zur Einstimmung eine Definition von Präsentation: Eine oder mehrere Personen stellen für eine konkrete Zielgruppe ausgewählte Inhalte, also Sachaussagen oder Produkte, dar. Ziel ist es, diese Zielgruppe zu informieren oder zu überzeugen. Die Darstellung wird unterstützt durch bildhafte Mittel. An die Darstellung schließt sich eine Fragerunde oder Diskussion an.

Präsentationen als Chance?

Präsentationen sind aus dem betrieblichen Alltag nicht mehr wegzudenken. Das gilt in jeder Branche und jeder Position. Immer wieder öffnet sich die Möglichkeit, andere über neue Gedanken zu informieren, Kollegen über den Stand des eigenen Projektes in Kenntnis zu setzen, Vorgesetzte auf konkrete Verbesserungsmöglichkeiten aufmerksam zu machen, andere zu begeistern, bei einer wichtigen Sache mitzumachen oder Kunden vom Nutzen eines Produktes oder einer verbesserten Dienstleistung zu überzeugen.

Präsentationen bieten die einmalige Chance, andere so zu informieren, dass sie sich »glücklich« fühlen: »Endlich hat uns mal einer erklärt, wozu ...« Oder: »Ganz toll, dass Sie uns darüber informiert haben ...« Präsentationen bieten ebenso die Chance, andere von einer Sache zu überzeugen, anderen etwas zu verkaufen.

Und noch etwas kommt hinzu: In einer Präsentation »präsentieren« Sie stets auch sich selbst. Egal, worum es inhaltlich geht: Durch die Art, wie Sie auftreten, wie Sie mit den Medien umgehen, wie Sie Inhalte für Ihr Publikum aufbereitet haben; immer machen Sie Aussagen über Ihre eigene Person. Sie können sich beispielsweise als informiert, kompetent, offen, freundlich, klar in der Sache, kreativ, oder absolut zuverlässig darstellen.

Was läuft in der Praxis häufig falsch?

Für viele Menschen scheint eine Präsentation mehr Last als Lust zu sein. Sie wissen häufig nicht, wie sie sich optimal vorbereiten können, wie sie ihre Rede gliedern oder wie sie mit den Medien umgehen sollen. Diese Unsicherheit erzeugt vielfach Angst, etwas falsch zu machen oder sich zu blamieren. Keiner im Unternehmen hat so richtig Lust, ein Thema sorgfältig vorbereitet vor Kollegen, Kunden oder Lieferanten zu präsentieren. Also wird es nicht gelernt und von den anderen ausdrücklich erwartet. Wenn dann etwas vor einem Publikum vorgestellt werden soll, beispielsweise vor den eigenen Abteilungskollegen in der montäglichen Abteilungsbesprechung, dann geschieht das häufig lieblos und ohne gezielte Vorbereitung. Man erzählt dann »einfach mal so«, wie der Stand des Projektes ist, oder wie man bei der Produktentwicklung weiter vorgehen will. »Wir sind ja unter uns und da muss es nicht ganz so formal zugehen«, lautet die bekannte Begründung dafür, sich keine Mühe geben zu wollen.

»Ist ja alles schön und gut. Nur: Drängt man sich nicht zu sehr in den Vordergrund, wenn man als junger Mitarbeiter dauernd präsentieren will. Wirkt das nicht streberhaft und aufdringlich?«

»Das kann schon gelegentlich der Fall sein. Wir erleben das jedoch eher als Ausnahme. Viel wichtiger scheint uns etwas anderes: Bei vielen internen Umfragen in Unternehmen beklagen sich die Mitarbeiter darüber, über alles Mögliche nicht ausreichend informiert zu werden: Über Projekte, neue Ideen, geplante Veränderungen, Erfolge oder Misserfolge. Menschen wollen umfassend informiert werden. Mit einer knappen, gut aufbereiteten Präsentation bedienen Sie genau dieses Bedürfnis. Damit heben Sie sich von all denen ab, die still im Kämmerlein vor sich hin wurschteln und sich lediglich darüber beklagen, nicht informiert zu werden.«

Der Beginn Ihrer Präsentationskarriere

Überlegen Sie einmal in aller Ruhe – und am besten zusammen mit guten Freunden, Kollegen oder Vorgesetzten – zu welchem Thema, über welche Ideen, Vorhaben, Verbesserungen, Probleme und erste Lösungsideen Sie etwas zu sagen haben. Überlegen Sie aber gleichzeitig, welche der gefundenen Themen andere in der Abteilung oder im Unternehmen interessieren könnten, ihnen weiterhelfen könnten oder von Nutzen sind. Prüfen Sie stets auch, welche Ihrer Aufgaben und momentanen Tätigkeiten etwas beinhalten, was sich mitzuteilen lohnt.

Fragen Sie sich, in welchem Rahmen Ihre Präsentation stattfinden könnte. Dabei kann es sich um eine Abteilungsbesprechung handeln, um ein kurzfristig einberufenes informelles Meeting, um eine Sitzung, die Sie leiten sollten. Bitten Sie darum, dass Sie an einem bestimmten Datum Zeit bekommen, um etwas vorzustellen.

Die Vorbereitung

Jede Präsentation braucht ein Ziel: Formulieren Sie in einem ersten Schritt Antworten auf folgende Fragen: »Wenn ich meine Präsentation beendet habe und meine Teilnehmer und Teilnehmerinnen verlassen den Raum, was genau sollen diese Menschen dann wissen, begriffen haben, verstehen? Oder was sollen sie tun, wie demnächst handeln, wie sich in Zukunft verhalten? Worüber will ich sie informieren, sodass sie genau diese Punkte nicht wieder vergessen beziehungsweise darüber selbst reden können? Oder, wovon will ich sie überzeugen, damit sie anschließend in meinem Sinne handeln?«

> **Ein Tipp für Sie:** Notieren Sie sich Ihr konkretes Ziel auf jeden Fall schriftlich!

Werden Sie zum Maßschneider: Mit Ihrer Präsentation wollen Sie nur die Menschen erreichen, die vor Ihnen sitzen werden. Sie müssen sich also Gedanken über Ihr Publikum machen und darauf hin Ihre Inhalte auswählen und aufbereiten. Fragen Sie sich:

- Welches Vorwissen bringen Ihre Teilnehmer mit, was müssen Sie unbedingt ansprechen und was können Sie weglassen?
- An welchen Inhalten sind Ihre Zuhörer besonders interessiert, welche müssen also in die Präsentation?
- Welche Inhalte haben für Ihr Publikum einen besonderen Nutzen und wirken besonders attraktiv und überzeugend? Auch diese Inhalte muss die Präsentation enthalten.
- Und eine sehr wichtige Frage: Wie viel Zeit haben Sie maximal zur Verfügung und was können Sie in dieser (meist knappen) Zeit überhaupt darstellen?

Der Aufbau Ihrer Präsentation

Begrüßung und namentliche Vorstellung: Gestalten Sie die Begrüßung freundlich und sympathieerweckend. Nutzen Sie die hohe Anfangsaufmerksamkeit im Publikum und wenden Sie sich ihm mit Körperhaltung, Blickkontakt, freundlicher Mimik ganz zu. Nennen Sie Ihren Namen (wenn nicht bekannt) und berichten Sie kurz, was Sie persönlich mit Ihrem Thema verbindet: »Seit einem Jahr beschäftige ich mich ...«, »Ich hatte als Projektleiter Gelegenheit, bei der Produktüberarbeitung ...«. Sie erzählen so »nebenbei«, warum bei diesem Thema, Produkt oder Projektbericht gerade Ihnen zugehört werden sollte.

Viele Redner beginnen Ihre Rede mit einem »Opener«, also einer kleinen Geschichte, einem lustigen Zitat, einem anregenden, manchmal sogar freundlich-frechen Bild. Sie können dadurch gleich zu Beginn der Veranstaltung eine gelöste positive Stimmung erzielen. Das Publikum lacht freundlich, wendet sich Ihnen etwas offener und aufmerksamer zu. Aber: Ein solcher »Opener« will gekonnt sein. Er soll bei allen Anwesenden positive Gefühle erwecken – dies erreichen beispielsweise die meisten Witze nicht (daraus folgt unsere Empfehlung: keine Witze!). Weiter muss der »Opener« inhaltlich zum Thema passen. Unser Tipp: Überlegen Sie sich etwas, was Sie mit gutem Gefühl vertreten können. Wenn Sie nichts finden, dann verzichten Sie darauf.

Thema der Präsentation, Ablauf und Ziel: Nennen Sie nun das Thema der Präsentation und stellen Sie den geplanten Ablauf vor. Geben Sie die zeitliche Dauer der Veranstaltung und eventuelle Pausen an. Weisen Sie auf die Möglichkeit hin, im Anschluss an Ihre Präsentation Fragen zu stellen und zu diskutieren.

Nennen Sie unbedingt das Ziel Ihrer Präsentation. Sie können dabei auf die Zielformulierung aus der Vorbereitung zurückgreifen. Sie sagen unmissverständlich, worum es Ihnen in den nächsten Minuten geht: »Meine Absicht ist es, Sie davon zu überzeugen, dass unsere Produktverbesserung ...«, »Ich möchte Sie so informieren, dass Sie anschließend entscheiden können, ob das Projekt in der aktuellen Phase ...« Jetzt weiß Ihr Publikum genau, was die Veranstaltung soll und warum es wichtig ist, aufmerksam zuzuhören. Und Sie wirken als jemand, der selbst genau weiß, was er vorhat. Sie wirken als zielgerichtet, eine Eigenschaft, die fast jeder für sich in Anspruch nimmt, aber häufig nicht einzulösen in der Lage ist.

Hauptteil: die Reihenfolge Ihrer Aussagen und Argumente. In der Vorbereitung legen Sie den Aufbau Ihrer Argumente fest. Wählen Sie eine Form, die Ihrem Ziel, den Erwartungen oder Interessen Ihres Publikums aber auch der inneren Logik Ihres Themas nahe kommt.

Zusammenfassung: Die Zusammenfassung soll erreichen, dass die zentralen Aussagen Ihrer Präsentation, beispielsweise die Argumente, die für den Kauf eines Produktes sprechen, noch einmal gehört werden und so länger im Gedächtnis verankert bleiben.

Schlussappell: Mit dem Schlussappell fordern Sie Ihre Teilnehmer auf, aktiv zu werden. Beispielsweise: »Ich möchte Sie bitten, diesem Vorschlag zuzustimmen.« Dazu gehört auch die Aufforderung zu Fragen: »Welche Fragen kann ich Ihnen jetzt beantworten?«

Schlusswort: Dies könnte ein Dankeschön sein. Aber nur, wenn Sie sich auch wirklich bedanken wollen. Dann mit Blickkontakt und freundlichem Lächeln: »Ich möchte mich für die Zeit bedanken, die Sie mir für die Vorstellung unserer Produktveränderung gegeben haben.«

Und sonst noch?

Rahmenbedingungen: Planen Sie für die Präsentationsveranstaltung einen exakten zeitlichen Rahmen, der ausreichend Zeit für die Fragerunde und Diskussion lässt. Sorgen Sie im Vorfeld Ihres Auftritts dafür, dass die Technik funktioniert und machen Sie sich mit dem Raum vertraut.

Üben, üben, üben: Jede Präsentation, jeder Vortrag und jede Rede sollten vor dem Auftritt mindestens einmal geübt werden. Denn nur so kann Sicherheit aufgebaut werden, lassen sich der exakte Zeitbedarf und Hinweise auf Anschaulichkeit oder Überzeugungskraft gewinnen.

Lampenfieber: Nun denn – Lampenfieber hat fast jede Rednerin und jeder Redner, ob Berufseinsteiger oder Topmanager. Ein wenig Lampenfieber sorgt für das Maß an Spannung, das Ihren Auftritt lebendig erscheinen lässt. Vergessen Sie daher nicht:

- Eine sorgfältige Vorbereitung (Ziel, Zielgruppenanalyse, Aufbau, Manuskript, Visualisierungen) reduziert das Lampenfieber.
- Das Üben vor dem Auftritt verschafft zusätzliche Sicherheit.
- Sicherheit gibt auch das Wissen, dass die meisten »Fehler«, die beim Reden passieren, vom Publikum gar nicht bemerkt werden.
- Das Publikum steht in der Regel auf Seiten des Präsentierenden, fiebert mit und ist »Patzern« gegenüber positiv eingestellt.

Ach ja, und noch etwas: Fast alle Redner, die sich einmal auf Video betrachten, stellen fest, dass sie weit besser wirken als sie sich innerlich fühlen. Also bitten Sie vertraute Gesichter in Ihrem Publikum um Rückmeldungen zu Ihrem Auftritt. Fragen Sie danach, was gut angekommen ist und was Sie auf jeden Fall noch verbessern sollten. Und dann verbessern Sie Ihren Auftritt gleich beim nächsten Mal, wenn Sie wieder präsentieren wollen oder sollen.

Martin Hartmann/Bernhard Ulbrich/Doris Jacobs-Strack: Gekonnt vortragen und präsentieren. Weinheim und Basel 2004. Von der Vorbereitung bis zur Durchführung und dem Umgang mit kritischen Zeitgenossen im Publikum, alles, was Sie benötigen, um erfolgreich zu präsentieren.

Peter H. Ditko/Norbert Q. Engelen: In Bildern reden. Düsseldorf 1998. Bilder bleiben einfach länger im Gedächtnis hängen und darum geht es in diesem anregenden Buch.

Gene Zelazny: Wie aus Zahlen Bilder werden: Wirtschaftsdaten überzeugend präsentiert. Wiesbaden 2002. Das Standardwerk für alle, die Zahlen in Grafiken umwandeln müssen.

Lucinda Becker/Joan Van Emden: Presentation Skills for students. Houndmills 2004. The book discusses speaking effectively in seminars, tutorials, and formal presentations, and, unusually, in leisure activities, such as standing for office, and speaking at or chairing a committee or society meeting. Finally, it helps with career research, including a practical, step by step guide to a successful job interview.

Richard Payne: The Vocal Skills Pocketbook. Alresford 2004. Die eigene Stimme in Präsentationen verbessern und sich dabei gleichzeitig im Englischen üben, alles das leistet dieses kurzweilige 125-seitige Büchlein.

Mit Laptop und Beamer präsentieren

Worum geht es genau?

Wer etwas auf sich hält, präsentiert mit Laptop und Beamer, greift dabei auf PowerPoint, Excel, Photoshop oder eines der anderen Programme zurück, die auf dem Markt erhältlich sind. In vielen Unternehmen ist die Präsentation mit Beamer Standard. Da trifft es sich gut, dass sich vor allem junge Mitarbeiter nicht mehr ohne ihren Laptop aus dem Haus wagen und mit dem Begriff Präsentation einzig eine PowerPoint-Show verbinden, mehr oder weniger »aufgepeppt« mit digital geschossenen Fotos oder Videosequenzen.

Die Technik macht es möglich und sie macht das Präsentieren scheinbar einfach: PowerPoint-Charts voll schreiben, Computer an den Beamer anschließen und mit einem lässigen »Mausklick« loslegen. Damit wären wir auch schon in der Praxis angelangt. So selbstverständlich die Technik von vielen beherrscht wird, so dürftig fallen doch immer wieder die Ergebnisse im betrieblichen Präsentationsalltag aus, mühevoll von witzigen Animationen und schreiend bunten Bildern kaschiert.

Was läuft in der Praxis häufig falsch?

Was auf dem Bildschirm noch gut zu lesen ist, erscheint über den Beamer auf eine Wand projiziert häufig zu klein: Kleine Schriften erschweren die Lesbarkeit. Viele Folien sind reine Textfolien, in Berichtsform geschrieben und jetzt vor Publikum mehr oder weniger eloquent abgelesen. Langweiliger geht es kaum.

So manche Präsentation enthält verschiedene Schriftarten, Seitenlayouts, Farbverwendungen und Visualisierungstypen. Kein

Wunder: Sie wurden – meist unter Zeitdruck – aus unterschiedlichen Präsentationen zusammengestellt. Da mangelt es häufig an Zeit, aber auch an der Kompetenz der Präsentierenden, alles in eine einheitliche und auf das Ziel der Präsentation ausgerichtete Form zu »gießen«.

Der Computer bietet viele Farben und noch mehr Farbzusammenstellungen. Warum nicht alle nutzen? Beim Publikum bleibt eine bunte Farbenshow in Erinnerung, kaum Kernaussagen oder Ziele der Präsentation.

Animationen? Am besten auf jeder Seite einen Überraschungseffekt, einen einschwebenden Textbaustein, eine sich auf- und abbauende Grafik oder ein hüpfendes und springendes Bild. Das erfreut das Publikum – mehr aber auch nicht. Leider.

Auf den Punkt gebracht: Nicht die High-Tech-Elektronikausrüstung macht eine gute Präsentation aus, sondern ein Präsentierender, der PowerPoint, Laptop und Beamer gekonnt dazu nutzt, ihn bei seinem Dialog mit dem Publikum zu unterstützen und ihm zu helfen, seine wohl überlegten und ausformulierten Präsentationsziele zu erreichen.

Tipps für die Praxis

Text und Größe: Textseiten, Grafiken und Schaubilder, die während der Erstellung der Präsentation auf dem Bildschirm gut zu lesen sind, sollten nicht in gleicher Größe präsentiert werden. Alle Visualisierungen und Textteile müssen auch in der letzten Reihe vom Publikum mühelos erfasst und gelesen werden können. Auf eine Textseite gehören daher nur die wichtigsten Kernaussagen, und die sollten in Stichworten aufgeführt sein, nicht in ganzen Sätzen. Pro Folie empfehlen wir sieben bis zehn Textaussagen. Die Schriftgröße sollte dabei nicht unter 14 Punkt liegen, dies hängt natürlich von der Zahl der Anwesenden und von der Größe des Raumes ab. Für ein großes Publikum kann häufig erst 20 Punkt die angemessene Schriftgröße sein.

Bilder und Texte: PowerPoint beispielsweise bietet hervorragende Möglichkeiten, Inhalte in Form von Grafiken, Organigrammen

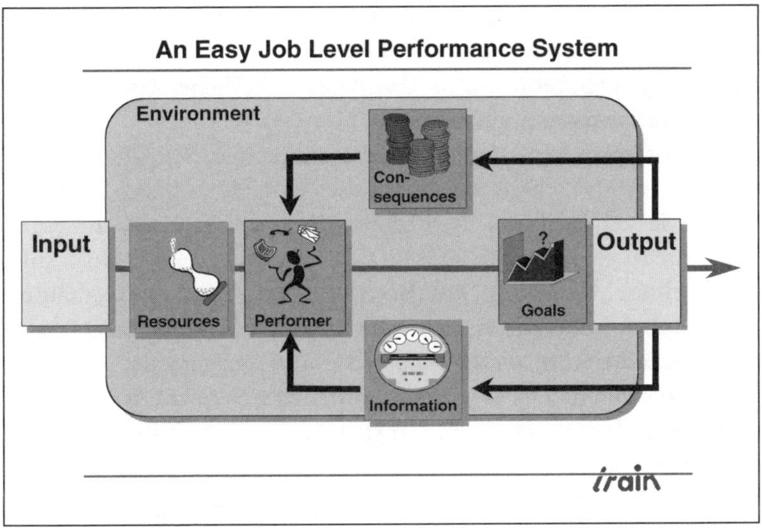

Bilder und Texte lassen sich auf unterschiedliche Weise kombinieren.

oder Text-Bild-Kombinationen zu visualisieren. Daher empfehlen wir: Überlegen Sie, wie Sie Ihre Präsentationsinhalte, also Ideen, Kernaussagen, Verkaufsargumente, Verbesserungsvorschläge in Grafik- oder Bildform umsetzen. Das ist mühsam und wird nur selten gelehrt. Einfacher scheint es, die Argumente als Textfolie aufzuführen. Dem Publikum länger im Gedächtnis bleiben jedoch Bilder, Strukturen, Symbole oder Geschichten. Daher: Nutzen Sie die Möglichkeiten des Computers und visualisieren Sie, vermeiden Sie – wo immer möglich – reine Textfolien.

Farben: Wir empfehlen einen sparsamen, aber gezielten Einsatz sowohl von Farben wie von Animationen. Farben haben eine starke Signalwirkung. Verwenden Sie kräftige Farben und diese einheitlich – gleiche Farben suggerieren gleichen Sinn. Verwenden Sie beispielsweise ein kräftiges Rot, wenn Sie etwas betonen und hervorheben wollen, schwarz und dunkelblau für Texte. Wenn ein grüner Pfeil eine besondere Empfehlung darstellt, sollte er diese Funktion die gesamte Präsentation über beibehalten. Gleiches gilt für Farben, die für Personen, Abteilungen oder Unternehmen stehen. Für den Fall, dass Sie mit dunklem Hintergrund arbeiten wollen: Wir empfehlen einen blauen Hintergrund und weiße, gut leserliche Schrift, weitere Farben dann sparsam einsetzen.

Schriftarten: Verwenden Sie eine serifenlose Schrift, also eine Schrift ohne »Häkchen«, beispielsweise Arial, Helvetica oder Tahoma. Diese Schriften sind als »Plakatschriften« einfach und auf einen Blick gut zu erfassen. Für Präsentationen nicht geeignet sind Antiquaschriften, wie Times New Roman, Book Antiqua, Garamond oder ähnliche. Aus diesen Schriften werden Fließtexte gesetzt, also schriftliche Berichte, dieses Buch hier und natürlich jeder Roman.

Animationen: Ein Text kann von allen Seiten ins Bild hineinschweben, er kann sich aus vielen kleinen Scherben aufbauen und in gleicher Weise wieder verschwinden. Man kann aber auch die erzielten Verkaufszahlen mit einer lachenden Sonne unterlegen. Alle diese Animationen widersprechen der früher einmal gelernten Art, Visualisierungen zu erfassen, beispielsweise das Erfassen eines Textes beim Aufschlagen einer Buchseite oder das Betrachten eines Bildes in einer Zeitung. Die durch den Computer ermöglichten »lebendigen« Animationsformen sichern durch ihren Überraschungseffekt die

Aufmerksamkeit der Betrachter. Dies jedoch nur so lange, wie nicht jede Seite einer Präsentation, jede Grafik und jedes Bild um besondere Aufmerksamkeit »buhlt«. Dann wirkt das Betrachten auf die Zuschauer vielleicht kurzweilig und spaßig. Die Konzentration auf die Inhalte und das Behalten der Kernaussagen bleiben jedoch auf der Strecke. Also: Möglichst wenig Animationen verwenden und diese dann gezielt einsetzen, um wichtigen Inhalten die besondere Aufmerksamkeit aller Anwesenden zu sichern.

Sprechen Sie zum Publikum und nicht zur Leinwand oder zum Bildschirm Ihres Laptops. Der direkte Kontakt zwischen Ihnen als Präsentierenden und den Zuhörern ist entscheidend für den Erfolg der Präsentation, die Visualisierungen unterstützen Sie dabei.

Pausen: Achten Sie auf ausreichende Redepausen. Wenn manche Redner schon mit dem Overheadprojektor ein regelrechtes Folienfeuerwerk ohne Punkt und Komma veranstalten, ist diese Gefahr beim Laptop noch viel größer. Man muss ja nur klicken, schon kommt die nächste Zeile oder das nächste Bild angeflogen, da werden Redepausen gerne vergessen.

Seitenwechsel: Was den Seitenwechsel oder das Einspielen neuer Inhalte angeht, so können Sie das jeweils folgende Bild von rechts oder links, von oben oder unten hereinflattern lassen. Die meisten Programme bieten natürlich noch weit mehr Überraschungseffekte. Tipp: Entscheiden Sie sich für eine Möglichkeit des Bildaufbaus, des Seitenwechsels und setzen Sie diese durchgängig ein.

Der Bildwechsel mit dem Laptop erfolgt annähernd unbemerkt, im Gegensatz zum unüberseh- und -hörbaren Folienwechsel oder gar zum Umblättern einer Flipchartseite. Das Publikum muss daher auf diesen Bildwechsel extra hingewiesen werden – besonders wenn es sich um Textseiten handelt, die sich vom Aussehen her voneinander kaum unterscheiden. Beispielsweise: »Als Nächstes möchte ich auf die Kosten der Prospekterstellung eingehen. Die Zahlen, die Sie hier sehen können, zeigen besonders deutlich ...« Oder: »Wir von der Projektgruppe wurden häufig gefragt ... Dazu haben wir folgende Antwort entwickelt ...«

Und noch etwas spricht für solch einen eleganten Seitenwechsel. Die meisten Beamer-Präsentierenden wechseln die Seiten immer nach ein und demselben Muster: Klicken – die neue Seite erscheint –

der Präsentierende schaut auf die Seite und erläutert dann die Visualisierung. Dieses Vorgehen wiederholt sich während der gesamten Präsentation gebetsmühlenartig und wirkt eintönig und langweilig. Variieren Sie Ihr Verhalten: Kündigen Sie die neue Seite, das neue Bild, Ihre nächste These vor dem Umblättern an. Das erzeugt Spannung und Sie erscheinen als jemand, der die Präsentation aktiv lenkt, den Gang der Gedanken und Thesen bewusst vorantreibt und nicht einer vorgefertigten Seitenabfolge lediglich hinterherläuft. Also: Während das vorherige Bild noch zu sehen ist, wird die neue Visualisierung inhaltlich angekündigt: »Was bedeutet der bisher vorgestellte Prozess nun für die Arbeit in Ihrer Abteilung? Drei Dinge sollten sich entscheidend verändern!« – Jetzt die neue Visualisierung erscheinen lassen, kurze Pause machen (1–3 Sekunden!), Blickkontakt zum Publikum aufnehmen und dann weitersprechen: »Zum Ersten muss in Ihrer Abteilung …«

Martin Hartmann/Bernhard Ulbrich/Doris Jacobs-Strack: Gekonnt vortragen und präsentieren. Weinheim und Basel 2004. In dem Kapitel über Visualisierungen und Medien geht es natürlich um Laptop und Beamer, aber auch über den Overheadprojektor und die immer noch aktuellen Medien »Flipchart« und »Pinnwand«.

Heinz Hütter/Margret Degener: Praxishandbuch PowerPoint-Präsentation. Wiesbaden 2003. Auf etwa 260 gut gefüllten Seiten ausreichende Informationen zum Präsentieren mit PowerPoint.

Thorsten Schildt/Gertrud Zeller: 100 Tipps & Tricks für professionelle PowerPoint-Präsentationen. Weinheim und Basel 2005. Praxisnah und kurzweilig für Anfänger und Fortgeschrittene.

Über aktuelle technische Trends bei den elektronischen Präsentations-Medien informiert vor allem die Zeitschrift **AV-views – Audivisuelle Kommunikation und Präsentation.**

Edward R. Tufte: The Cognitive Style of PowerPoint. Cheshire, Co 2003. Kann man PowerPoint dafür verantwortlich machen, wenn eine Weltraumfähre verunglückt? Eine durchaus ernst zu nehmende Streitschrift. Pflichtlektüre für alle, die mit PowerPoint arbeiten.

Die eigene Arbeit in den Griff bekommen

Persönliche Arbeitsorganisation und Zeitmanagement

Um im Leben die Ziele, die einem wirklich wichtig sind, erreichen zu können, um persönlich erfolgreich und zufrieden zu werden, ist es hilfreich, sich ein gesundes Maß an persönlicher Arbeitsorganisation anzugewöhnen und diese diszipliniert anzuwenden.

»Kluge Worte, wohl wahr. Nun mal ›Butter bei die Fische‹! Warum ein ›gesundes Maß‹? Was verbirgt sich dahinter?«

»Das ›gesunde Maß‹ ist Ihre persönliche Antwort auf die Frage, wie viel persönliche Arbeitsorganisation und Zeitmanagement Sie sich antun wollen. Ein wichtiges Ziel aller Arbeitsorganisation ist es, in der von Ihnen vorgesehenen Zeit, beispielsweise in sechs Stunden Ihres Arbeitstages, die richtigen Dinge mit möglichst geringem Zeitaufwand zu einem guten Ergebnis zu bringen. Nun können Sie in manchen Lebenshilfe-Büchern nachlesen, dass die wichtigste Aufgabe im Leben darin bestehe, so viel wie möglich aus der uns zugeteilten Zeit zu machen. Im extremen Fall werden Sie dann Ihr gesamtes Leben, also Berufstätigkeit wie auch Freizeit, zeitökonomisch durchrationalisieren. Sie können für jede Sekunde planen, keine einzige Minute mehr verschwenden und selbst die Stunden des Müßigganges auf die Sekunde genau in den Griff bekommen. In Ihren Tag packen Sie ein Vielfaches dessen, was Sie früher mühsam in einer Woche geschafft haben.«

»Klingt bekannt! Aber habe ich denn heute überhaupt eine Alternative zu diesem Vorgehen?«

»Die Alternative heißt natürlich nicht, einfach alles ungeplant laufen zu lassen. Aber ein alternatives Lebensmotto könnte darin bestehen,

dass unsere wichtigste Aufgabe im Leben darin besteht, in der uns reichlich zur Verfügung stehenden Zeit die richtigen Dinge mit Bewusstsein und Genuss zu tun. Sie könnten sich beispielsweise dafür entscheiden, zwar das Arbeitsleben konsequent durchzuorganisieren, in Ihrer Freizeit jedoch einfach so ins Blaue hineinzuleben ohne auch nur an Zeitmanagement zu denken. Der Zeitforscher Karlheinz Geißler hat das so beschrieben: ›Plant Eure Tage wie ein Stück Emmentaler Käse: Viel Festes und große Löcher für all das, was man nicht planen kann und will. Wenn Ihr das tut, dann müsst Ihr nicht immer die Zeit suchen, sondern könnt Euch auch mal von der Zeit suchen lassen.‹«

»Und wie halten Sie es persönlich?«

»In den meisten beruflichen Dingen halte ich mich konsequent an einige Regeln der persönlichen Arbeitsorganisation, was mich ganz effizient macht und worüber ich recht zufrieden bin. Privat ist das mal so oder so: Bei der Urlaubsvorbereitung bin ich durchorganisiert, bei der Pflege meiner Freundschaften ebenfalls. Dafür verweigere ich mich in anderen Bereichen jeglicher Zeitplanung. Ich will nicht zu einer Gefangenen des Wunsches werden, jede Minute voll auszunutzen. Aber für manche Menschen ist ein vollkommen durchorganisiertes Leben sehr attraktiv. Als Beraterin ist mir wichtig, dass Sie sich bewusst dafür entscheiden, welche Bereiche Ihres Berufs- und Privatlebens Sie einer sorgfältigen Planung unterziehen.«

»Und wie geht es jetzt weiter?«

»In diesem Kapitel werden wir Ihnen einige Tipps für eine persönliche Arbeitsorganisation vorstellen. So auf dem Papier lesen sich die Vorschläge vielleicht ganz überzeugend. In der Praxis jedoch besteht die Gefahr, dass mit zunehmenden Anforderungen an Ihre Tätigkeit und mit zunehmender Informationsflut viele Vorsätze und Arbeitstechniken auf der Strecke bleiben. Eine erfolgreiche Arbeitsorganisation hängt weit mehr von der persönlichen Selbstdisziplin ab als von allerlei Methoden oder Zeitplansystemen.«

»Empfehlen Sie mir den Besuch eines Seminars zum Thema ›Arbeitsorganisation‹?«

»Auf jeden Fall. Sie lernen dann noch mehr Tipps kennen als wir Ihnen hier anbieten können. Auf einem guten Seminar haben Sie vor allem die Gelegenheit, unterschiedliche Zeitplansysteme kennen zu lernen, egal ob es sich um Bücher oder elektronische Organizer handelt.

Sie müssen diese Systeme in Händen halten, um entscheiden zu können, mit welchem Sie glücklich werden können. Ach ja, und auf solch einem Seminar lernen Sie möglicherweise von anderen, wie diese es mit der nötigen Selbstdisziplin halten.«

Tipps für die Organisation Ihres Arbeitsalltages

Wie viel Zeit können Sie überhaupt selbstständig verplanen? Als Arbeiter am Fließband dürfte es sehr wenig sein. Als Sachbearbeiter sieht dies schon anders aus, selbst wenn Ihr Chef Ihnen jeden Morgen einen Stapel Unterlagen hinlegt und »Nun machen Sie mal!« murmelt. Je selbstständiger Sie Ihre Aufgaben erledigen können, umso mehr können Sie über Ihre Zeit entscheiden. Dennoch klagen viele Menschen darüber, dass sie im Beruf keine Zeit haben, über die sie bestimmen können. Wie gesagt, für den Akkordarbeiter am Band mag das gelten, alle anderen sollten mit einer solchen Aussage warten, bis sie beispielsweise ein Zeit-Tagebuch geführt haben. Manche Menschen machen sich die Mühe und notieren über eine oder mehrere Wochen hinweg akribisch, womit sie ihre Tage füllen. Bei der Auswertung fallen die vielen Minuten auf, die einfach »verschwendet« wurden. Dazu gehört nicht das notwendige Schwätzchen in der Kaffeeküche, dazu gehören aber das Suchen nach einer Vorlage oder Datei, die man selbst nicht systematisch abgelegt hat, das »mal schnelle« Reparieren einer Leitung, was auch noch in der nächsten Woche vom Handwerker in fünf Prozent der selbst verwendeten Zeit erledigt hätte werden können, die Teilnahme an einer Besprechung rein aus Neugierde und dem Gefühl, dass man etwas verpassen könnte oder der aufwändige Besuch eines eigentlich unwichtigen Kunden, den man ebenso hätte anrufen können. Nutzen Sie die systematisch betriebene Arbeitsorganisation auch dazu, den Tätigkeiten auf die Spur zu kommen, die Sie viel Zeit kosten und über die Sie selbst bestimmen können.

Nicht alle Zeit verplanen! Verplanen Sie nur einen Teil der Ihnen zur Verfügung stehenden Zeit. 60 Prozent reichen vollkommen. Der Rest ist für Unvorhergesehenes. Hinzu kommt, dass Sie Pufferzeiten gut gebrauchen können, wenn Sie sich bei den Zeiten für die zu erledigenden Dinge verschätzt haben. Es braucht viel Erfahrung bis Sie ein realistisches Gefühl dafür entwickeln, in welchem Zeitraum Sie eine Sache erledigt haben.

Das Arbeitsblatt! Erstellen Sie zu Beginn des Arbeitstages oder als Abschluss des Vortages eine Liste mit allen zu erledigenden Themen für Ihren Tag. Formulieren Sie dabei auch das jeweilige Ziel, das Sie erreichen wollen. Also statt: »Lektorin Sachsenmeier anrufen« besser: »Lektorin Sachsenmeier anrufen, vorsichtig auf die verspätete Zusendung des Manuskriptes einstimmen« oder kürzer: »S. anrufen wg. Termin Manuskript ☺💣!« Eine solche Formulierung erleichtert Ihnen später das Zuordnen von Prioritäten und gibt Ihnen ein gutes Gefühl für den benötigten Zeitaufwand. Wichtig: Zwingen Sie sich, die Liste und auch Ihren Tagesplan schriftlich zu erstellen. Das fördert den Grad an Verbindlichkeit, steigert die Selbstmotivation und hilft Ihnen am Abend festzustellen, was Sie geschafft haben und was später erledigt werden muss. Sich die eigenen Erfolge tagtäglich zu vergegenwärtigen schafft natürlich einen nicht zu unterschätzenden Motivationsschub.

Die Prioritäten: Nicht jede Tätigkeit auf Ihrer Liste ist gleich wichtig oder dringend. Vergeben Sie Prioritäten, daraus ergibt sich die Gestaltung Ihres Arbeitstages. Wir empfehlen, bei jeder Aufgabe genau zu überlegen, wie *wichtig* die Erledigung für Ihre Tätigkeit, Ihr Projekt oder Ihre aktuelle Aufgabe ist. Gleichzeitig müssen Sie überlegen, ob es sich dabei um eine *dringende* Angelegenheit handelt. Denn nicht jede wichtige Aufgabe muss gleich heute oder morgen erledigt werden. Und nicht jede dringende Aufgabe ist auch wichtig, mag der rote Post-it-Zettel Ihres Kollegen auf dem Bildschirm noch so penetrant leuchten. Je nach Wichtigkeit und Dringlichkeit vergeben Sie eine von vier möglichen Prioritäten:

- **Priorität A:** Diese Aufgabe ist sowohl wichtig als auch dringend. Sie wird im Laufe des Tages weit oben auf Ihrem Tagesplan stehen.
- **Priorität B:** Eine wichtige aber nicht sehr dringliche Aufgabe. Sie überlegen, wann Sie heute oder im Verlauf der Woche mit der Arbeit beginnen wollen. Wichtig: Schriftlich ein Zeitfenster für diese Tätigkeit festlegen.

- **Priorität C:** Nicht sehr oder gar nicht wichtig, jedoch dringend. Derartige Aufgaben können sich zu Quälgeistern entwickeln, die einem ständig im Kopf herumgeistern und von der Konzentration auf das wirklich Wesentliche ablenken. Was können Sie tun? Schnell selbst erledigen, wenn es wirklich nur wenige Minuten dauert, dann ist der Kopf frei! Oder auf die Zeit nach dem Mittagessen verschieben, wenn möglicherweise ein kleines Tief Geist und Körper erfasst hat. Aber vielleicht gehören Sie ja zu den Glücklichen und Sie können einen guten Freund anrufen und ihm die Sache schmackhaft machen. Der soll sich drum kümmern, Sie sind den Job jedenfalls los.
- **Priorität D:** Nicht wichtig und nicht dringend! Nehmen Sie alle Ihre Kraft und versenken Sie diesen Job tief im Papierkorb. Verweigern Sie sich einem »könnte ja vielleicht mal wichtig werden«. Entweder es ist wichtig oder nicht. Wir werben massiv für einen vollen Papierkorb, denn aus unserer Erfahrung heraus nehmen sich viele Mitarbeiter nicht genügend Zeit, um die wirklich wichtigen Dinge von den wirklich unwichtigen zu unterscheiden. Und so bleibt alles einigermaßen wichtig und blockiert die Erledigung der notwendigen Aufgaben.

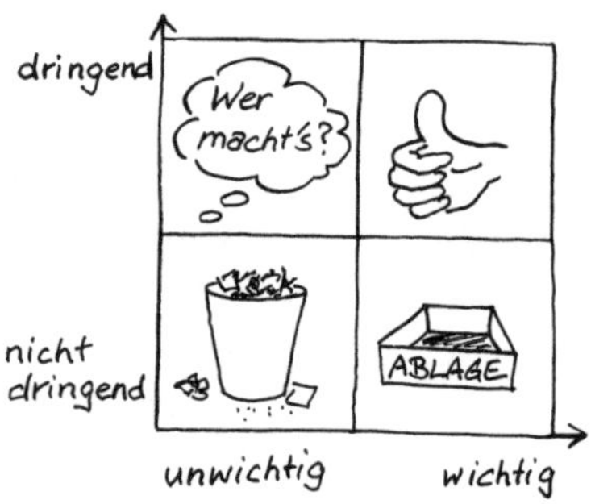

Wann tun Sie was? Die Reihenfolge Ihrer Tätigkeiten hängt von vielen persönlichen und organisationsspezifischen Variablen ab. Wann können Sie für ein bis zwei Stunden einigermaßen ungestört arbeiten – möglicherweise der ideale Zeitpunkt für die ganz wichtigen Tätigkeiten. Welche Aufgaben liegen Ihnen im Magen, behindern Sie möglicherweise über mehrere Stunden mental – manche Menschen setzen derartige Tätigkeiten an den Anfang des Tages, dann haben sie es hinter sich und können sich auf alles andere stürzen. Wann haben Sie Ihr persönliches Tief – der geeignete Zeitpunkt für weniger wichtige Tätigkeiten aber auch ein gutes Zeitfenster, um empfangene E-Mails zu studieren.

Überhaupt E-Mails und Telefonate! Zwingen Sie sich zu wenigen Zeitfenstern, in denen Sie telefonieren, Ihre Korrespondenz erledigen und E-Mails abrufen. Hüten Sie sich vor spontanen und ablenkenden »Ach ja, den könnte ich doch auch mal schnell anrufen.« Bis Sie sich wieder auf Ihre eigentliche Aufgabe konzentriert haben, vergehen Minuten. Und in vielen beruflichen Tätigkeiten reicht es vollkommen aus, zwei- maximal dreimal am Tag in die Mailbox zu schauen. Menschen, die dennoch alle viertel Stunde nach eingegangenen E-Mails spähen, erwarten entweder eine angekündigte und sehr wichtige Nachricht, sind verliebt oder süchtig, in den beiden letzten Fällen also schwer erkrankt.

Vilfredo Pareto und die 80 Prozent: Zu einer erfolgreichen persönlichen Arbeitsorganisation gehört auch, dass Sie sich stets ein Prinzip vor Augen halten, das der italienische Ökonom Vilfredo Pareto formuliert hat. Pareto hatte erkannt, dass in den meisten Fällen des menschlichen Lebens 20 Prozent des Gesamtaufwandes bereits 80 Prozent eines gewünschten Ergebnisses erzielen. Um hundertprozentig zu sein, braucht es dann das Vierfache des bisher geleisteten Aufwandes. Sie müssen immer wieder für sich klären, ob Sie für die Erledigung einiger letzter feiner Details die dafür nötige zusätzliche Energie und Zeit aufbringen wollen, oder ob Ihr 80-Prozent-Ergebnis nicht schon den gestellten Anforderungen entspricht, ja sie sogar übererfüllt. Wohlgemerkt: Die Berücksichtigung des Pareto-Prinzipes hat nichts mit minderwertiger Arbeit oder mangelnder Qualität zu tun. Es geht darum, dass Sie einen genauen Blick dafür bekommen, wann Sie sich mit Einzelheiten plagen, die keinen entscheidenden Mehrwert mehr schaffen, Ihnen jedoch viel Zeit und noch mehr Mühe kosten.

Die persönliche Lernschleife: Machen Sie es zu einem unverzichtbaren Bestandteil Ihrer täglichen Aufgabenerledigung, dass Sie nach dem Erledigen einer wichtigen Tätigkeit nicht gleich zur nächsten Aufgabe weiterhasten, sondern kurz die Ergebnisse der soeben durchgeführten Tätigkeit kontrollieren und sich dann überlegen, was Sie beim nächsten Mal einfacher, kostengünstiger, effizienter oder sonst wie anders machen. Zwingen Sie sich zu dieser persönlichen Lernschleife, wenn Sie von Tag zu Tag besser werden wollen.

Der Tagesabschluss: Eine solche Reflexionsphase gehört zum Tagesabschluss im Büro. Gönnen Sie sich täglich ungefähr zehn Minuten, in denen Sie Ihren Tagesplan durchgehen, die bewältigten Aufgaben Revue passieren lassen, dabei überlegen, was Sie gut gemacht haben und was Sie beim nächsten Mal verbessern wollen. Freuen Sie sich auch darüber, dass Sie die wichtigen Teile Ihrer Vorhaben erledigt haben. Bereiten Sie gleich den nächsten Tag vor, indem Sie Nicht-Erledigtes übertragen und die Ziele notieren, die Sie erreichen wollen. Räumen Sie dann Ihren Arbeitsplatz auf und beenden auch dadurch den von Ihnen maßgeblich gestalteten Arbeitstag. Schon auf der Heimfahrt sollten Sie sich überlegen, was Sie Schönes am Abend vorhaben. Schließen Sie Ihren Tag also positiv ab.

»Wenn Sie jetzt einmal an Ihre ganz persönliche Praxis in Sachen ›Zeitmanagement und Arbeitsorganisation‹ denken, gibt es da noch etwas, was Sie als Geheimtipp bezeichnen würden?«

»Vielleicht zwei Dinge. Das erste: Im privaten Bereich haben Handlungsaufforderungen wie ›Lass uns doch mal eben schnell …‹, ›Wir sollten sofort …‹ oder auch ›Eine solche Liste können wir immer mal gebrauchen …‹ vielleicht noch den Charme des Spontanen und Kreativen. Hüten Sie sich im Berufsleben jedoch davor, derartigen Aufforderungen Taten folgen zu lassen! Sie kosten in der Regel viel Zeit und tragen wenig zu dem bei, was Sie letztlich erreichen wollen. Es ist wie beim Einkaufen: Natürlich können Sie alles kaufen, was Ihnen spontan gefällt und Sie vielleicht irgendwann einmal gebrauchen können. Sie können aber auch nur das kaufen, was Sie sicher demnächst nutzen werden.«

»Ein volkswirtschaftlich natürlich nicht zu befürwortendes Verhalten. Aber was meine Freundin und mich angeht, darüber sollte ich mal nachdenken. Und der zweite Tipp?«

»Entwickeln Sie den ›Mut zum Nein‹. Hilfsbereit und stets zur Stelle zu sein, ist sicherlich etwas Erstrebenswertes.

Manchmal jedoch rettet Sie nur ein klares, immer jedoch mit Begründung und Wertschätzung gepaartes Nein. Das heißt: Sagen Sie nie ›Ja‹, wenn Sie ›Nein‹ fühlen und denken. Halten Sie es mit der Bibel: Ihr Wort sei ›Ja‹ oder ›Nein‹, alles dazwischen ist von Übel. Ein ›Jein‹ ersparen Sie sich. Machen Sie eine Zusage nur, wenn Sie diese hundertprozentig einhalten können. Mir ist aber auch bewusst, dass das Nein-Sagen gerade für junge Mitarbeiter nicht ganz so einfach durchzuhalten ist und nach und nach gelernt werden will.«

Ute Herwig: Zeit managen. München 2001. Ein kleines Büchlein mit 45 Anregungen, wie Sie Beruf und Privatleben zeitökonomisch vollkommen in den Griff bekommen.

Lothar J. Seiwert: Das neue 1x1 des Zeitmanagement. München 2002. Capital nennt den Autor »den führenden Zeitexperten«, die Bunte hält ihn für den »Guru der Zeitlosen« und Focus sieht in ihm »Deutschlands tonangebenden Zeitmanagement-Experten«, Beweis genug, dass man mit dem Thema berühmt werden kann. Seiwert gibt Tipps für das konsequente In-den-Griff-kriegen des ganzen Lebens bis hin zum einzelnen Arbeitstag. Wer das Ganze etwas günstiger bekommen möchte, kauft Seiwerts **30 Minuten für optimales Zeitmanagement. Offenbach 2002.** Der fast identische Text aus einem anderen Verlag, auch ein Beispiel für optimiertes Zeitmanagement.

Karlheinz A. Geißler: Zeit – verweile doch ... Lebensformen gegen die Hast. Freiburg 2001. Karlheinz A. Geißler ist ein ausgesprochener Gegner jeglicher Form von Zeitmanagement. Für ihn ist Zeit nicht nur Geld, sondern in erster Linie ein Geschenk. So beschreibt er Gegenbilder zum herrschenden Zeitnotstand. Er plädiert für sinnvolle zeitliche Lebensformen, die der Alltagshast entgegengesetzt sind, für das Warten, die Pausen, das Innehalten, Trödeln und Abschalten. Ein Lehrbuch der anderen Art. Und wer wissen möchte, wie die moderne Handy-Generation Zeit lebt, wird fündig in seinem Buch: **Alles. Gleichzeitig. Und zwar sofort. Freiburg 2004.**

Elmar Hatzelmann/Martin Held: Zeitkompetenz: Die Zeit für sich gewinnen – Übungen und Anregungen für den Weg zum Zeitwohlstand. Weinheim und Basel 2005. Mit mehr Zeitmanagement mehr Aktivitäten in immer kürzere Zeiten packen – das war einmal. Die Zukunft liegt im Gewinnen von mehr Zeitsouveränität und das Ziel heißt Zeitwohlstand. Außerordentlich anregend zeigt das Buch, wie das gehen kann.

Rationeller lesen – gezielt Informationen aufnehmen und verarbeiten

Sicherlich kennen Sie diese Situation: Fünf Minuten nach Arbeitsbeginn, Sie rühren gerade in Ihrem Kaffee als Ihr Chef Ihnen ein umfangreiches Papier auf den Tisch legt: »Eine wirklich spannende EU-Ausschreibung. Ich bin noch am überlegen, ob wir da mitmachen sollen. Interessiert Sie sicherlich auch.«

Auch wenn Ihr Chef keinen eindeutigen Appell formuliert hat, wollen Sie die Ausschreibung heute noch lesen und entscheiden sich, den Text ab 10 Uhr, also nach einer schon am Vortag vereinbarten Telefonkonferenz mit einem Kunden zu studieren.

Punkt 10 Uhr beginnen Sie so, wie viele Menschen in einer vergleichbaren Situation beginnen würden: Sie starten mit einer sorgfältigen Lektüre des Textes. Zeile für Zeile gehen Sie durch, unterstreichen den einen oder anderen Begriff oder machen ein Frage- oder Ausrufezeichen an den Rand mehr oder weniger wichtiger Passagen. Nach etwa einer halben Stunde merken Sie vielleicht, dass das Papier gute 60 Seiten stark ist. »Typisch EU-Ausschreibung«, murmeln Sie und wühlen sich weiter durch die manchmal recht umständlich formulierten Satzungetüme. Nach einer weiteren Stunde und zwei zusätzlichen Tassen Kaffee haben Sie knapp ein Drittel des Textes geschafft. Sie sind mit der bisherigen Ausbeute Ihrer Lektüre nur mittelmäßig zufrieden.

Manches klingt interessant und nachdenkenswert, vieles jedoch ist ohne große Bedeutung für Sie und Ihre Abteilung. Aber vielleicht kommt das Wichtige ja noch. Nur nicht heute, denn um 12 Uhr sind Sie mit einer Kollegin verabredet und der Nachmittag ist schon seit Tagen fest für den Sondierungsbesuch bei einem potenziellen Neukunden verplant. Pech für Sie, dass Ihr Chef Sie am Abend nach einer ersten, wenn auch vorsichtigen Einschätzung des EU-Angebotes fragt.

Wie in unserem Beispiel gehen viele Menschen an einen neuen Text so heran, dass sie gleich mit dem konzentrierten Lesen beginnen. Das kostet jedoch viel Zeit und frustriert gehörig, wenn man am Ende der aufwändigen Lesearbeit feststellen muss, dass der Text eigentlich nichts Neues enthielt und zudem die eigenen Interessen und Bedürfnisse nur am Rande gestreift hat.

Wir möchten Ihnen daher eine Arbeitstechnik vorstellen, mit der Sie in Zukunft schriftliche Informationen sehr schnell als für Ihre Arbeit relevant oder irrelevant bewerten können und mit der Sie die Informationen effizienter aufnehmen, verarbeiten und auch behalten können. Diese Arbeitstechnik besteht aus fünf Schritten. Unsere Empfehlung: Lesen Sie das Kapitel einmal in Ruhe durch (»alte« Lesegewohnheit). Wenden Sie dann zur Übung die hier vorgestellte Methode Schritt für Schritt gleich beim nächsten Kapitel dieses Buches an. Übung macht auch hier die Meisterin oder den Meister! Das gilt besonders für eine Lesetechnik, die Ihnen ein gänzlich anderes Verhaltensmuster abverlangt als Sie dies aus Ihrer täglichen Lesepraxis gewohnt sind. Nach 20 und mehr Texten, die Sie mit dieser Methode bearbeitet haben, sind Sie sicherlich in der Lage, auch eine noch so umfangreiche EU-Ausschreibung in den Griff zu bekommen.

Schritt 1: Überblick verschaffen

- Blättern Sie! Stöbern Sie lustvoll durch die Seiten!
- Lesen Sie zuerst das Inhaltsverzeichnis,
- blättern Sie dann weiter,
- studieren Sie die Zwischenüberschriften,
- schauen Sie sich die Fotos und Illustrationen an,
- werfen Sie einen Blick auf die Schaubilder und/oder Tabellen,
- und wenn Sie bei einer Seite hängen bleiben, lesen Sie ein paar wenige Zeilen.

Gewinnen Sie so einen ersten Eindruck davon, was an Neuem auf Sie zukommt, was Sie möglicherweise schon kennen, was Sie in anderer Form woanders schon gelesen haben.

Die Ziele: Sie verschaffen sich mit diesem zügig durchgeführten Schritt einen Überblick über den gesamten Text. Zudem kalkulieren Sie, wie viel Zeit Sie für eine intensive Lektüre benötigen und wie groß der Nutzen sein wird, den Sie erwarten können. Möglicherweise stellen Sie aber fest, dass nur bestimmte Seiten für Sie von wirklicher Relevanz sind. Oder Sie erkennen, dass der gesamte Text zwar wichtig, in einer Stunde jedoch nicht zu bewältigen ist. Welche Abschnitte sind es also, die Sie auf keinen Fall versäumen dürfen, um sich beispielsweise mit Ihrem Chef beim Nachmittagskaffee über erste Eindrücke der Vorlage austauschen zu können?

Und noch etwas: Nicht selten merken Sie, dass es sich bei dem vorliegenden Text um alten Wein unter einer neuen Überschrift handelt. Dann sind die Alternativen: Papierkorb (bevorzugen wir), Ablage (als Zwischenstation auf dem Weg zum Papierkorb) oder Kollege, wenn Sie diesem damit wirklich eine Freude machen können!

Schritt 2: Fragen stellen

Der zweite Schritt unserer Arbeitsmethode hindert Sie erst einmal am Lesen, am Los-Lesen! Weil es uns nicht um eine reine Schnell-Lese-Methode geht, sondern um eine intensive, nachhaltige und dennoch zeitsparende Informationsaufnahme, möchten wir Sie gerne »zwingen«, sich vor dem eigentlichen Lesen Ihrer eigenen Interessen bewusst zu werden und eine gedankliche Vorstruktur für die Informationsaufnahme zu schaffen.

Formulieren Sie daher schriftlich (!) drei Fragen, die Sie durch die Beschäftigung mit dem Text beantwortet haben möchten. Die Fragen sollen Ihnen helfen, den Text möglichst intensiv und systematisch zu erfassen.

- Relativ allgemein gehaltene Fragen könnten beispielsweise sein: Was ist für mich neu? Wo geht der Text über meine bisherigen Kenntnisse hinaus? Wo bestätigt der Text meine These, dass ...?
- Konkreter sind Fragen wie: Was an der EU-Ausschreibung klingt für unsere Firma reizvoll? Welcher Teilaspekt der EU-Ausschreibung kommt für unsere Firma überhaupt in Frage? In welchem

der in der EU-Ausschreibung angesprochenen Projekte kann ich meine Kompetenzen einbringen?

Wichtig: Formulieren Sie die Fragen schriftlich, und wenn es nur auf einem Schmierzettel ist. Sie sorgen so dafür, dass die drei Fragen Sie wirklich bei der Lektüre unterstützen und nicht schon während der ersten Seite aus dem Gedächtnis verschwinden.

Schritt 3: Lesen in einem Rutsch

Lesen Sie jetzt die Seiten, für die Sie sich entschieden haben, oder auch den gesamten Text in einem Rutsch durch.

- Lesen Sie möglichst schnell,
- unterstreichen Sie nichts,
- schauen Sie ab und zu auf Ihre drei Fragen,
- achten Sie auf Kernaussagen im Text,
- überfliegen Sie Abschnitte, die für Ihre Fragen keine Bedeutung haben und Sie auch sonst nicht interessieren.

Sie verschaffen sich einen Eindruck von den Inhalten, können diese mit Blick auf das Ganze einordnen und haben erste Antworten auf Ihre drei Fragen zum Text bekommen. Während die Schritte eins und zwei eher entschleunigen, geht es beim Lesen in einem Rutsch um Beschleunigung. Lesen Sie zügig, überfliegen Sie die Zeilen, orientieren Sie sich an Schlüsselbegriffen, versuchen Sie, den Inhalt mehrerer Zeilen mit einem Blick zu erfassen.

Schritt 4: Zusammenfassen der wichtigen Informationen

In diesem Schritt geht es darum, dass Sie die für Sie entscheidenden Inhalte zu Ihren eigenen machen, mit denen Sie diskutieren oder sonst wie weiterarbeiten können. Dazu gehen Sie den gesamten Text (oder die in Schritt eins ausgewählten Seiten) nochmals durch und identifizieren die wichtigsten Informationen. Streichen Sie diese an.

Die beiden Klassiker beschäftigen sich mit der Theorie und Praxis des Lernens. Es geht darum, wie das Denken und Lernen funktioniert, was es fördert, behindert und wie man das Ganze am besten beeinflussen kann:

Frederic Vester: Denken, lernen, vergessen. München 2001.

Regula Schräder-Näf: Rationeller Lernen lernen. Weinheim und Basel 2003.

Rekapitulieren Sie diese Stellen und formulieren für sich die wirklich relevanten Textpassagen mit Ihren eigenen Worten. Nur was Sie mit eigenen Worten ausdrücken können, haben Sie verstanden und in Ihr »geistiges Eigentum« überführt. Machen Sie sich **Notizen** am Rand des Textes oder auf einem eigenen Blatt Papier, das Ihnen im Falle der EU-Ausschreibung als »Manuskript« für das Gespräch mit Ihrem Chef dienen kann. Und noch etwas, was Sie vielleicht auf den ersten Blick verstört, Sie jedoch einige Male ausprobieren sollten: Arbeiten Sie im vierten Schritt den Text **von hinten nach vorn** durch. Lesen Sie also gegen alle Gewohnheiten den Text von hinten nach vorn. Damit lösen Sie die vom Autor des Textes vorgegebene Struktur etwas auf und konzentrieren sich noch stärker auf die für Sie wichtigen Sinnabschnitte.

Hätten Sie im Falle der EU-Ausschreibung sämtliche vier Schritte durchgeführt, dafür vielleicht eineinhalb Stunden investiert, könnten Sie mit Ihrem Chef ein erstes Gespräch über die Möglichkeiten einer Beteiligung Ihrer Firma an der Ausschreibung führen. Vielleicht wären Sie nicht hundertprozentig sattelfest, was die Einzelheiten der Ausschreibung angeht, für eine erste Besprechung am Nachmittag hätte Ihr Wissensstand alle Mal gereicht.

Ihre **Entscheidung nach Schritt vier**: Sie müssen überlegen, ob Sie die ausgewählten Informationen systematisch lernen und in Ihrem Langzeitgedächtnis speichern wollen. Wenn nicht, wie wahrscheinlich im Falle dieser EU-Ausschreibung, dann sind Sie an dieser Stelle fertig und können eine Kaffeepause einlegen oder sich – wenn es denn sein muss – das nächste Dokument vornehmen. Für den gelegentlichen Fall, dass ein Textinhalt so wichtig ist, dass Sie diesen richtig lernen wollen, müssen Sie zum Schritt fünf weitergehen.

Schritt 5: Die Inhalte wiederholen oder intensiv anwenden

Wenn Sie gelernte Inhalte nicht durch das tagtägliche Anwenden festigen, sollten Sie sich einen systematischen Wiederholungsplan erstellen. Bewährt hat sich, Inhalte in sich verlängernden Abschnitten zu wiederholen, also nach einem Tag, einer Woche, einem Monat, einem halben Jahr. Wie oft Sie dies tun, hängt von Ihrem persönlichen Lernverhalten und der Wichtigkeit des Themas ab.

Die Fünf-Schritt-Methode im Überblick

Schritt 1: Überblick verschaffen

- Lesen Sie zuerst das Inhaltsverzeichnis,
- blättern Sie dann weiter,
- studieren Sie die Zwischenüberschriften,
- betrachten Sie die Fotos und Illustrationen,
- schauen Sie sich die Schaubilder oder Tabellen an,
- wenn Sie bei einer Seite hängen bleiben, lesen Sie ein paar Zeilen.

Schritt 2: Fragen stellen

Formulieren Sie schriftlich (!) drei knappe Fragen, die Sie durch die Beschäftigung mit dem Text beantwortet haben möchten.

Schritt 3: Lesen in einem Rutsch

- Lesen Sie möglichst schnell,
- unterstreichen Sie nichts,
- schauen Sie ab und zu auf Ihre drei Fragen,
- achten Sie auf Kernaussagen im Text,
- überfliegen Sie Abschnitte, die für Ihre Fragen keine Bedeutung haben und Sie auch sonst nicht interessieren.

Schritt 4: Zusammenfassen der wichtigen Informationen

- Gehen Sie den gesamten Text (oder die in Schritt eins ausgewählten Seiten) noch einmal von hinten nach vorne durch und identifizieren die wichtigsten Informationen. Streichen Sie diese an.
- Rekapitulieren Sie diese Stellen und formulieren Sie die markierten Schwerpunkte mit Ihren eigenen Worten.
- Machen Sie sich Notizen am Rand des Textes oder auf einem eigenen Blatt Papier.

Schritt 5: Inhalte wiederholen oder intensiv anwenden

Tipps zum schnellen Lesen

»Okay – nun habe ich auf den letzten Seiten eine Methode kennen gelernt, mit deren Hilfe ich Texte zügig auf ihre Relevanz hin überprüfen und Informationen effizienter aufnehmen und verarbeiten kann. Das schnelle Lesen wird nur im dritten Schritt ›Lesen in einem Rutsch‹ kurz angerissen. Nun gibt es sicherlich noch ein pfiffiges Trainingsprogramm, mit dessen Hilfe ich richtig schnell lesen lerne. Haben Sie da was für mich?«

»Das lässt sich sicherlich machen. Denn das schnelle Lesen kann natürlich trainiert werden. Es geht nicht von heute auf morgen. Sie müssen etwas Geduld aufbringen und wenige Minuten pro Tag üben. Der ungeübte erwachsene Leser kommt gut und gerne auf 100 bis 240 Wörter pro Minute. Nach intensivem Training kann er es aber bis auf 600 Wörter pro Minute und darüber hinaus schaffen. Wohlgemerkt, es bedarf der konsequenten Übung.«

Grundsätzliches – Sie steigern Ihre Konzentrations- und Aufnahmefähigkeit

Konzentriertes und schnelles Lesen ist nur möglich, wenn Sie so viele Störungen wie möglich ausschalten können. Suchen Sie sich einen Ort, an dem Sie für eine kurze Zeit ungestört sind. Achten Sie auf eine gerade Haltung, bei der Ihre Schultern und der Hals nicht verspannen. Legen Sie deshalb den Text nie flach auf den Tisch, sondern leicht schräg erhöht, beispielsweise indem Sie ein Buch darunter legen. Das schont Ihren Nacken, entspannt die Muskeln, fördert die Konzentration und verhindert Kopfschmerzen.

Weitere Eigenschaften, die einem sehr schnellen Lesen im Weg stehen sind

- das laute Mitlesen,
- das innere Mitsprechen des Textes,
- das Folgen der Wörter mit den Fingern
- und natürlich schlechte Lichtverhältnisse.

Bedenken Sie, dass die optimale Lesekonzentration nach ungefähr 20 Minuten nachlässt. Ihr Gedächtnis nimmt weniger auf, Ihr Blick wandert automatisch zum Fenster und Ihr Körper will Bewegung. Das ist der Moment, in dem die meisten Vielleser unbewusst unruhig werden. Erlauben Sie sich eine Minipause von 30 bis 60 Sekunden. Stehen Sie kurz auf, schauen Sie aus dem Fenster in die Ferne, atmen Sie in paar Mal tief durch. Sie entspannen sich, bereiten Ihr Gedächtnis auf neue Inhalte vor und bieten den Augen die Möglichkeit Nah- und Fernsicht zu üben. Das wiederum beugt einer zukünftigen Sehschwäche vor.

Lesen ist ein komplexer Vorgang und läuft immer nach dem gleichen Schema ab. Die Leser nehmen eine Folge von Buchstaben optisch wahr, koppeln daran eine Lautfolge und erfahren über die dann innerlich gesprochenen Laute den Sinn der Buchstaben und Worte. Im Laufe der Lesepraxis erhöht sich die Menge der sinnmachenden Folgen.

In der Grundschule besteht die Schwierigkeit darin, aus den gerade gelernten und aneinander gereihten Buchstaben Silben und einen Sinn zu formen. Nach Buchstaben und Silben erfassen wir ganze Worte. Der erwachsene Leser nimmt mehrere Wörter gemeinsam, also ganze Wortgebilde auf, deren Sinn er mit einem Blick erfasst. Er liest blockweise. Diese Geschwindigkeit lässt sich noch steigern. Wir stellen Ihnen dazu vier Übungsprogramme vor.

Übungsprogramm 1: Lesen Sie los!

Übung

Lesen Sie so schnell Sie können und mindestens doppelt so schnell wie Sie üblicherweise schnell lesen. Lesen Sie dabei jedes Wort – ganz wichtig – und lassen Sie sich nicht entmutigen, wenn Sie am Anfang nichts mehr verstehen. Schauen Sie auf die Uhr. Beginnen Sie mit einer Minute am Tag und steigern Sie die Schnelllesephase innerhalb einer Woche bis auf fünf Minuten.

Der Sinn dieser Übung liegt in der langfristigen Steigerung Ihrer Konzentrationsfähigkeit und das Einüben in eine neue Gewohnheit. Die meisten Menschen haben sich im Laufe ihrer Lesezeit an eine bestimmte Geschwindigkeit gewöhnt. Durch das bewusste Schnelllesen passt sich Ihr Gehirn nach und nach der höheren Geschwindigkeit an. Zudem trainieren Ihre Augen die neue Lesefrequenz und agieren automatisch bei jedem Text schneller. Führen Sie diese Übung mindestens einmal täglich durch. Aber: Verwenden Sie am Anfang keine wichtigen Texte, es könnte in den ersten Übungswochen einiges verloren gehen. Es folgt nun eine Variante dieser Übung, die Sie auch mit wichtigen Texten durchführen können.

Übung

Nehmen Sie sich einen längeren Text und lesen Sie drei Minuten konzentriert und verstehend so schnell Sie können. Dann markieren Sie die Stelle, bis zu der Sie gekommen sind. Im Anschluss gehen Sie wieder zum Beginn des Textes. Nehmen Sie sich jetzt zwei Minuten Zeit für denselben Text. Sie müssen automatisch schneller lesen. Der Vorteil ist, dass Sie den Text bereits kennen, für Sie unwichtige Passagen leichter überfliegen und wichtige Teile bewusster wahrnehmen und im Gedächtnis behalten.
Nun gehen Sie wieder an den Anfang des Textes. Für den dritten Durchgang haben Sie nur noch eine Minute Zeit. Seien Sie nicht frustriert, eine Minute ist wirklich knapp bemessen. Aber es geht darum, Ihre Schnelllesefähigkeiten zu erhöhen. Nach dieser Minute gehen Sie weiter im Text. Es beginnt also wieder eine Dreiminuten-Sequenz. Diese Übung sollten Sie so oft wie möglich in Ihr tägliches Übungspensum übernehmen.

Übungsprogramm 2: Trainieren Sie Ihr Sichtfeld

Ihr Auge erfasst beim Blick auf einen Text mehrere Wörter auf einmal, so genannte Wortblöcke. Beim Lesen springen Sie von Wortblock zu Wortblock. Während der kurzen Sprünge zwischen den Blöcken wird das Gelesene verarbeitet. Jeder Mensch verarbeitet unterschiedlich große Blöcke. Bei gleicher Zeilenlänge springen manche pro Zeile sechs Mal, andere nur vier Mal. Mit der Vergrößerung der Blickspanne können Sie mehr Informationen erfassen und die Zeilensprünge minimieren. Sie werden wieder ein wenig schneller.

Übung

Lesen Sie die folgenden Zeilen. Fixieren Sie dabei jede Zeile nur einmal. Vermeiden Sie es, auf den Zeilenbeginn zu schauen. Konzentrieren Sie sich dafür konsequent auf den Bindestrich. Versuchen Sie, den Sinn der ganzen Zeile zu erfassen.

ist – ich
mir – Sie
noch – nein
wieso – Gift
neue – Bank
Lesen – Tage
akut – Regen
Beruf – Biene
lassen – Kurve
Vergleich – Brutto
Erfahrung – Immobilie
Schnee – Prozente
Wirtschaft – vermeiden
Reputation – vertraut
Lesen – Wachmacher

Ihr Auge trainiert zum einen das sinnhafte Erfassen ganzer Wortblöcke und zum anderen eine neue und wichtige Gewohnheit: Sie beginnen in Zukunft nicht mehr direkt mit dem ersten Wort am Anfang einer Zeile, sondern ein kleines Stück nach rechts versetzt. Das spart viel Zeit, besonders bei großen Lesemengen.

Üben Sie mit Hilfe der Tageszeitung. Sie können bei den dortigen Spalten pro Zeile mit einer oder maximal zwei Fixierungen auskommen. Trainieren Sie pro Tag ungefähr fünf Minuten.

Achten Sie darauf, dass Sie bei jedem Text, den Sie lesen, den Blick nun nicht mehr auf das erste Wort jeder Zeile lenken, sondern etwas rechts davon. Beginnen Sie also jede Zeile je nach Inhalt mit dem zweiten, dritten oder vielleicht sogar vierten Wort.

Wenn Sie die Zahl Ihrer persönlichen Lesesprünge ermitteln wollen, bitten Sie einen lieben Freund, Ihnen beim Lesen einiger Zeilen tief in die Augen zu schauen. Mit etwas Geschick kann er die Sprünge erkennen und zählen. Diese Aktion können Sie nach einigen Wochen wiederholen, um Ihre Fortschritte zu messen.

Übungsprogramm 3: Vermeiden Sie Rücksprünge

Das Zurückspringen im Text, auch Regression genannt, erfolgt entweder gewollt, um ein höheres Verständnis bei meist schwer verdaulichen Passagen zu erzielen oder ungewollt. In diesen Fällen deshalb, weil wir sehr langsam und unkonzentriert lesen, und es dem Gehirn erlauben, sich mit anderen Dingen zu beschäftigen. In beiden Fällen ist das Zurückspringen zeitintensiv und häufig ohne zusätzlichen Nutzen. Sie vergessen das zuvor Gelesene, es erschwert das Textverständnis und bremst massiv die Lesegeschwindigkeit. Ganz zu schweigen von der Langeweile, die sich breit macht, wenn Sie auch nach mehrmaligem Zurückspringen feststellen, dass Sie denselben Absatz immer noch nicht verstanden haben.

Lassen Sie ab sofort keine Rücksprünge mehr zu. Lesen Sie schneller sobald Sie sich beim Abschweifen erwischen. Versuchen Sie weiterzulesen, auch wenn Sie das Gefühl haben, die letzten Informationen nicht hundertprozentig verstanden zu haben. Die meisten Informationen werden im Text an anderer Stelle wiederholt. Wenn Sie den Text zu Ende gelesen haben, sollten Sie sich fragen, ob Sie mit dem Leseergebnis zufrieden sind. Fehlen Ihnen wichtige Inhalte? Reichen Ihnen die aufgenommenen Informationen? Werden Sie die Textstellen, die Sie beim ersten Lesen nicht richtig aufgenommen haben, wirklich vermissen? Nur wenn das der Fall ist, empfehlen wir Ihnen, den Text noch einmal zu lesen. Dieses Mal jedoch bewusst in etwas mehr als der Hälfte der zuvor benötigten Zeit.

Übungsprogramm 4: Quer, schräg, diagonal – Überprüfen eines Textes nach Relevanz

Erfahrene Leser lesen einen Text quer oder überfliegen ihn. Die Varianten sind vielfältig, die Bezeichnungen dafür auch. Wenn Sie quer lesen, seien Sie sich darüber im Klaren, dass Sie nie alles im Text lesen, sondern einzelne Teile. Nicht schlimm, wenn Sie einen Text nur auf Relevanz überprüfen wollen.

Die effektivste Variante erfordert eine kurze Vorbereitung. Sie überlegen sich wenige Suchwörter, die im Text vorkommen sollen. Danach lesen Sie den Text beispielsweise diagonal. Das bedeutet, dass Sie jeden Abschnitt am Anfang der ersten Zeile beginnen, beziehungsweise ein bis drei Wörter weiter rechts und dann zügig mit Ihren Augen auf die Ecke rechts unten gehen, bevor Sie schließlich noch gezielt die letzten Wörter des Absatzes erfassen. Ist ein Suchwort dabei, wird der Text anschließend ganz gelesen.

Rotraut Michelmann/Walter U. Michelmann: Effizient und schneller lesen. Mehr Know-how für Zeitgewinn und Informationsgewinn. Reinbek 1998. Praxisorientiert und lebensnah.

Holger Backwinkel/Peter Sturtz: Schneller lesen. Zeit sparen, das Wesentliche erfassen, mehr behalten. München 2004. Wenige Seiten und deshalb sehr schnell zu lesen.

Tony Buzan: The Speed Reading Book. London 2003. Für alle, die nicht nur englisch lesen, sondern auf Englisch auch schnelllesen wollen, das Standardwerk vom Vater der Mindmapping-Methode (Das Buch gibt es auch auf Deutsch!).

Handwerkszeug

Telefonieren – das kann doch jeder!?

Natürlich kann jeder telefonieren! Hörer in die Hand nehmen, Nummer wählen und loslegen. Selbstverständlich auch andersherum: Den an Beethovens Neunte erinnernden Piepston als den des eigenen Handys erkennen, die grüne Taste drücken und einige Minuten lang laut darüber nachdenken, wo man ist und warum die Verbindung im nächsten Tunnel gleich wieder verschwinden wird. Wie gesagt: Telefonieren kann jeder.

Es geht aber auch anders: Der Chef möchte, dass man am Vormittag noch die letzten zehn Kunden anruft, um Ihnen eine kleinere Lieferverzögerung mitzuteilen. Das riecht nach Ärger! Wie bringe ich das den Leuten bei? Am Nachmittag zeigt das Display den Anruf einer bekannten Stuttgarter Weinagentur. Höflich aber sehr bestimmt fragt eine Dame nach, wo denn die seit Tagen versprochenen Messeplakate bleiben. Tja, gute Frage, wo sind die denn? Und kurz vor Feierabend interessiert sich ein potenzieller Neukunde für die im Internet angepriesene Produktverbesserung. Das kann jetzt lange dauern. Jetzt nur nicht unruhig oder unkonzentriert werden!

Mit anderen Worten: Telefonieren kann manchmal ganz schön anstrengend sein. Gekonnt telefonieren kann man jedoch lernen, zumindest sollte man sich den einen oder anderen Tipp zu Eigen machen, um im Berufsleben zufrieden, kundenorientiert, höflich und effektiv mit dem Hörer am Ohr zu arbeiten.

Einige ausgewählte Besonderheiten des Telefonierens

Wichtige, in einem Vier-Augen-Gespräch hilfreiche Informationen entfallen! Dazu gehören beispielsweise die Körpersprache, der Gesichtsausdruck, der feste Händedruck, aber auch der Geruch und

Geschmack des angebotenen Kaffees. Für ein Telefonat bleiben hauptsächlich Stimme und Wortwahl, um ein angenehmes und ein im Ergebnis zufrieden stellendes Gesprächsklima zu schaffen.

Telefonate dauern in der Regel kürzer als das direkte Gespräch. Reaktionszeiten verringern sich, der Druck auf die Teilnehmer wächst. Telefonate sind anonymer, die Gefahr, dass der andere weniger höflich auftritt oder einfach auflegt, ist größer als im Vier-Augen-Gespräch und steigert bei vielen Menschen die Anspannung vor und während eines Telefonats.

Die meisten Erfahrungen mit dem Telefon machen Menschen im privaten Bereich. Hier lernen sie schon als Kinder das Telefonieren. Was im privaten Umfeld jedoch akzeptiert wird, beispielsweise eine monotone Stimmführung oder eine verstümmelte Ansage beim Anruf, kann im beruflichen Telefonat mit Kunden auf Befremden stoßen. Grund genug also, das eigene Telefonverhalten einmal kritisch unter die Lupe zu nehmen.

Tipps für das Telefonieren im Beruf (und natürlich auch im Privatleben)

Die Stimme

In Ihren Telefonaten geht es immer um irgendeinen Inhalt. Es ist aber die Stimme, die massiv darüber entscheidet, wie das Gesagte beim Gegenüber ankommt. Ihr Klang kann Freude vermitteln, Unruhe, Ärger, Aufgeregtheit, Gelassenheit, Liebenswürdigkeit oder Aggression. Ihre Stimme sorgt mit dafür, wie der andere sich von Ihnen behandelt fühlt. Achten Sie auf Ihre Stimme: Fragen Sie Freunde und Kollegen, wie Ihre Stimme am Telefon wirkt. Sprechen Sie zu schnell, verschlucken Sie die Endsilben, nuscheln Sie, reden Sie pausenlos, ohne Punkt und Komma? Achten Sie auf eine klare und deutliche Aussprache, nicht zu langsam und nicht zu schnell.

Ihre Mimik beeinflusst die Stimme: Also lächeln Sie am Telefon. Machen Sie ein freudiges Gesicht, freuen Sie sich über etwas – Ihre Stimme nimmt sofort einen anderen, angenehmen Klang an. Und je positiver Sie in ein Gespräch gehen, desto lebendiger und aufgeweckter klingt Ihre Stimme. Tipps dazu finden Sie auch im Kapitel »Selbstbewusst und souverän auftreten« (s. S. 223).

Am Schreibtisch, zwischen Stuhl und Aktenberg eingeklemmt oder in sich gekrümmt wird Ihre Stimme kurzatmig und angespannt klingen. Nehmen Sie daher eine entspannte, vielleicht sogar aufrechte Haltung ein – manche Menschen führen wichtige Telefonate nur im Stehen – Ihre Stimme wird Ihrem Gesprächspartner bestimmter und deutlich in den Ohren klingen.

Kundenorientierte Telefonrhetorik

Hier ein paar Tipps, wie Sie auch in der anonymen Telefonsituation kundenorientiert und freundlich wirken können:

- Mit einem wachen und freundlichen Einstieg legen Sie den Grundstein für ein gutes Gesprächsklima am Telefon. Wenn Sie selbst anrufen, können Sie beginnen mit: »Guten Morgen. Mein Name ist Schulze, Emmi Schulze von train in Bonn ...« Werden Sie angerufen könnte Ihr Einstieg lauten: »Guten Tag. Sie sprechen mit der train GmbH in Bonn. Mein Name ist Emmi Schulze.« Und weil beim Telefonieren häufig die ersten Worte überhört werden, bleibt so zumindest der Name in Erinnerung.
- Sprechen Sie während des Telefonats Ihren Gesprächspartner gelegentlich mit dem Namen an. Sie machen damit einen kleinen aber wichtigen Schritt in Richtung vertrauensvolles Verhältnis. Dazu notieren Sie sich den Namen zu Beginn des Gesprächs auf einem Zettel.

- Versuchen Sie, während des Telefonats eine ehrliche und aufrichtige lobende Erwähnung zu machen. Menschen freuen sich über ein echtes Lob und wenn es noch so klein ist, beispielsweise: »Es hilft mir weiter, dass Sie mir den Vorgang so fachkundig erläutert haben.«
- Wenn Sie vom anderen etwas wollen, fordern Sie nicht, sondern bitten Sie ausdrücklich und sehr höflich um das, worum es Ihnen geht. Also: »Wären Sie so freundlich und schicken mir die geänderte Rechnung mit den besprochenen Angaben noch einmal zu?«
- Bedanken Sie sich für Auskünfte, Hinweise oder Tipps, die Sie vom anderen bekommen. Der Dank muss nicht überschwänglich klingen, sollte aber vom anderen als das wahrgenommen werden, was es ist, ein Ausdruck Ihres höflichen Benehmens.
- Vermeiden Sie die Lebensweisheiten der vereinigten Bürokraten dieser Welt: »Haben wir nicht, machen wir nicht, haben wir noch nie gemacht, keine Ahnung, wo Sie das herbekommen!« Argumentieren Sie positiv, sprechen Sie darüber, was Sie Ihrem Kunden Gutes tun können, nicht, was Sie nicht können. Also statt: »Meine Kollegin ist bis Montag im Urlaub, da können wir Ihnen jetzt nicht weiterhelfen.« Sagen Sie: »Frau Sophie Hartmann wird sich um Ihre Angelegenheit sofort nach ihrer Rückkehr am Montag kümmern. Welche Nachricht darf ich notieren, damit sie Sie dann sofort zurückrufen kann?«
- Schließen Sie das Gespräch mit etwas Positivem ab, indem Sie beispielsweise zusammenfassen, was das Gespräch Interessantes und Wichtiges für Sie gebracht hat und welche Maßnahmen Sie daher in die Wege leiten werden.

Zuhören und Hinhören

Während Sie in einem Vier-Augen-Gespräch mit lebendigem Gesichtsausdruck auch schweigend Ihre ungeteilte Aufmerksamkeit zeigen können, geht dies am Telefon nicht so gut. Signalisieren Sie, dass Sie zuhören. Äußern Sie beispielsweise »mhmm«, »aha«, »ach ja«, »jetzetle« oder »interessant«. Wiederholen Sie mit eigenen Worten wichtige Aussagen des Gesprächspartners und fragen Sie immer wieder einmal nach, wie der andere eine Aussage konkret verstanden haben möchte oder bitten Sie um ein Beispiel. In allen diesen Fällen signalisieren Sie, dass Sie aktiv am Gespräch teilnehmen.

Hören Sie konzentriert hin, über welches Thema gerade gesprochen wird. Das Telefon verleitet manche Menschen zum Abschweifen. Schnell verlieren sie sich in Seitenthemen. Wenn es für Sie wichtig ist, bringen Sie das Gespräch durch Fragen wieder auf den Hauptweg.

Es gibt Menschen, die nutzen ein Telefonat dazu, nicht nur über Inhalte zu sprechen, sondern auch über persönliche Empfindungen und Beziehungsthemen. Andere wiederum kommen gleich zur Sache und dulden Beziehungsaspekte nur mit Unwillen. Achten Sie darauf, zu welchem Typ Ihr Gegenüber an der Leitung gehört. Beim inhaltsorientierten Gesprächspartner bereiten Sie das Gespräch sorgfältig vor, indem Sie alle Daten und wichtigen Informationen vor sich liegen haben. Verzichten Sie zu Beginn auf lange Einleitungen, konzentrieren sich vollständig auf das inhaltliche Thema und fassen die einzelnen Themengebiete mit konkreten Maßnahmen zusammen. Für ein Gespräch mit einem beziehungsorientierten Telefonpartner sollten Sie sich etwas mehr Zeit nehmen, auf unerwartete Nebenthemen gefasst sein und ein feines Gespür dafür entwickeln, wann und wie direkt Sie immer wieder auf die Ihnen wichtigen Inhalte zurücksteuern.

Für den Fall, dass Sie während des Gesprächs *keine* Eingaben am PC machen *müssen*, weil Sie in einem Callcenter arbeiten: Es hat nichts mit Höflichkeit zu tun, beim Telefonieren am Computer herumzuspielen, E-Mails abzufragen oder Excel-Tabellen zu vervollständigen. Ein derartiges Verhalten erinnert an die Vorgesetzten der früheren Jahre, die bei einem Termin mit ihren Untergebenen unbeirrt die Aktenberge durchgearbeitet hatten. Aufmerksames Zuhören bedeutet für uns, sich vollständig auf das Gespräch zu konzentrieren. Machen Sie sich lieber nebenbei auf einem Blatt Papier Notizen zu den Inhalten und Vereinbarungen, die Sie erzielen. Das steigert Ihre Konzentration und verhindert den Griff zur klappernden Tastatur.

Der fremde Anrufbeantworter

Wohl kaum jemand liebt es, seinen Anrufbeantworter mehrmals hintereinander abzuhören, nur um herauszufinden, wer sich da mit nicht zu verstehendem Namen zu einer vielleicht wichtigen Sache geäußert haben könnte. So gestalten sich dann Hörproben für die ganze Abteilung: »Hört mal kurz zu, kennt jemand diese Stimme?«

Wenn Sie selbst auf einen fremden Anrufbeantworter sprechen, dann sprechen Sie langsam und unbedingt deutlich. Beginnen Sie mit einer persönlichen Begrüßung: »Guten Abend, mein Name ist Scheithauer, Veronika Scheithauer von der train GmbH in Bonn«.

Nennen Sie das Thema, das Sie ansprechen wollen: »... Es geht um Ihre Rechnung vom ... Mein Anliegen heute ist es, ...«

Sprechen Sie lange Zahlen Ziffer für Ziffer und wiederholen Sie diese einmal: »Sie erreichen Frau Schulze über ihr Handy mit der Nummer: 0-1-7-2 ... Ich wiederhole die Nummer: 0-1-7-2 ...«

Nennen Sie ruhig Ihre eigene Nummer, wenn Sie zurückgerufen werden wollen. Sie ersparen Ihrem Gesprächspartner ein eventuell umständliches Heraussuchen Ihrer Telefonnummer: »Hier meine Telefonnummer, unter der Sie mich am Montag tagsüber erreichen können: 0-2-2-8 ...«

Nennen Sie, für den Fall, dass Sie zurückgerufen werden wollen, ein oder mehrere Zeitfenster, in denen Sie gerne Anrufe entgegennehmen, ohne dass Ihre Konzentration bei der Erledigung wichtiger anderer Dinge gestört wird: »Ich bitte um Ihren Rückruf. Sie erreichen mich sicher am Montag und Dienstag zwischen acht und zwölf Uhr. Herzlichen Dank.«

Der eigene Anrufbeantworter

Ihr Anrufbeantworter ist Ihre akustische Visitenkarte. Überlegen Sie daher genau, was Sie einem wichtigen Alt-Kunden, guten Freund, schwierigen Geschäftspartner, potenziellen Neukunden oder vollkommen Fremden zumuten wollen. Schreiben Sie Ihren Text auf, korrigieren ihn nach Absprache mit Kollegen oder Ihrem Chef und sprechen ihn einige Male vor. Dann nehmen Sie den Text auf.

Hören Sie jetzt sehr kritisch Ihre Ansage noch einmal ab:

- Ist der Text fehlerfrei und deutlich zu verstehen?
- Ist die Länge angemessen, ist der Text also nicht zu lang?
- Sind die aufgeführten Inhalte wie beispielsweise Öffnungszeiten, Faxnummer oder Vertretungsregelungen wirklich notwendig?
- Klingt die Ansage freundlich und einladend?
- Sagen Sie wichtige Fakten, wie Öffnungszeiten so langsam an, dass man sie sich leicht merken kann?

Udo Haeske: Erfolgreich telefonieren im Beruf – Informieren, beraten, überzeugen. Weinheim und Basel 1999. Ausführliche Hintergrundinformationen und Tipps für das Telefonieren im Beruf.

Lynn Weston: Englisch – Telefonieren leicht gemacht. Stuttgart 2001 (Langenscheid). Zehn Kapitel für das berufliche und private Telefonieren auf Englisch; mit Audio CD.

Peter Süß/Sylvie Bangert: Telefonieren am Arbeitsplatz, mit Cassette, Französisch. München 2002. Branchenneutrale Tipps und Übungen zum professionellen Telefonieren mit den Nachbarn aus dem gallischen Dorf.

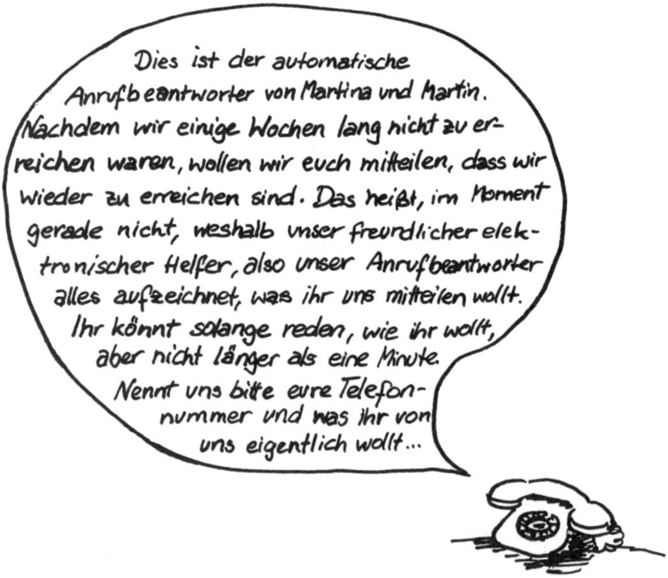

Briefe schreiben – auch heute noch unverzichtbar

Auch in Zeiten verstärkter E-Mail-Kurznotizen und Handy-Aktivitäten werden weiterhin Briefe geschrieben, unterschrieben und verschickt. Dabei ist es egal, ob ein solcher Brief mit der guten gelben Post in einem Umschlag oder elektronisch über das Internet transportiert wird. In jedem Fall handelt es sich um ein Dokument, in dem der Absender beispielsweise eine Anfrage startet, ein Angebot abgibt, einen Lieferverzug anmahnt oder eine Reklamation formuliert. Darüber hinaus gibt ein solches Dokument Auskunft über den Absender, über seine Seriosität, sein Geschäftsgebaren, seine Kompetenz, sein ganzes äußeres Erscheinungsbild.

Ist der Brief umständlich formuliert, kommt er in bürokratischem Ton daher, finden sich in ihm Rechtschreibfehler und eigenartige Anglizismen, so macht das einen denkbar schlechten Eindruck auf den Empfänger, sei es der Mitarbeiter eines Unternehmens oder gar das Unternehmen selbst.

Da schreibt man ein paar Zeilen – und die Konsequenzen können derart massiv sein! Kein Wunder, dass das Briefeschreiben gerade vielen jungen Mitarbeitern schwer fällt, sie lieber kurz angedachte E-Mail-Notizen in die Tastatur hauen als wohlformulierte Briefe zu verfassen. Es hilft jedoch nichts, der Briefverkehr – und wir wiederholen: der papierene wie der elektronische – bildet ein Rückgrat des wirtschaftlichen Umgangs miteinander. Da lohnt es, zu Beginn einer beruflichen Laufbahn etwas Zeit in die Kunst des Briefeschreibens zu investieren.

Konkret drei Empfehlungen:

- Wir empfehlen zum einen, den aktuellen Duden zum Thema »Briefe schreiben« zu studieren. Hier finden sich sämtliche Hinweise darüber, was zurzeit im deutschen Schriftverkehr erlaubt ist und was nicht. Musterbeispiele gibt es zu Briefen für den privaten Bereich (beispielsweise Einladungen, Glückwünsche, Anzeigen, Kondolenzbriefe und vieles mehr) und für die geschäftliche Korrespondenz. Wer sich nicht sicher ist, wie man einen Briefkopf gestaltet, eine Anrede wählt, einen passenden Schluss formuliert – hier werden sie und er fündig.

- Darüber hinaus empfehlen wir Brief-Anfängern, gute Beispiele aus dem eigenen Unternehmen zu sammeln und sich diese zum Vorbild zu nehmen. Wohlgemerkt: Sammeln Sie die gelungenen Beispiele. Unverständliches, Gestelztes und im Ton Schroffes gehört in den Papierkorb.
- Einen dritten Schritt empfehlen wir darüber hinaus: Entwickeln Sie frühzeitig einen persönlichen, höflichen, seriösen und dennoch lebendigen Stil, mit dem Sie sich sowohl im beruflichen als auch privaten Umfeld wohltuend von der Masse absetzen.

Einen guten Stil entwickeln – was steckt dahinter?

Es ist nicht das einzelne Wort, das über den Stil oder den Ton eines Briefes entscheidet, auch wenn manchmal ein einziges Wort die gute Absicht des Verfassers zunichte machen kann. Es sind die Wortwahl, der Satzbau, die Gestaltung des ganzen Textes, es sind Briefschreiber und Empfänger, die den Stil ausmachen.

Das bedeutet für die Praxis: **Schreiben Sie konzentriert, bewusst und mit viel Bedacht.** Nehmen Sie sich unbedingt die notwendige Zeit. Bevor Sie mit dem Formulieren beginnen, beantworten Sie sich ehrlich die Fragen: Warum schreibe ich diesen Brief? Was möchte ich mit diesem Schreiben erreichen, welchen Zweck soll es erfüllen? Wer ist der Empfänger? Wie soll sie oder er auf meinen Brief reagieren?

Formulieren Sie klar und genau! Wenn Ihre Freunde und Kollegen nicht auf Anhieb verstehen, was Sie aussagen wollen, überprüfen Sie Ihre Formulierungen.

Vermeiden Sie Floskeln und aufgelesenes Modevokabular. Verwenden Sie Ihre eigenen Worte, Ihre eigene unverkrampfte Sprache, die sich durchaus Ihrer gesprochenen Sprache annähern kann.

Mit Ihrem Geschäftsbrief wollen Sie in der Sache etwas erreichen. Benennen Sie also klar, verständlich und eindeutig, um was es Ihnen genau geht, ganz gleich, ob es sich dabei um eine förmliche Anerkennung oder um eine Reklamation handelt. Bleiben Sie jedoch in Ihrem Ton dem Empfänger gegenüber wertschätzend und höflich. Schreiben Sie nicht im Zorn, formulieren Sie so, dass Sie noch viele Tage später ohne Bedauern zu Ihrem Text stehen. Sollten Sie einen Brief im Zorn schreiben, dann bringen Sie möglichst drei, vielleicht sogar fünf oder zehn Seiten zu Papier. Das regt ab. Das Werk gehört anschließend unverzüglich unter Verschluss und darf erst in der folgenden Woche noch einmal gelesen werden. Ob Sie den Brief wirklich absenden oder die Blätter lieber in den autobiographischen Zettelkasten legen, entscheiden Sie dann mir klarem Kopf.

Gewöhnen Sie es sich an, alle Ihre Briefe vor dem Versenden noch mindestens einmal Korrektur zu lesen. Dazu können Sie den Brief, den Sie bislang nur auf dem Bildschirm gesehen haben, ausdrucken oder einen ausgedruckten Brief bewusst auf dem Monitor überprüfen. Das ergibt neue Perspektiven. Sie können einen ausformulierten Brief aber auch von hinten nach vorne lesen oder einen Kollegen bitten, einmal kritisch drüber zu schauen. Gehen Sie sicher, dass nur Schriftstücke Ihren Schreibtisch verlassen, die Ihren Ansprüchen an Qualität entsprechen. Gleiches gilt unserer Meinung nach auch für die elektronische Post: Drücken Sie niemals das »Send-Feld« bevor Sie Ihren Text nicht mindestens einmal auf Richtigkeit und guten Stil überprüft haben!

Einen guten Stil entwickeln – erste Anregungen

Das Wort »Ich«: War es früher verpönt, in einem Brief das Wort »Ich« zu verwenden, so hat sich das inzwischen geändert. »Ich« ist erlaubt, auch wenn es von manchen als unschön empfunden wird, wenn »ich« das erste Wort nach der Anrede ist. Dann heißt es halt: »Meine Damen und Herren, nach Rücksprache mit unserem Kundendienst kann ich Ihnen mitteilen ...« Wichtig jedoch ist, dass in Geschäftsbriefen vieler Unternehmen fast ausschließlich das »Wir« Verwendung findet. Das »Ich« wird nur in wenigen Fällen geduldet.

Ein Geschäftsbrief sollte höflich formuliert sein. So manche Briefschreiber verbinden mit höflichem Schriftverkehr jedoch immer noch eine gestelzte, antiquierte Ausdrucksform: »Werter Herr ... zu Dank verpflichtet fühlte ich mich, wenn ...« Verwenden Sie stattdessen eine einfache und direkte, wertschätzende und höfliche Formulierung: »Sehr geehrter Herr ... ich würde mich freuen, wenn Sie ...« oder: »... ich bitte Sie, mir bis zum folgenden Wochenende ...« Das »würde« oder »möchte« wird von manchen hart gesottenen Vertriebsprofis zwar als nicht zielgerichtet genug abgelehnt, ist als Höflichkeitsform in Briefen nach wie vor zulässig und muss unserer Meinung nach einer zielorientierten Argumentation nicht im Wege stehen. Höflich sollte der Brief auch beendet werden. Es bieten sich unter anderem an: »Mit freundlichen Grüßen«, »Beste Grüße aus Köln«, »Herzliche Grüße«, »Es grüßt Sie«, »Bis demnächst einmal an unserem Standort in ...«.

Fremdwörter können die Verständigung erleichtern, aber nicht immer! Sie sind nützlich, wenn man sich mit ihnen kürzer und deutlicher ausdrücken kann. Dann gehören sie auch in einen Brief. Aber nur, wenn der Empfänger sie versteht und nicht bei jedem zweiten Wort den Duden zu Rate ziehen muss. Fremde, und hier vor allem englische Ausdrücke, die bei bestimmten Berufsgruppen in Mode sind und für die es ein bedeutungsgleiches deutsches Wort gibt, sollten vermieden werden. Es besteht die Gefahr, dass die Briefempfänger derartige sprachliche Eskapaden als Zeichen elitärer Angeberei verstehen, vor allem dann, wenn sie aus einem anderen Berufsfeld kommen als die Briefeschreiber. So sprechen junge Unternehmensberater beispielsweise gerne davon, dass sie sich zu irgendetwas »committen«. Vielleicht erinnert sie das deutsche »verpflichten« zu sehr an die eigenen Mütter und Väter, von denen sich man ja irgendwie unterscheiden muss. Aber die Grenzen sind fließend: Mag das Wort »committen« eindeutig daneben liegen, ist es mit dem Wort »Meeting« schon eine andere Sache. Zwar gibt es noch die gute alte »Besprechung«, die Bezeichnung »Meeting« hat sich jedoch für viele Menschen als gleichwertig eingebürgert.

Verben statt Hauptwörter: Besonders im Amtsdeutsch wird viel mit Hauptwörtern gearbeitet. Das Ergebnis ist ein bürokratisch wirkender und unschön klingender Hauptwortstil, ein Stil, der sich häufig auch in die Geschäftskorrespondenz einschleicht. Ein Beispiel: »Wegen Nichtbeachtung der Sicherheitshinweise und mangelnder Berücksichtigung der vorgeschriebenen Verfahrensprozesse ereignete sich beim Anfahren der Anlage ein schwerer Unfall, bei dem der verantwortliche Meister verletzt wurde.« Verwenden Sie statt der vielen Hauptwörter einfache Verben – Ihr Stil wird lebendiger und verständlicher: »Ein Meister wurde verletzt, als er die Anlage anfahren wollte. Er hatte die Sicherheitshinweise außer Acht gelassen und die vorgeschriebenen Verfahrensprozesse nicht befolgt.«

Aktiv statt passiv: Sie können Ihre Sätze passiv formulieren – »Das Vorabmaterial ist von den Teilnehmern zum Seminarbeginn mitzubringen.« – oder aktiv: »Bitte bringen Sie zum Seminarbeginn das Vorabmaterial mit.« Die häufige Verwendung des Passivs wirkt wie der Hauptwortstil bürokratisch und umständlich. Zudem ist das Passiv anonym und kann den Eindruck vermitteln, dass niemand die Verantwortung für einen Vorgang übernehmen möchte. Versuchen Sie daher, wo immer dies möglich ist, das Passiv durch eine Formulierung im Aktiv zu ersetzen. Statt: »Die Datenerhebung kann pünktlich am 1. Juni beginnen.« Besser: »Unser Team beginnt mit der Datenerhebung pünktlich am 1.Juni.« Oder statt: »Der Antrag sollte von Ihnen in der nächsten Woche eingereicht werden.« Besser: »Bitte reichen Sie den Antrag in der nächsten Woche ein.«

Kurze Sätze anstelle von Satzungetümen: In London ist vor wenigen Jahren ein witziger Journalist mit James Joyces Jahrhundertroman »Ulysses« in eine Buchhandlung gegangen. Dort hat er das Exemplar vorgezeigt und sich bei einem jungen Buchhändler beschwert. Sein Vorwurf: Die Sätze dieses Werkes würden über mehrere Seiten hinweg ohne Punkt verlaufen. Das könne doch nur ein Druckfehler sein, so der Journalist. Der Buchhändler nahm das Buch zurück und versprach Ersatz. Auch wenn der junge Buchhändler im Falle des Ulysses peinlich daneben lag, dieses Buch hat wirklich außergewöhnlich lange Sätze, so kann man ihm andererseits doch nur gratulieren. Denn Texte mit unverständlich langen Sätzen, bei denen ein Nebensatz dem nächsten folgt und die den Leser verwirrt das Schriftstück immer wieder von Neuem lesen lassen, sollten aus dem Verkehr gezogen werden. (Auch dieser Satz ist schon hart an der Grenze!) Also: Schreiben Sie kurze Sätze. Verzichten Sie auf mehr als einen Nebensatz. Fällt Ihnen beim Korrekturlesen ein derartiges Satzungetüm auf, machen Sie aus dem langen Satz zwei oder drei kürzere. Sie wirken verständlicher und lebendiger. Und Ihr Briefleser versteht auf Anhieb, was Sie ausdrücken wollen.

DUDEN Briefe schreiben – leicht gemacht. Mannheim 2003. Der Ratgeber zum Verfassen von Geschäfts- und Privatbriefen sowie E-Mails. Viele Anleitungen und Musterbriefe. Dazu auf 20 Seiten Tipps und Vorschläge für Ihre englische Korrespondenz.

Birgit Abegg/Michael Benford: Langenscheidt Geschäftsbriefe Englisch. München 2000. Fast wie ein Wörterbuch: deutsch und englisch nebeneinander, mit vielen Musterbeispielen für die berufliche Korrespondenz.

Wolf Schneider: Deutsch fürs Leben – Was die Schule zu lehren vergaß. Reinbek 2003. Ein außergewöhnlich spannend geschriebener Deutschkurs, insbesondere für Schreiber und für alle, denen die Verwendung der eigenen Sprache noch nicht egal ist.

Axel Schlote: Treffsicher texten – Briefe, Reden und andere Texte lebendig und stilvoll formulieren. Weinheim und Basel 2004. Für das Verfassen von Briefen, Pressemitteilungen, Redemanuskripten – Tipps und Kniffe.

Mailen – wenns weiter nichts ist!

Vielleicht erst einmal etwas Erotik?

Es muss eine überwältigende Liebesnacht gewesen sein, die der junge Angestellte eines weltweit tätigen Unternehmens aus der Londoner City mit einer Kollegin verbracht hatte. Denn schon am nächsten Morgen ließ er seinem anhaltenden Glücksgefühl freien Lauf und schickte seinen allerbesten drei oder vier Freunden in der Firma eine total vertrauliche E-Mail, in der er mit Einzelheiten aus der besagen Nacht nicht geizte. Diese Mail verfehlte ihre Wirkung nicht, wenn auch etwas anders als der Absender gedacht haben mag – sollte er beim Schreiben und Absenden überhaupt gedacht haben. Jeder der allerbesten Freunde hatte natürlich auch mindestens einen sehr guten Freund, an den er die Mail weiterleitete – natürlich mit der Bitte um absolute Diskretion. Als der Arbeitstag auf sein Ende zuging, kannten diese Mail weltweit Tausende, darunter natürlich auch alle Vorgesetzten des Schreibers und ebenso die der jungen Dame, deren Liebeskünste ungewollt zum Gesprächsthema unzähliger After-Work-Partys wurden. Das völlig unerotische Nachspiel der Geschichte war, dass beide junge Leute ihre Jobs verloren.

Was lehrt uns diese Geschichte?

Zunächst: Eine schöne Nacht kann sehr kurzfristig massive Folgen haben, man muss nicht erst neun Monate darauf warten. Dass man sich auf die Diskretion der besten Freunde nicht verlassen sollte, haben uns schon unsere Eltern gelehrt. An deren Ratschläge sollte man sich ruhig ab und zu einmal erinnern. Ärgerlich nur, dass uns unsere Eltern viel zu wenig auf die Gefahren der modernen Computerkommunikation hingewiesen haben. Aber das wird sich ja demnächst ändern. Dann nämlich, wenn Sie, liebe Leserinnen und Leser, Ihren Kindern in einem ernsten Gespräch ... Womit wir beim Thema wären.

Über ein allzumenschliches Muster beim Umgang mit dem Mailen

E-Mails sind eine wunderbare Sache: Im Vergleich zum Brief fällt die Postanschrift weg, man muss nichts unterschreiben, knicken und in einen Umschlag packen. Man muss keine Briefmarke mehr ablutschen und dann auch noch einen der immer seltener werdenden Postkästen suchen. Außerdem ist das Mailen kostengünstig und die Nachrichten erreichen Ihren Empfänger schneller als jeder Expressversand. Dass man dann noch mehrere Empfänger mit einer Sendung bedienen kann, und dass man noch tausend Dinge mehr kann, hat den Siegeszug dieses elektronischen Brief-, Notizzettel- und Telefonersatzes nur beschleunigt.

Mailen tut mittlerweile jeder. Da jeder das tut, was er am besten gelernt hat, mailt er auch dementsprechend. Für einige ist die Kommunikation mittels E-Mail wie das Schreiben wohlüberlegter Briefe, entsprechend fällt das Ergebnis aus. Die meisten Menschen jedoch verhalten sich beim Mailen nach den Regeln der mündlichen Kommunikation: Eine Regung des Gehirns lässt Bruchstücke von mehr oder weniger zu Ende gedachten Gedanken entstehen, die dann sogleich in die Tasten gehauen werden und »weg das Zeug an den lieben Kollegen, Kunden oder Chef«. Was ebenfalls an die mündliche Kommunikation erinnert: Das schnelle Schreiben und Losschicken verführt zu einem nachlässigen Umgang mit Rechtschreibung, Grammatik und Stil. Kaum eine vollkommen fehlerfreie Mail erreicht heute noch ihren Empfänger.

Bei aller Lockerheit und Spontaneität, die der vielfach beschworenen Netz-Gemeinschaft und ihren elektronischen Kommunikationsformen angedichtet wird, beim E-Mailen im Berufsleben handelt es sich um eine Form der schriftlichen Kommunikation und nicht um Smalltalk! Denn im Gegensatz zur mündlichen Äußerung, die kaum gesagt schon verklungen ist und bei der es im alltäglichen Gespräch nicht immer sogleich um die exakte Wortwahl und um einen grammatikalisch korrekten Satzbau gehen muss, entsteht durch die E-Mail ein geschriebenes Dokument mit allen Konsequenzen, die so ein geschriebenes Dokument haben kann: Manche Menschen studieren die E-Mail wie einen Brief in aller Ruhe, einige drucken sie aus, heften sie ab oder heben sie einige Wochen lang auf und können sie dem Schreiber immer wieder vor Augen halten. Daher wundert es nicht, dass E-Mails zunehmend als Dokumente vor Gericht verwendet werden. Und das nicht nur im geschäftlichen Umfeld: In den USA werden sie mittlerweile als Beweismittel bei Scheidungsverfahren verwendet und von den Richtern akzeptiert.

Während man sich im Gespräch also versprechen darf, sich gleich korrigieren, entschuldigen und je nach Reaktionen des Gegenübers Wortwahl und sprachlichen Ausdruck steuern kann, fällt alles dies bei einer einmal abgeschickten E-Mail weg. Wie in einem ganz altmodischen Briefumschlag saust das Geschriebene unaufhaltsam seinem Empfänger entgegen und vermittelt dort ein mehr oder weniger positives Bild über den Absender.

Vor diesem Hintergrund mehren sich die Stimmen, die für Regeln beim Umgang mit E-Mails werben, vervielfachen sich die Unternehmen, die Vorschläge und Richtlinien für das Verfassen und Versenden von E-Mails veröffentlichen und die bei Verstößen mit Sanktionen drohen.

Wir möchten Ihnen hier einige Tipps für das Mailen im beruflichen Alltag anbieten. Unsere Vorschläge beziehen sich in erster Linie auf den E-Mail-Kontakt, den Sie zu Kunden, Vorgesetzten, anderen Abteilungen und Ihnen eher unbekannten Personen unterhalten. Natürlich eignen sich sämtliche Vorschläge auch für die E-Mails an Ihre besten Freunde im Büro nebenan und für Ihren privaten E-Mail-Verkehr.

Etwas Netikette für das tägliche Mailen

Die Empfänger: Wählen Sie den Empfänger Ihrer E-Mails bewusst aus. Dies gilt besonders, wenn Sie Ihre Sendung an mehrere Adressaten schicken wollen. Sie werden schnell zu einem Teil der überall beklagten Mail-Flut. Müssen wirklich alle Angeschriebenen diese Nachrichten und möglicherweise die dazugehörigen Anhänge bekommen?

Was wollen Sie? Überlegen Sie vor dem Schreiben kurz, was Sie mit dem Mail beim Empfänger erreichen wollen. Und dann: Ist für dieses Ziel eine E-Mail wirklich das geeignete Medium? So manche Beschwerden werden durch E-Mails erst so richtig »heiß gefahren«, so mancher Wunsch wirkt in einer E-Mail massiver und drohender als wenn er in einem Gespräch geäußert wird, vor allem dann, wenn der Kollege, dessen Hilfe man sich wünscht, nur ein Zimmer weiter sitzt.

Nehmen Sie Ihre Mails ernst! Behandeln Sie jede E-Mail, die Sie schreiben, so aufmerksam, wie Sie einen persönlich geschriebenen, überarbeiteten, in einen Umschlag gepackten, selbst mit einer Briefmarke frankierten und in den Postkasten versenkten Brief behandeln würden.

Die Signatur: Gestalten Sie sorgfältig den «Briefkopf« Ihrer E-Mails. Diese Signatur bilden einige Zeilen am Ende jeder Nachricht. Dazu gehören Name, Titel, E-Mail-Adresse, Anschrift, Telefon, Telefax und Website-Adresse. Anfügen können Sie zusätzlich beispielsweise Zeiten, zu denen Sie erreichbar sind oder Termine für die eine oder andere wichtige Veranstaltung, zu der Sie einladen möchten. Für derartige Zusatzinformationen oder »Werbebanner« reichen auf jeden Fall sehr wenige Zeilen!

Betreff: Damit der Empfänger sofort weiß, worum es thematisch in Ihrer E-Mail geht, sollten Sie unbedingt die Betreff-Zeile ausfüllen. Formulieren Sie dabei möglichst aussagekräftig.

CC und BCC: Verschicken Sie eine E-Mail über die Funktion »CC« an mehrere Adressen gleichzeitig, so erscheinen diese Personen mit Mail-Anschrift im Kopfteil aller Empfänger. Überlegen Sie, ob alle Angeschriebenen über Ihren Verteiler Bescheid wissen sollen? Das kann manchmal gewollt sein. Auf der anderen Seite kann es aus Datenschutz- oder sonstigen Gründen angebracht sein, die Mit-Empfänger des E-Mails in die Zeile »BCC« (Blind Carbon Copy) einzutragen. Sie erscheinen dann nicht im Ausdruck der anderen Empfänger.

Eine Mail ist ein Brief! Orientieren Sie sich beim Verfassen der E-Mail an die Regeln für die professionelle Briefgestaltung: Beginnen Sie Ihren Text immer mit einer Anrede – »Sehr geehrte Frau ...«, »Lieber Herr ...« – und beenden Sie immer mit einem Gruß, beispielsweise mit »Es grüßt Sie herzlich«. Auch wenn viele Mail-Verfasser mit dem folgenden Rat auf Kriegsfuß zu stehen scheinen: Befolgen Sie kompromisslos die Regeln der deutschen Rechtschreibung und Grammatik und achten Sie auf einen lebendigen, wertschätzenden und persönlichen Stil.

Erst lesen, dann schicken! Zwingen Sie sich vor dem Absenden jeder Mail diese noch einmal Korrektur zu lesen. Prüfen Sie Inhalt und Ton des Schreibens. Es darf keine Mail ohne Korrektur Ihren Computer verlassen. Eine kleine Hilfsregel: Überlegen Sie, ob das Geschriebene so von aller Welt gelesen werden kann. Und alle Welt bedeutet: Der Chef, der kritische und wichtige Kunde, der eigene Ehemann, der gute Freund, die eigene Mutter, der beste Feind. Vielleicht denken Sie, ein solches Vorgehen sei altmodisch? Mag sein, aber es hilft, die Spontaneitätsfalle des »E-Mail-Geschäfts« sicher in den Griff zu bekommen.

:-) ☺ 😐 ☹ 💣: Verwenden Sie Abkürzungen und Fremdwörter nur, wenn Sie sichergehen können, dass Ihr Empfänger diese versteht. Verwenden Sie auf keinen Fall »Smileys« (wie beispielsweise :-) oder ☺ für »ich freue mich«). Viele Menschen verbinden mit derartigen »Auflockerungsübungen« fehlende Seriosität. Aber da scheiden sich die Geister und Sie werden woanders begeisterte Smiley-Anhänger finden, die unseren Tipp als spießig und unqualifiziert ablehnen. Letztlich jedoch entscheiden Sie selbst, wie Sie im Berufsalltag wirken wollen.

Anlagen: Vor dem Abschicken noch einmal in die Anlage hineinschauen. Vor allem dann, wenn Sie die Anlage vielleicht schon vor einigen Tagen erstellt haben. Ist es wirklich das, was Sie schicken wollten, genau dieser Text mit allen Seiten? Sind es genau diese Bilder, diese Zahlen? Ist vollständig gelöscht, was Sie löschen wollten? Tragen die Fuß- und Kopfzeilen die Daten, die Sie kommunizieren wollen? Ein solcher »Anlagen-Check« kostet etwas Zeit; erspart jedoch Ärger, wenn die falsche Anlage bei den richtigen Personen oder die richtige Anlage bei den falschen Personen ankommt.

Streng vertraulich? Vielleicht wollen Sie ja einmal mit einem wichtigen Thema bei möglichst vielen Menschen Eindruck machen. Schicken Sie dann einfach eine vertrauliche E-Mail an Ihre zweitbesten Freunde im Unternehmen. Ein paar Tage später wissen dann sicher alle Bescheid. Daher unsere Empfehlung: vertrauliche Informationen gehören nicht in eine Mail. Ausnahmen bilden besondere Verschlüsselungsprogramme, die in einigen Unternehmen genutzt werden.

Die E-Mail und der Zorn im Bauch: Wenn in Ihnen das Gefühl aufsteigt, auf eine empfangene Mail mal so richtig deftig antworten zu müssen, tun Sie es nicht. Schlafen Sie mindestens eine Nacht darüber und schreiben dann Ihre in der Sache klar und unmissverständliche, auf jeden Fall jedoch wertschätzende und höflich formulierte E-Mail. Die Korrespondenz über E-Mails ist die denkbar ungeeignetste Form, Konflikte auszutragen. Die Anonymität beim Schreiben und die spontane Reaktionsmöglichkeit verführen viele Menschen zu unbedachten Äußerungen, die ihnen schon Stunden später Leid tun, beim Gegenüber jedoch wochenlang schwarz auf weiß auf dem Schreibtisch liegen. Gehen Sie lieber in das Büro des Kollegen und schütten ihm einen Eimer Wasser über den Kopf. Und wenn Ihnen das zu brutal erscheint, dann schenken Sie ihm halt eine große Tafel teurer Schokolade und stellen sich vor, wie die Kalorienbombe seiner Figur schadet.

Kennen Sie den? Viele kennen folgende Situation: Da kommt unvermittelt eine Mail eines alten Freundes mit einem Super-Witz in Ihren Arbeitsplatzcomputer geflattert. Eine willkommene Abwechslung, haben Sie sich doch gerade fürchterlich über den Beschwerdebrief eines Kunden geärgert. Da wirkt der erhaltene Witz wie eine lang ersehnte Erfrischung, die Sie sofort den lieben Kollegen von der Schadensbearbeitung zukommen lassen müssen. Und diese wiederum ... Und so weiter und so weiter, es handelt sich ja nur um einen harmlosen Witz. Das Problem ist bekannt: Was für den einen ein harmloser Witz ist, ist für den anderen verletzend. Worüber im deutschen Kulturkreis gelacht wird, kann im asiatischen Büro des weltweit agierenden Unternehmens Verstimmung herbeiführen. Auch auf die Gefahr hin als verklemmte Spaßverderber zu gelten, hier unsere Empfehlung: Keine Witze per E-Mail! Und wenn wir schon dabei sind: Keine beleidigende E-Mail, keine Büro-Flirts per E-Mail und keine Texte, die auch nur in Ansätzen als rassistisch oder sexistisch aufgefasst werden könnten. Selbst wenn der Alltag manchmal anders aussieht, prüfen Sie lieber einmal zu viel als zu wenig den Text und die emotionale Richtung der E-Mails, die Sie verschicken wollen. Und wenn Sie unbedingt etwas zu lachen haben wollen, dann gehen Sie einfach mal in die Kaffeeküche und unterhalten sich mit Ihrem Chef über eine Gehaltserhöhung ...

Über die Kunst des Mailens erfahren Sie viel Wissenswertes in den folgenden Büchern:

Gunter Meier: E-Mails im Berufsalltag, Grundregeln im Business – Massenaufkommen bewältigen, Kommunikationskultur entwickeln. Renningen 2003. 100 Seiten rund um das Mailen. Lohnend für alle, die eine »E-Mail-Ausbildung« anstreben.

Rebecca Chapman: English for E-Mails – Short Course Series / Englisch im Beruf. Berlin 2003. Ein gelungenes Lehrbuch für das Mailen in Englisch mit zahlreichen Mustern und Beispielen für den angemessenen Mail-Ton bei der Korrespondenz mit englischsprachigen Partnern.

Das Internet: Wenn Sie in Ihre Suchmaschine beispielsweise »E-Mail-Etikette« eingeben, werden Sie fündig. Viele Netzteilnehmer fühlen sich berufen, zu diesem Thema ihre mehr oder weniger profunden Ansichten zu veröffentlichen.

Viel zu viele Mails? Und was die E-Mail-Flut angeht, die täglich über viele Arbeitscomputer hereinbricht? Wenn Sie ab sofort keine E-Mails mehr versenden, oder wenigstens nur noch die Hälfte von dem, was Sie so täglich produzieren, dann wird die Flut schon etwas geringer. Viele Menschen, die sich täglich über die Masse an eingehenden Sendungen beklagen, gehören selbst zu denen, die fleißig an ihrem Entstehen beteiligt sind. Sie vergessen, dass es noch andere Möglichkeiten gibt, mit Kollegen ins Gespräch zu kommen.

Und sonst? Was Sie sonst noch tun können? Viele Menschen bearbeiten eingegangene E-Mails sofort nach Empfang. Und dies ganz unabhängig davon, ob die Inhalte wichtig sind oder nicht. Hier scheint alleine das Medium Computer darüber zu entscheiden, wie wichtig der Inhalt ist und welche Priorität er genießt. Integrieren Sie die E-Mail-Korrespondenz in Ihre tägliche Arbeitsorganisation, indem Sie beispielsweise ein oder zwei, maximal jedoch drei E-Mail-Bearbeitungszeitfenster einrichten. Häufiger brauchen Sie eingegangene Mails nicht zu prüfen. Überlegen Sie gleichzeitig, ob Sie nicht die Funktion Ihres Computers abschalten, die Sie jedes Mal darüber informiert, dass gerade wieder eine neue Mail angekommen ist. Sie ersparen sich viel Ablenkung.

Spam: Über den Schutz vor Spam soll an dieser Stelle nichts geschrieben werden, da informiert die aktuelle Fachpresse genauer. Und was das eigene Versenden von Spam angeht, es soll ja Menschen geben, die halten eine E-Mail, die an mehr als zehn Adressen gleichzeitig geht schon für überflüssig und Spam. Ob die da nicht übertreiben?

Verkaufen – man kann nicht früh genug damit beginnen

Kundenorientierung – die l(i)eben Sie doch auch, oder?!

»Vor wenigen Tagen habe ich in einem Büro ein Schild gesehen, auf dem zu lesen war: ›Der Kunde ist König – die Monarchie wurde bei uns aber schon 1918 abgeschafft‹.«

»Von dieser Sorte gibt es einiges, beispielsweise ›Der Kunde steht im Mittelpunkt – und damit allen im Wege‹.«

»Ist das nicht ein Zeichen dafür, dass es mit der Kundenorientierung nicht so weit her ist?«

»Nun, Witzbolde sind Teil unseres Alltags. Aber dennoch. Es gibt Menschen, und das sind gar nicht wenige, die empfinden den Kunden als Störgröße bei der Arbeit. Sie leben das, was sie auf ihre Schilder gepinselt haben. Wahrscheinlich ohne groß darüber nachzudenken. Kundenorientierung bedeutet, dass das gesamte Handeln in einem Unternehmen, also die gesamte Organisation und auch die Prozesse, aber vor allem das gesamte Denken und Handeln der Mitarbeiter auf den Kunden ausgerichtet ist. Und zwar auf den Endkunden, der für ein Produkt oder eine Dienstleistung Geld ausgibt.

»Das heißt für mich als kleinen Angestellten?«

»Sie verhalten sich erst dann zu 100 Prozent kundenorientiert, wenn auch Ihr Denken und Handeln auf diesen Endkunden ausgerichtet ist. Das gilt in jeder Position, die Sie in einem Unternehmen innehaben. Natürlich hat der Busfahrer in einem städtischen Unternehmen oder der Schalterbeamte im Einwohnermeldeamt und jeder Verkäufer mit Kunden von Angesicht zu Angesicht zu tun, während der System-

administrator in einem Versicherungsunternehmen offiziell über keinen Kundenkontakt verfügt. Aber dieser Computerfachmann arbeitet letztlich genauso für einen Endkunden – er sollte dies zumindest tun.«

»Der Kunde als Arbeitgeber?«

»Vollkommen richtig. Es ist der Kunde, der Ihr Gehalt bezahlt, nicht Ihr Chef, oder der Staat oder sonst wer. Sie können es noch deutlicher ausdrücken: Es ist der Kunde, um dessentwillen ein Unternehmen überhaupt existiert. Das gilt für den Tante-Emma-Laden genauso wie für den Großkonzern oder die staatliche Verwaltung. Wenn Sie diesem Verständnis von Wirtschaft jedoch aus ganzem Herzen zustimmen können, haben Sie die erste schwierige Hürde auf dem Weg zu einem kundenorientierten Verhalten genommen.«

»›Schwierige Hürde‹ ist gut gesagt, denn so einfach scheint das mit dem kundenorientierten Verhalten ja nun nicht zu sein. Und viele meinen, dass es damit in unserem Land nicht weit her ist.«

»Teils, teils. Ich persönlich halte das Gerede von der ›Servicewüste Deutschland‹ für maßlos übertrieben. Vor allem, wenn es von Leuten kommt, die ihren Frust darüber an den eigenen Kunden abreagieren. Auch in Deutschland können Sie sehr viel Kundenorientierung erleben. Dennoch: Es gibt eine Vielzahl von Faktoren, die die Ausbildung von echter Kundenorientierung verhindern; die eher zu einer Haltung von Kunden-Desinteresse erziehen.«

»Wie muss ich mir das vorstellen?«

»Echte Kundenorientierung hat wenig zu tun mit dem Denkmuster ›Was habe ich anzubieten?‹ oder ›Wo sind wir gut?‹ oder ›Warum liefern wir die beste Qualität auf dem Markt?‹. Alles wichtige Fragen, zweifelsohne, nur stehen sie nicht im Mittelpunkt von Kundenorientierung. Diese fragt beispielsweise: ›Was will mein Kunde, welche Bedürfnisse hat er heute, welche morgen? Wie kann ich die Bedürfnisse erfragen? Wie kann ich seine Erwartungen erfüllen und übererfüllen? Wie zufrieden ist mein Kunde mit meinen Dienstleistungen? Womit ist er nicht zufrieden und was muss ich tun?‹ Echte Kundenorientierung führt also einen Perspektivenwechsel durch: Weg vom ›Ich‹ hin zum ›Sie‹. Wir werden auf diesen Perspektivenwechsel noch einmal eingehen, wenn wir im nächsten Kapitel über das Verkaufen reden.«

»Dieser Perspektivenwechsel klingt doch eigentlich ganz vernünftig und einfach. Was macht sein Erlernen denn so schwer?«

»Erlauben Sie mir eine gewagte Erklärung. Ich glaube, dass unser Alltag, Ihrer wie meiner, durchdrungen ist von Verhaltens- und Denkweisen, aber auch so genannten Zwängen und Umständen, die eher eine ›Ich-habe-Perspektive‹ unterstützen und eine ›Was-möchte-der-Kunde-Perspektive‹ behindern.«

»Haben Sie dafür ein Beispiel?«

»Nun, überlegen wir einmal laut: Sie entwickeln ein Produkt oder eine Dienstleistung und orientieren sich an Kriterien, die für Sie als Hersteller wichtig sind, ohne zu fragen, ob der Kunde das braucht, ob ihm das gefällt oder nutzt. Da ist das Vorgängermodell, von dem Sie ausgehen, da gibt es Materialzwänge, Fertigungszwänge, bestimmte Vorlieben oder Parameter, die einzuhalten sind. Da gibt es Designer, die beim Gedanken, einen Kunden zu fragen, das kalte Grausen bekommen und immer besser zu wissen meinen, was schön ist und was nicht. Die Liste ließe sich fortschreiben. Eigentlich bräuchten wir gar nicht zu wissen, was ein Kunde möchte; ein Auto oder was auch immer könnten wir genauso ohne Kunden entwickeln und fertigen.«

»Böse Zungen behaupten, dass dies gelegentlich sogar geschieht!«

»Lassen Sie uns weiter überlegen: In unzähligen Unternehmen gibt es Regeln, die einzuhalten sind. Wenn ein Kunde Pech hat, dann muss er warten, bekommt sein Problem zunächst nicht gelöst, wird von Sachbearbeiter zu Sachbearbeiter weitergeleitet und scheint nur zu stören, während die Mitarbeiter fleißig Regeln befolgen, Ablagen anlegen oder Betriebsversammlungen abhalten. So eine Regel kann beispielsweise darin bestehen, dass zwischen 12:00 und 13:00 Uhr alle zum Mittagessen gehen. Die moderne Technik: Wer auf einem Bahnhof einer kleineren Stadt eine Fahrkarte kaufen möchte, wird an einen Automaten verwiesen. Viele, vor allem ältere Menschen haben massive Probleme, dieses Ding zu bedienen. Wenn es denn mal funktioniert. Sie würden viel lieber am Schalter bei einem lebendigen Menschen mit einem Lächeln und einem netten Scherz ihre Fahrkarte kaufen. Aber dieses Kundeninteresse scheint keinen bei der Bahn zu interessieren. Ich

merke, dass ich in Fahrt komme. Aber ich bin auch Kunde! Und wenn ich dann beispielsweise von Schaltermenschen an Bestimmungen und Gesetze erinnert werde: ›Das lassen die Bestimmungen aber leider nicht zu‹...«

»... stopp einmal, Protest! Wenn ein Gesetz etwas nicht zulässt, dann können Sie dem Schaltermenschen doch keine mangelnde Kundenorientierung vorwerfen!«

»Nun, Gesetze sind einzuhalten. Bestimmungen natürlich auch. Dennoch: Ein wirklich kundenorientierter Schaltermensch würde erst einmal das genaue Anliegen, das Interesse und die Wünsche seines Kunden erfragen. Gibt es Probleme würde er überlegen, ob die Bestimmungen nicht doch Spielräume zulassen, die es auszunutzen gilt. Wenn dies nicht der Fall ist, könnte er mit dem Kunden zusammen darüber nachdenken, wie dieser vielleicht seine Wünsche verändern müsste, um dennoch etwas Erfolg zu haben. Wenn all das nicht geht, hat zumindest der Kunde – vielleicht zum ersten Mal in seinem Amtsstubenbesucherleben – das Gefühl, wirklich kundenorientiert behandelt worden zu sein. Auf den Punkt gebracht: Ein kundenorientiert vorgehender Mitarbeiter denkt an die Spielräume, die Bestimmungen und Regelungen ermöglichen. Wer bei Bestimmungen und Regeln ausschließlich an die Grenzen und die Verbote denkt, fühlt nicht kundenorientiert!«

»Noch einmal Protest! Zu so einer Form der Beratung fehlt nun wirklich meist die Zeit!«

»Ein gutes Stichwort: ›Zeit‹, auch so ein Hindernis auf dem Weg zur Kundenorientierung. ›Habe keine Zeit‹ verhindert ebenfalls das intensive Eingehen auf die Wünsche der Kunden. Zeitknappheit erzeugt zudem Druck und verhindert Freundlichkeit, ein zentrales Merkmal kundenorientierten Verhaltens.«

»Sie gehen aber hart mit der Wirtschaft und unseren Schaltermenschen ins Gericht!«

»Noch einmal! Ich möchte den Einzelnen an dieser Stelle keinen Vorwurf machen. Ich wollte mit diesen wenigen Beispielen zeigen, wie Kundenorientierung immer wieder auf Hindernisse stößt. Viele dieser Regelungen und Begrenzungen existieren durchaus aus guten Grün-

den. Das Problem ist nur, dass Mitarbeiter langfristig dazu erzogen werden, bei ihrer Tätigkeit nicht zu fragen, was dem Endkunden dient, ihm Nutzen bringt und sein Leben verbessert. Mitarbeiter werden dazu angehalten, im Angesicht eines Kunden zu prüfen, was Gewinn abwirft, was die Anordnungen sagen, welche Regeln eingehalten werden müssen oder welche Gesetze zu beachten sind. Wer in solchen Arbeitszusammenhängen aufwächst, für den steht nicht der Kunde im Mittelpunkt und am Anfang allen Denkens, sondern es zählt alleine die eigene Perspektive, der eigene Nutzen, die eigene Arbeitsbelastung, der eigene pünktliche Feierabend und was es sonst noch geben mag.«

»Arme Welt!?«

»Nicht ganz! Auch das ist mir wichtig: Alle diese bösen Beispiele gibt es. Aber es gibt ebenso Beispiele dafür, wie Kundenorientierung gelebt wird. Da öffnet beispielsweise eine Stadt im Rheinland am Samstag vormittags für einige Stunden ein Bürgerbüro, in dem man alle wichtigen Behördengänge tätigen kann. Da bemüht sich ein Zugführer in einem ICE um seine Fahrgäste als gehörten sie zur Familie! Da kenne ich einen kleinen Getränkehandel in Frankfurt Niederrad, der Ihnen auch ausgefallene Biersorten besorgt und Sie nicht mit dem gewohnten ›Das führen wir nicht‹ nach Hause schickt. Die Kunden fühlen sich dort richtig wohl! Und es gibt Handwerker, die pünktlich kommen, und zu fairen Preisen perfekte Arbeit abliefern. Dass deren Telefonnummern unter Freunden heiß gehandelt werden, zeigt wieder, dass es auch anders aussieht. Also: Beispiele und Vorbilder für echte Kundenorientierung gibt es viele. Sie merken aber, Kundenorientierung ist nicht angeboren, sondern will gelernt werden und muss in manchen Unternehmen sogar gegen das Gewinnstreben, starre Prozesse, überflüssige Regeln, lähmende Gewohnheiten, anders denkende Vorgesetzte und Ähnliches durchgesetzt werden.«

»Na, so ganz bin ich mit Ihrer Kritik noch nicht einverstanden. Da könnten wir sicher noch eine Weile streiten. Wenn Sie jetzt einmal für mich persönlich eine Checkliste aufstellen könnten, sozusagen die elf Gebote guter Kundenorientierung, wie sähe diese Liste aus? Ich hätte dann etwas, was ich in meiner Praxis überprüfen und gegebenenfalls anwenden könnte.«

»Also keine Kontroverse mehr, dafür eine Checkliste. Das ist doch ein Vorschlag!«

Elf Gebote für kundenorientiertes Verhalten

Suchen Sie den Kontakt zu Ihren Endkunden. Machen Sie es sich zur Aufgabe regelmäßig mit den Menschen von Angesicht zu Angesicht zu sprechen, die Ihre Produkte kaufen und Ihre Dienstleistungen nutzen. Das gilt ebenso für Mitarbeiter, die offiziell keinen Kundenkontakt haben. Auch der Systemadministrator einer Versicherung, der Drucker einer Tageszeitung oder der Lackierer in einer Produktionsstätte, sie alle sollten immer wieder mit echten Endverbrauchern zusammenkommen.

Wo immer es möglich ist: Machen Sie sich mit den Wünschen und Bedürfnissen, aber auch mit dem Ärger, den Ängsten und Sorgen Ihrer Kunden vertraut. Das gilt unabhängig davon, in welcher Position im Unternehmen Sie tätig sind. Natürlich können Sie – soweit zugänglich – die Ergebnisse der hauseigenen Marktforschung nutzen, es geht jedoch nichts über das direkte Gespräch mit Ihren Kunden. Fragen Sie!

Überprüfen Sie in diesen Gesprächen immer wieder die Zufriedenheit der Kunden mit Ihren Angeboten. Scheuen Sie sich nicht davor, Kritik zu hören, nach Verbesserungswünschen zu fragen und den Kundenärger zu verstehen. Freuen Sie sich aber auch darüber, dass Ihre Kunden mit vielen Dingen sehr zufrieden sind – ein guter Ausgangspunkt für weitere Verbesserungen.

Fragen Sie sich stets kritisch, inwieweit das, was Sie tagtäglich tun, Ihrem Endkunden nutzt. Wenn Sie Zweifel haben, sprechen Sie mit Ihren Vorgesetzten, schlagen Sie Verbesserungen vor, verändern Sie die Organisation und die Prozesse in Ihrem Unternehmen, reichen Sie einen Verbesserungsvorschlag ein.

»Stopp mal! Ihre Begeisterung für Kundenorientierung in allen Ehren. Dieses Gebot klingt doch vollkommen unrealistisch, oder!«

»Die im ersten Satz angesprochene Selbstprüfung hoffentlich nicht. Fragen Sie sich wirklich, inwiefern alles, was Sie tun, Ihrem Kunden dient. Viele Menschen tun dies und so manche überflüssige Beschäftigungstherapie geht dann leichten Herzens über Bord. Das mit der Veränderung von Organisation und Prozessen ist schon schwieriger. Einverstanden. Aber versuchen, versuchen sollten Sie es einmal.«

Wenn Ihnen ein Kunde gegenüber steht oder gerade Sie am Telefon erwischt: Ab diesem Augenblick müssen Sie sich voll verantwortlich für diesen Kunden fühlen und ihm dies auch vermitteln! Das ist jetzt Ihr Kunde, und dieser bekommt Ihre ganze Aufmerksamkeit, Ihre ganze Wertschätzung und Ihre wache und zugewandte Freundlichkeit. Der Satz »Ich bin nicht zuständig« sollte nie wieder über Ihre Lippen gehen! Jetzt gibt es zwei Möglichkeiten: Wenn Sie wirklich für das Anliegen des Kunden zuständig sind, betreuen Sie diesen Kunden solange dies nötig ist. Wenn das Anliegen des Kunden in die Zuständigkeit eines anderen Kollegen, einer anderen Abteilung fällt, dann sorgen Sie dafür, dass der Kunde in allerkürzester Zeit dort sein Anliegen vorbringen kann. In diesem Fall dauert Ihr Kundentelefonat vielleicht nur knappe 30 Sekunden. Aber in diesen 30 Sekunden muss der Kunde spüren, dass er einen außerordentlich freundlichen, kompetenten, zugewandten und aufmerksamen Mitarbeiter des Unternehmens an der Leitung hat. Und er muss erleben, dass es mit ihm gleich weitergeht. Häufig entscheidet ein solcher erster Kontakt über das Image, das ein Unternehmen bei einem Anrufer bekommt.

Wenn Sie einem Kunden eine Zusage machen, halten Sie diese auch ein. Sie sind zuverlässig. Also: Sie versprechen einen Rückruf bis 17 Uhr und Sie rufen auch allerspätestens um 17:00 Uhr an, besser noch etwas vorher, da Sie ja die Erwartungen Ihrer Kunden übererfüllen wollen.

Wenn Sie für einen Kunden etwas erledigen, tun Sie das in einer sehr guten Qualität. Das ist die Qualität, die der Kunde mindestens erwartet. Aber leisten Sie ruhig noch etwas mehr. Vermitteln Sie Ihrem Kunden das beruhigende und sichere Gefühl, dass er mehr bekommt als er erwartet. Kunden sollten von Ihrer Qualität begeistert sein, sie nicht einfach nur zur Kenntnis nehmen.

Wenn Sie einen Kunden betreuen, sind Sie ganz für Ihn da. Sie haben in diesen fünf, zehn Minuten, oder in dieser halben Stunde sämtliche Zeit der Welt für Ihren Kunden.

Sprechen Sie eine Sprache, die Ihre Kunden verstehen. Wer etwas nicht einfach und verständlich ausdrücken kann, hat selbst nicht verstanden, worum es geht und sollte geschult werden.

Lothar J. Seiwert: 30 Minuten für mehr Kundenbegeisterung. Offenbach 2004. Auf 74 Seiten eine Einführung in das Thema aus Sicht des Unternehmens.

Manfred Bruhn: Kundenorientierung. Bausteine für ein exzellentes Customer Relationship Management (CRM). München 2003. Auf über 340 Seiten alles zum Thema Kundenorientierung, eine anregende Vertiefung, für alle, die es genauer wissen wollen.

Klaas Cramer: Das Anti-CRM-Buch. Berlin 2004. Eine pfiffige Abrechnung mit einem Customer Relationship Management (CRM), das sich mit IT-Lösungen begnügt und dabei die Kundenorientierung aus den Augen verliert.

»Da übertreiben Sie aber ein bisschen. Wie soll man einer 50-jährigen Oma, die noch nie mit einem PC zu tun hatte irgendwelche Internet-Highlights erklären? Das versteht die doch nie!«

»Das mit der 50-jährigen Oma möchte ich einmal unkommentiert lassen. Nur, täuschen Sie sich da bitte nicht! Es gibt Kundenberater, die können dies. Und dann hören Sie von Kunden immer wieder ›Ich kaufe nur bei Ihnen, weil mir hier zum ersten Mal jemand erklären konnte, wie …‹.«

»Gut, zugestanden. Das sind dann aber Meister ihres Fachs!«

»Ist es nicht das, was Sie anstreben?«

»Mmh.«

Gehen Sie bei Reklamationen höflich und professionell mit dem Kunden um. Wir haben dazu ein eigenes Kapitel (»Auf Reklamationen und Beschwerden reagieren, s. S. 274) vorgesehen.

Wir haben es schon angesprochen: **Bleiben Sie im Umgang mit Ihren Kunden außerordentlich freundlich, wertschätzend, höflich, zuvorkommend – und das alles so natürlich wie möglich.**

»Stimme ich irgendwie zu. Ich mag auch lieber freundlich bedient werden. Aber alles kann man sich von einem Kunden doch nicht gefallen lassen, oder?«

»Auf keinen Fall. Der Kunde ist König, er sollte sich natürlich auch königlich benehmen. Denn auch nach Abschaffung der Monarchie sind nicht nur Rüpel zurückgeblieben, das gute Benehmen lebt weiter. Ach-

ten Sie darauf, dass Ihre Grenzen respektiert werden. Nur wie Sie dies machen, das wiederum ist die große Kunst. Einen unfreundlichen Kunden dazu zu bringen, dass er mit der Zeit freundlicher auftritt und zudem noch Manieren entwickelt, das ist eine echte Herausforderung. Ich weiß nicht, ob ich dies könnte. Aber sowohl Sie als auch ich kennen Menschen, die so etwas zustande bringen. Suchen Sie sich Vorbilder und lernen Sie von denen.«

»Der Kunde ist König, soll sich aber auch benehmen wie ein König. Das gefällt mir. Obwohl ich in Zukunft vielleicht auch das eine oder andere an meinem Kundenverhalten verändern sollte. Na ja. Ach so. Und das mit der 50-jährigen Oma tut mir natürlich Leid, war nicht so gemeint.«

Verkaufen – früh übt sich!

»Was meinen Sie? Reicht das mit der Kundenorientierung nicht aus? Soll ich dieses Kapitel jetzt auch noch lesen, wenn ich mit dem ganzen Verkaufsgedöns nichts am Hut habe?«

»Dann erst recht! Nur für den Fall, dass Sie im Vertrieb arbeiten, können Sie die nächsten Seiten vielleicht etwas zügiger durchgehen.«

»Aber ich will mit dem Verkauf doch gar nichts zu tun haben! Habe ich eigentlich auch nicht!«

»Dann sind Sie hier genau richtig. Es geht uns darum, dass Sie für die Idee des Verkaufens sensibel werden. Wir wollen Sie nicht zum Verkäufer ausbilden, denn dafür reicht der Platz wirklich nicht. Aber die eine oder andere Verkäufergrundhaltung, die möchten wir Ihnen gerne schmackhaft machen.«

»Warum denn? Verkäufer genießen ja nicht gerade den besten Ruf. Über Verkäufer hört man ja so einiges.«

»Beispielsweise?«

»Verkäufer sind oft Leute, die einem Sachen andrehen wollen, die man nicht braucht. Die verkaufen einem Bauern eine Melkmaschine und nehmen dafür seine letzte Kuh in Zahlung. Aalglatte und ge-

schniegelte Lackaffen, die von ebensolchen Verkaufstrainern lernen, wie man mit Psychotricks die Leute über den Tisch zieht.«

»Nun, Sie sprechen etwas an, was man durchaus hin und wieder beobachten kann: Die Märkte sind unübersichtlicher geworden, die Konkurrenz enorm, der Druck aus dem In-, vor allem aus dem Ausland wächst. Alle wollen an Ihren und meinen Geldbeutel. Da greift so mancher Verkäufer verzweifelt nach scheinbar sicheren Methoden, versucht sich in irgendwelchen Psychotricks, was in der Regel jedoch nicht lange anhält. Und natürlich gibt es Verkäufer, die mit unlauteren Mitteln arbeiten. Das alles ändert unserer Meinung nach jedoch nichts an den Tatsachen, dass zum einen das Verkaufen eine der wichtigsten Aufgaben von Wirtschaftsunternehmen darstellt und dass es zum anderen viele Verkäufer gibt, die einen ausgezeichneten Job machen. Konkret, die ihren Kunden aufrichtig dabei helfen, das zu bekommen, was diese wirklich brauchen, und ihnen so das Gefühl vermitteln, einen guten Kauf getätigt zu haben – und das noch lange nach dem Geschäft.«

»Sie meinen, Verkaufen hat auch sein Gutes und man kann diesem Beruf so nachgehen, dass man sich abends auch noch gerne im Spiegel ansieht?«

»So kritisch das Verkaufen und Verkäufer in der Öffentlichkeit bisweilen beäugt werden – ohne Verkaufen würde unsere Wirtschaft nicht funktionieren. Verkäufer vermitteln zwischen einem unübersichtlichen Warenangebot und den vielfältigen Interessen und Bedürfnissen potenzieller Nutzer. Verkäufer beraten, helfen bei der Entscheidungsfindung. Aber auch Sie selbst geraten immer wieder in eine Verkaufssituation: Sie haben eine pfiffige Idee, wie Sie in Ihrer Abteilung die Wartezeiten Ihrer Kunden verringern können. Oder Sie haben eine ungewöhnliche Fertigungsmethode für einen Schraubverschluss entwickelt. Wenn Sie Ihre Ideen vor der Geschäftsleitung präsentieren, sie Ihrem Chef vorstellen oder eine kleine schriftliche Darstellung anfertigen – in allen diesen Fällen wollen Sie verkaufen. Sie wollen andere dafür gewinnen, Ihre Idee einmal auszuprobieren. Sie wollen Ihre Geschäftsleitung begeistern. Mit einem guten Gefühl soll sie einen Probelauf Ihrer ungewöhnlichen Fertigungsmethode in Auftrag geben. Sie verkaufen. Und zu

Hause? Wollen Sie nicht in diesem Sommer eine Woche durch London streifen, ein Plan, den Sie Ihrer auf einen Strandurlaub eingestellten Freundin erst noch schmackhaft machen, also verkaufen müssen?«
»Wenn das Verkaufen nun überall so eine wichtige Rolle spielt, warum genießt es denn einen derart umstrittenen Ruf?«

»Beim Verkaufen geht es stets um Beeinflussung. Ein Verkäufer möchte bei Ihnen erreichen, dass Sie ihm Ihr Geld geben. Ein Verkäufer macht Sie im wahrsten Sinne des Wortes ärmer. Das spüren Sie und davor schützen Sie sich mit einem gesunden Misstrauen.«

»Dafür werde ich bei einem guten Kauf aber reich entschädigt. Letztlich kommt es darauf an, dass für mich als Käufer der Nutzen größer ist als die Summe aller Kosten!«

»In diesem Fall hat sich die Verkaufsaktion gelohnt. Sie fühlen sich im besten Falle nicht bedrängt, sondern freundlich und wertschätzend behandelt sowie fachkundig und umfassend beraten. Sie haben nicht das Gefühl, über den Tisch gezogen worden zu sein. Sie haben sich zudem selbst für den Kauf entschieden und etwas erstanden, was Ihre Bedürfnisse befriedigt. Das alles ist Ihnen wirklich sehr viel Geld wert.«

In »Nutzen« denken und argumentieren

»Gut, das klingt nach einem fairen Deal, ich entscheide als Kunde selbst. Dann bin ich auch mit dem Verkäufer zufrieden. Nur, wie lernt man das? Gerade wenn man nicht im Vertrieb arbeitet?«

»Das erste, was Sie lernen müssen, ist in Kundennutzen zu denken. Was steckt dahinter? Nehmen wir Ihre ungewöhnliche Fertigungsmethode für einen Schraubverschluss. Diese Idee wollen Sie Ihrer Geschäftsleitung präsentieren. In der gängigen Praxis nun können Sie beobachten, wie verkaufsungeübte Tüftler alle technischen Details auflisten, die Hintergründe der Erfindung erläutern und den genauen Fertigungsablauf beschreiben. Sie erleben eine klassische Produktbeschreibung, das immer wieder zu beobachtende ›Wir-haben-Verhalten‹. Wenn Sie Ihre neue und ungewöhnliche Idee jedoch verkaufen wollen, interessiert es nicht, was Sie haben, ob Sie bei der Entwicklung fleißig waren und auch nicht, welche technischen Details zu bewundern sind. Es interessiert der Nutzen, den Ihre Erfindung dem Unternehmen, der

Abteilung oder einzelnen Anwesenden bringt. Die zentrale Frage, die Ihre Verkaufspräsentation beantworten muss, lautet: ›Welchen Nutzen bringt die neue Fertigungsmethode?‹ Und diesen Nutzen stellen Sie dar und begründen ihn. Dabei helfen Ihnen die technischen Einzelheiten sowie Ihre persönliche Begeisterung als Erfinder.«

»Um welche Art von Nutzen kann es dabei gehen?«

»Es lassen sich vielfältige Bedürfnisse beschreiben, für die Sie den Nutzen überlegen können. Im Falle Ihrer neuartigen Fertigungsmethode fallen mir natürlich die Kosten ein. Produziert Ihre Methode kostengünstiger als die herkömmlichen Verfahren? Wie sieht es mit der Qualität aus, wie mit der Zeit, wie mit der Sicherheit oder der Umweltverträglichkeit? Kommt bei Ihrem Verfahren eine neue Technologie zum Einsatz, die Ihrem Unternehmen einen langfristigen Know-how-Vorsprung sichert? Was immer es ist – es ist Ihre Aufgabe als Verkäufer vom ›wir haben, wir bieten, wir machen‹ wegzukommen. Denken Sie: ›Für das Unternehmen bedeutet dies ..., für den Rohstoffverbrauch heißt das ..., für die geforderte Lebensdauer von ... folgt ...‹ und immer wieder ›für unsere Kunden ergibt sich aus der neuen Idee ... ‹.«

»Und Sie meinen, dieses ›in Nutzen denken‹ wäre bei den Menschen, die nur gelegentlich einmal verkaufen müssen, nicht ausreichend entwickelt?«

»Absolut. Da stellt ein Projektleiter einen Zwischenbericht vor und möchte grünes Licht für einen nächsten Arbeitsschritt bekommen. Anstatt nun zu belegen, welchen Nutzen die bisherigen Ergebnisse dem Unternehmen bringen und nachvollziehbar aufzuzeigen, worin der Nutzen der nächsten Arbeitsschritte liegt, berichtet er ausführlich, was bisher alles mit viel Fleiß und Überstunden erarbeitet wurde. Nach dem Muster: ›Wir haben das gemacht und das und das. Und weil wir so fleißig sind, hätten wir gerne grünes Licht für die kommenden Arbeitsschritte.‹«

»Kommt mir irgendwie bekannt vor.«

»Oder: Ein Berater möchte eine Reihe von Interviews im Unternehmen durchführen. So einigermaßen weiß er, was er will und wie er vorgehen möchte. Sprachlos wird er, wenn der erste Gesprächspartner ihn fragen wird: ›Und was habe ich von unserem Gespräch?‹ Ein Ingenieur möchte, dass seine Kollegen ein mathematisch hochkomplexes, IT-gestütztes Verfahren zur Materialprüfung übernehmen, das schon in an-

deren Großunternehmen Verwendung findet. Für seine Präsentation hat er 20 Folien mit technischen Details vorbereitet. Auf keiner einzigen Folie war der Nutzen zu finden, den die Kollegen erfahren, wenn sie in Zukunft mit dem neuen Verfahren arbeiten.«

»Und?«

»Nach einer gut einstündigen Diskussion konnte der Ingenieur fünf oder sechs wichtige Vorteile darstellen, die seinen Kollegen später einleuchteten. Der Bereichsleiter hatte daher keine Bedenken, eine sechsmonatige Probephase zu genehmigen.«

»Eine Nutzenargumentation sollte ich mir dann ja auch für meine London-Woche im Gespräch mit meiner Freundin einfallen lassen. Was meinen Sie?«

»Unbedingt! Fragen Sie sich also zunächst, welche Bedürfnisse bei Ihrer Freundin für eine Urlaubswahl entscheidend sind. Wichtig dabei: Es müssen die zentralen Bedürfnisse Ihrer Freundin sein, nicht Ihre eigenen heimlichen Wünsche! Es macht also keinen Sinn auf das Bedürfnis nach Bildung zu setzen, wenn sich Ihre Freundin nach wochenlangem Stress im Büro eine Woche nur einfach beim Wandern oder Baden und Nichtstun erholen möchte. In einem zweiten Schritt können Sie für die einzelnen Bedürfnisse Argumente vorbereiten. Hier einige Beispiele, die mir spontan einfallen.

- *Einfachheit: ›Die Organisation ist völlig unkompliziert, für dich bedeutet das, dass du nur noch deinen Koffer packen musst.‹*
- *Lernbedürfnis: ›Ich kann eine Führung durch die Tate Modern organisieren. Du schaust auf diese Art und Weise auch einmal hinter die Kulissen eines Museums, das dich bereits bei unserem letzten Aufenthalt fasziniert hat.‹*
- *Prestige: ›Was meinst du, was deine Kolleginnen für Augen machen, wenn du von deinem Treffen mit der Queen erzählen wirst?‹*
- *Erholung: ›Wir werden jeden Tag mehrere Stunden auf einem der Liegestühle im Green Park in der Sonne liegen und uns prächtig erholen! Außerdem wird unser Hotel eine Oase der Ruhe sein!‹*
- *Baden: ›Ich besorge uns Karten für eine tolle Wellness-Einrichtung. Die haben einen Pool mit Blick über die Themse. ‹*

- *Bequemlichkeit: ›Unser Hotel wird nur zwei Gehminuten von der U-Bahn-Station Belzise Park entfernt sein, einfacher kommst du sonst nie irgendwo hin.‹*
- *Wohlbefinden: ›Und überhaupt, Belzise Park ist doch dein Lieblingsviertel, wenn es um das Wohnen in London geht.‹«*

Verkaufen beginnt, nachdem der Kunde seine Rechnung bezahlt hat

»Ich sehe schon, ich muss mich auf dieses Verkaufsgespräch noch etwas vorbereiten. Auch wenn wir nur wenig Zeit haben. Das Denken in Nutzen, so wichtig es auch sein mag, macht doch sicher noch keinen Verkäufer aus. Geben Sie mir wenigstens einen weiteren Grundbaustein Ihrer Verkaufsphilosophie mit auf den Weg.«

»Nun, in den Lehrbüchern für Verkäufer finden Sie seitenweise Bausteine, die einen erfolgreichen Verkäufer ausmachen. Sei es die Begeisterung für das eigene Produkt, die Liebe zum Kunden, die Neugierde auf Menschen, das Einfühlungsvermögen in andere Personen, die Kunst Kundennetzwerke aufzubauen, das Beherrschen der richtigen Fragetechnik oder die hohe Kunst des Zuhörens. Ich möchte Ihnen allerdings einen anderen Gedanken anbieten: Bemühen Sie sich aufrichtig, Ihre Kunden – also alle, denen Sie etwas verkauft haben und noch etwas verkaufen wollen – langfristig zu betreuen. Die Lebensweisheit dazu: Verkaufen beginnt, wenn der Kunde die Rechnung bezahlt

hat. Wenn Sie Ihren Kunden nicht als Geldautomaten behandeln, von dem Sie Geld abheben und danach nie wieder sehen werden, wenn Sie Ihre Kunden also auch nach dem Kauf betreuen, sich für deren Wohlergehen mit Ihrem Produkt oder Ihrer Dienstleistung verantwortlich fühlen, bei eventuellen Schwierigkeiten aktiv werden, dann werden Sie gar nicht erst in die Versuchung kommen, jemanden für einen schnellen ›Deal‹ über den Tisch zu ziehen. Sie werden langfristige Kundenkontakte aufbauen, die die Schritte Ihrer Kunden beim nächsten Kauf eher zu Ihnen lenkt als zu einem Mitbewerber. Und ein solches, auf langfristige Kundenkontakte ausgerichtetes Verkäuferverhalten, würde – da bin ich mir sicher – das Image von Verkäufern in der Bevölkerung massiv verbessern.«

»Ich meine, wenn ich meiner Freundin das London-Wochenende verkaufe, dann sollte ich unbedingt an einer langfristigen Kundenzufriedenheit interessiert sein. Wird nämlich der diesjährige London-Urlaub für sie ein unvergessliches Erlebnis, habe ich im nächsten Jahr, wenn es wieder ans Urlaub-Verkaufen geht, mit Sicherheit gute Karten. Da muss ich mich ja in den nächsten Wochen richtig anstrengen und noch einiges vorbereiten.«

Robert Cialdini: Die Psychologie des Überzeugens. Bern 2003. Fast auch schon eine Pflichtlektüre für Käufer (!). Cialdini beschreibt die Grundregeln menschlichen Zusammenlebens und wie sie für das Verkaufen genutzt werden.

Gabriele Stöger/Hans Stöger: Besser verkaufen mit Glaubwürdigkeit und Sympathie. München 2002. Wer sich beim Einstieg in die Verkäuferlaufbahn nicht auf antrainierte Verkaufstechniken verlassen möchte, sondern einen eigenen authentischen Weg sucht, findet hier einen ersten Einstieg.

Klug verhandeln – nichts für Schnäppchenjäger

Ein alltägliches Phänomen

Wäre diese Welt eine große Maschine bei der sich alle Teile aufs Vorzüglichste ergänzten – es bräuchte kein Verhandeln. Es bedürfte lediglich jemanden, der dieses Regelwerk durch ständiges Schmieren am Laufen halten müsste. Leider, oder besser: Zum Glück ist die Welt nicht so. Wenn wir von anderen Menschen etwas bekommen wollen, dann müssen wir betteln, bitten, fordern, stehlen (hoffentlich nicht), einfach dafür bezahlen, oder wir müssen verhandeln. Dies ist dann die wechselseitige Kommunikation mit dem Ziel, eine Übereinkunft zu erreichen.

Klingt einfach, ist es aber nicht. Sie wollen eine Gehaltserhöhung, Ihr Chef denkt eher an unbezahlte Überstunden – jetzt machen Sie mal! Sie wollen für Ihr Auto 10.000 Euro, bekommen jedoch nur ein mitleidiges Lächeln und den Hinweis, dass Sie doch mit 6.000 Euro bestens bedient wären.

»Kommt mir bekannt vor. Zu Hause liegt bei uns ein Teppich vom letzten Türkei-Urlaub herum. Meine Freundin meint, dort hätte ich meinen Meister im Verhandeln gefunden und sollte mich daher bei diesem Thema besser bedeckt halten. Ihr wäre so etwas ja nie passiert – meint sie jedenfalls.«

»Vielleicht hat sie ja Recht. Jedenfalls muss jeder Mensch irgendwann einmal verhandeln. Unzählige Experten haben ihre persönliche Verhandlungsphilosophie zu Papier gebracht und unter die Menschheit verteilt.

Dann lesen Sie von satanischer Verhandlungskunst, vom erfolgreichen Verhandeln für Dummies, oder davon, wie man mit unfairen Verhandlungstricks umgeht. Die Liste ließe sich fortsetzen. Der Königsweg? Den gibt es nicht. Wir empfehlen Ihnen für den Einstieg, sich erst einmal über Ihre Grundhaltung im Klaren zu werden. Worum geht es Ihnen wirklich, wenn Sie in eine Verhandlung einsteigen? Anschließend werden wir Ihnen ein Konzept skizzieren, mit dem viele Menschen bisher erfolgreich gearbeitet haben, das ›sachgerechte Verhandeln‹. Dazu dann auch unser Literaturtipp.«

»Hätte mir dieses sachgerechte Verhandeln denn den Teppichkauf erspart?«

»Wer weiß. Zumindest hätten Sie eine unbezahlbare Übungsstunde gehabt – und zudem noch eine Menge Spaß.«

Wie wollen Sie verhandeln: hart, weich oder einfach nur klug?

Zugegeben, eine provokative Frage. Sie beschreibt jedoch treffend die vorherrschende Meinung in der Bevölkerung, wenn es um Verhandlungen geht. Für viele selbst ernannte Verhandlungsprofis gibt es zum einen den »weichen Verhandlungsstil«. Dieser ist gleichbedeutend mit Nachgiebigkeit, Freundlichkeit und bisweilen »Psychogelabere«. Zum anderen gibt es noch den harten Verhandlungsstil. Hier wird mit entschlossenem Gesichtsausdruck um Positionen gefochten. Erfolg können beide Möglichkeiten haben, ganz durchdacht jedoch sind sie nicht.

In einer Verhandlung geht es immer um zwei Dinge: Zum einen möchten Sie in einer Sache Ihr Ziel erreichen. Sie möchten einen bestimmten Preis erzielen, ein Zugeständnis erhalten, einen neuen Termin heraushandeln, eine interessante Stelle besetzen. In der Sache können Sie erfolgreich sein oder aber auch nachgeben, einknicken, einen Rückzieher machen, mit weniger herauskommen als Sie sich dies gewünscht hatten. Zum anderen haben Sie es in einer Verhandlung mit Menschen zu tun. Sie beeinflussen also immer auch die Beziehung zu Ihrem Verhandlungspartner. Diese kann im Laufe einer intensiven Auseinandersetzung Schaden nehmen, Sie können sich beschimpfen und streiten, Sie können aber genauso versuchen, diese Beziehung so positiv wie nur möglich zu gestalten.

So ergeben sich unterschiedliche Möglichkeiten und Grundhaltungen, mit denen Sie eine Verhandlung bestreiten können:

Ich gestalte die Beziehung zum Verhandlungspartner durchgehend freundlich und wertschätzend	A	B
Mir ist die Beziehung zum Verhandlungspartner vollkommen egal, auf die Gefühle des anderen nehme ich keine Rücksicht	C	D
	In der Sache bin ich eher zurückhaltend, gebe auch einmal nach	Ich verfolge hartnäckig die eigenen Interessen, kämpfe konsequent um meine Sache

Zu C: Eher selten zu finden ist die Haltung »C«: Wenn Sie weder großes Interesse an der Sache haben, Ihnen auch die Personen egal sind, sollten Sie einfach den geforderten Preis zahlen und auf das Verhandeln verzichten.

Zu A: Interessanter ist die Position »A«: weich in der Sache und außerordentlich wertschätzend der Person gegenüber. Um der guten Beziehung zu Ihrem Verhandlungspartner willen, verzichten Sie bisweilen auf einen persönlichen Vorteil in der Sache. Ein solches Vorgehen kann stimmig sein, wenn es sich um eine langfristige Zusammenarbeit handelt und Sie durch Ihr aktuelles Nachgeben mit einem konkreten Nutzen auf einem anderen Gebiet rechnen können. Aber Vorsicht! Erst einmal schneiden Sie schlechter ab als es Ihnen recht ist. Ob Sie mit einem Ausgleich rechnen können, ist ungewiss. Denkbar ist zudem, dass es sich Ihr Gegenüber zur Angewohnheit macht, Ihnen mit der Androhung von persönlichem Ärger Zugeständnisse abzuringen, nach dem Motto: »Bei dem muss man nur mit einem richtigen Streit winken, dann knickt der schon ein.«

»Ich sollte vielleicht einmal die Verhandlungen mit meiner Freundin auf dieses Muster hin prüfen!«

»Nicht nur diese, auch manche Chefs, Geschäftspartner oder Teppichverkäufer nutzen dieses Muster zu ihrem sachlichen Vorteil aus.«

Zu D: Grundmuster »D« lässt sich mit »hart in der Sache und hart zu den Menschen« beschreiben. Sie kämpfen um Ihre Position, Ihre Interessen, ohne Rücksicht auf Ihren Verhandlungspartner. Das Muster von Menschen, die sich in einer überlegenen Machtposition sehen, die auch ab und zu »über Leichen gehen« oder der Meinung sind, ihrem Verhandlungspartner später nie wieder zu begegnen. Eine derartige Verhandlungsgrundeinstellung kann durchaus Erfolg haben, versteht man unter »Erfolg«, dass Sie Ihre Position durchsetzen. Mögliche Nachteile eines solchen Vorgehens sind jedoch:

- Langfristige Geschäftskontakte können Schaden nehmen und die weitere Zusammenarbeit erschweren.
- Ein Verhandlungsvorgehen, das auf das Gegenüber keine Rücksicht nimmt, erschwert eine schnelle Einigung. Der andere wird sich wehren, schließlich will er nicht verlieren. Die ganze Aktion kostet Sie viel Mühe und Zeit bei ungewissen Erfolgsaussichten, vor allem, wenn Ihr Gegenüber eine ähnliche Strategie fährt.

Ob und wie die Vereinbarung später umgesetzt wird, kann in solch einem Fall unsicher sein, Überraschungen sind vorprogrammiert.

»Diese Nachteile leuchten mir ein, vor allem im geschäftlichen Bereich. Wenn ich jedoch knallhart auftrete und ohne Rücksicht auf die Person des Teppichhändlers, den ich wohl nie wieder sehen werde, das gute Stück zu einem Super-Dumping-Schnäppchenpreis abstaube, dann war ich doch wohl erfolgreich, oder?«

»Nun ist das Beispiel mit dem Teppichhändler etwas problematisch, der ist Ihnen im Zweifelsfall immer überlegen und macht seinen Schnitt. Sonst würde er Sie den Teppich nicht in Ihre übervollen Reisetaschen verstauen lassen, in denen Sie zu Super-Dumping-Schnäppchenpreisen schon den halben Orient eingelagert haben. Aber zu Ihrer Frage: Ja, Sie können gelegentlich Ihre Position durchsetzen, wenn Sie

hartnäckig und ohne Rücksicht auf Verluste auftreten. Sie wären nicht der einzige, der in einer ›Geiz-ist-geil-Atmosphäre‹ so vorgehen würde. Was Ihren Berufsalltag angeht, so ist unsere Erfahrung, dass Sie damit auf die Nase fallen, sich als Rambo outen und für Verhandlungen eher nicht mehr in Frage kommen.«

Zu B: Grundmuster »B« bildet die Basis für ein sachgerechtes Verhandeln, besser eigentlich ein »sach- und personengerechtes Verhandeln«. Dieses Konzept wurde über Jahrzehnte von der Harvard Law School entwickelt und mit Erfolg in unterschiedlichen Gebieten von Wirtschaft, Politik und Gesellschaft angewendet. Auch während einer komplizierten und zähen Verhandlung bemühen Sie sich, den Verhandlungspartnern gegenüber wertschätzend aufzutreten. Sie bauen aktiv an einer stabilen Beziehungsbrücke. Gleichzeitig vertreten Sie hartnäckig Ihre Interessen in der Sache. Was in der Theorie einfach klingt, erfordert einiges an Vorüberlegung, viel Vorbereitung und ebenso viel Übung.

Worauf ist beim sachgerechten Verhandeln zu achten

Trennen Sie Menschen und Sachprobleme, behandeln Sie beide vollkommen getrennt voneinander! Im Alltag sieht dies jedoch meistens anders aus: Der Käufer, der uns nur 6.000 statt der geforderten 10.000 Euro für unser Auto geben will, ist aus unserer Sicht ein Geizkragen. Der Chef, der eine Gehaltserhöhung verweigert, knickerig und hartherzig. Der Teppichhändler schließlich, dessen Preisvorstellungen die unsrigen bei weitem übersteigen, ist und bleibt ein Ganove, man wusste es ja schon immer. Und während wir dann verhandeln, überträgt sich unser Ärger auf den anderen. Permanent vermischen wir Emotionen mit der objektiven Sachlage des

Problems. So tun wir alles, um eine vernünftige Übereinkunft zu behindern. Die Alternative: Emotionen werden in Verhandlungen sorgfältig von den Sachthemen getrennt und gegebenenfalls eigenständig angesprochen. Und wenn wir angeregt Argumente austauschen, bleiben unsere negativen, aber auch unsere übermäßig positiven Regungen dem Verhandlungspartner gegenüber außen vor. Sie wollen doch nicht unüberlegt Zugeständnisse in der Sache machen, nur weil Sie eine außerordentlich attraktive Person anlächelt? Als Motto kann man sich merken: Zielorientiert in der Sache – fair zum Gegenüber.

Konzentrieren Sie sich in einer Verhandlung auf Interessen, nicht auf Positionen! In den meisten Verhandlungen wird um Positionen gefeilscht. Man möchte 500 Euro mehr Gehalt und verwendet unendlich viel Zeit und Mühe dafür, das Angebot des Chefs von 200 Euro auf 350 Euro zu heben. Er möchte das lange Wochenende in London verbringen, sie möchte nach Rom. Was spricht nun für welche Stadt, wer überzeugt wen, wie sicher ist noch ein glückliches Wochenende? Selten geraten die hinter den Positionen stehenden Interessen in den Blick. Verhandlungspositionen verdecken in der Regel das, was die Menschen wirklich wollen. Und ein Kompromiss »irgendwo in der Mitte« wird häufig nicht den Interessen der Verhandlungspartner gerecht. Es kostet Kraft und sorgfältige Vorbereitung, die Interessen zu erkennen, zu beschreiben und in Verhandlungen einzubringen.

Was könnte Ihr Interesse hinter dem Wunsch nach 500 Euro mehr Gehalt sein? Es könnte Ihnen beispielsweise um eine Anerkennung für Ihre herausragenden Leistungen in den letzten zwölf Monaten gehen. Sie könnten aber auch finanziell etwas in Bedrängnis sein, weil Sie sich beim Kauf Ihrer Traumwohnung übernommen haben. Oder es geht Ihnen um Gleichbehandlung, nachdem alle Ihre Kollegen, die den gleichen Job machen, schon vor einigen Wochen mit 500 Euro mehr aus dem Chefzimmer gekommen sind. Für jede dieser und weiterer Interessen lassen sich mehr als nur eine Verhandlungsposition formulieren. Immer jedoch Positionen, die diese Interessen zufriedenstellend bedienen: Statt 500 Euro mehr Gehalt können dies andere geldwerte Vorteile sein, die sich netto auf weit mehr addieren lassen als auf das, was bei 500 Euro noch bei Ihnen auf dem Konto ankommt. Anerkennung könnten Sie ebenso durch die Übernahme einer anderen Position im Unternehmen bekommen, die Ihnen spannende berufliche Perspektiven beispielsweise im Ausland ermöglicht. Es gibt Unternehmen, die unterstützen Mitarbeiter mit zinsgünstigen Darlehen bei größeren Anschaffungen. Die Liste ließe sich fast beliebig weiterführen. Auch hinter den Wünschen »London« und »Rom« stehen Interessen, die überraschende und kreative Lösungen bieten, jenseits des klassischen Kompromisses: »Gut, dann fahren wir halt wieder nach Paris!«

Entwickeln Sie vor der Entscheidung verschiedene Wahlmöglichkeiten: Nachdem die Interessen einigermaßen geklärt und verstanden sind, geht es darum, dass Sie entweder alleine oder zusammen mit Ihrem Verhandlungspartner mehrere Entscheidungsmöglichkeiten zum beiderseitigen Vorteil entwickeln. Auch hier sieht die Praxis meist anders aus: Viele Verhandlungsparteien wissen immer schon zu Beginn der Gespräche, wie die einzige richtige Lösung auszusehen hat. Kluge Verhandlungsprofis suchen dagegen nach vielfältigen Optionen, die die Interessen beider Seiten bedienen. Erst in einem zweiten Schritt werden diese Optionen bewertet und konkrete Vorschläge entwickelt, wie eine Einigung aussehen könnte. Die Schwierigkeit dieses Schrittes besteht darin, in Drucksituationen kreative Ideen sprudeln zu lassen. Dazu könnte unser Wochenendpärchen, nachdem die Interessen auf den Tisch gelegt wurden, vielleicht am Telefon mit guten Freunden nach ganz vielen Lösungen suchen, die die Interessen optimal befriedigen. Im beruflichen Alltag kann dieser Schritt schon bei der Vorbereitung einer Verhandlung oder zwischen einzelnen Verhandlungsabschnitten erfolgen.

Letztlich geht es darum, statt einer »Entweder-oder-Entscheidung«, bei der es neben dem Gewinner meistens einen Verlierer gibt, einen »bunten« Strauß an Alternativen zu stecken, aus dem man durch die geschickte Zusammenstellung unterschiedlicher Varianten für beide Parteien gut gangbare Wege baut.

Bestehen Sie bei der Entscheidung für eine Lösung auf der Anwendung neutraler Beurteilungskriterien. Nur kurz: Sie wollen 10.000 Euro für Ihr Auto, Ihr potenzieller Käufer jedoch nur 6.000 zahlen. Warum? Ihre Liebe zu Ihrem alten Gefährt hat Ihnen diesen Preis zugeflüstert. Das Kriterium Ihres Käufers dagegen sind die vielfältigen Ratschläge guter Freunde, dass man für diese Marke, Farbe, Ausstattung und für gerade diesen Jahrgang auf keinen Fall mehr als 6.000 Euro zahlen sollte. Mit diesen Kriterien wird es zwar zu einem lustigen oder auch zornigen Feilschen um Positionen kommen, kaum jedoch zu einer vernünftigen Einigung. Die Suche nach Kriterien, die von beiden Seiten akzeptiert werden, ist häufig nicht einfach, lohnt jedoch den Aufwand. Man kommt mit Menschen viel besser aus, wenn beide Seiten objektive Kriterien zur Lösung des Problems diskutieren, als wenn man persönliche Vorlieben oder den eigenen Willen durchsetzen will. Und für den Fall, dass einer nachgeben muss, erscheint dies im Lichte objektiver Kriterien als vernünftig und weniger als Schwäche. Für den Fall also, dass ein Sachverständiger mit schriftlichen Beweisen Ihre fahrbare Liebe auf lediglich 6.000 Euro schätzen würde, wäre ein Nachgeben Ihrerseits ein Akt der Vernunft und kein irrationales Einknicken. Vorausgesetzt, Sie wollen dann noch verkaufen oder bringen neue Argumente ins Feld, beispielsweise die echten Berberteppiche, die den Fußboden des Gefährts adeln und den Gutachter zur Neuberechnung seiner Schätzung anregen würden.

Entwickeln Sie im Vorfeld jeder Verhandlung Ihre »beste Alternative«: Was tun Sie, wenn die Verhandlung zu keiner Einigung führt? Dies scheint für viele Menschen keine Überlegung wert. »Irgendeine Lösung werden wir schon finden.« Was häufig geschieht: In der Verhandlung droht das Abkommen zu scheitern, der hoffnungsvolle Käufer droht abzuspringen, der Chef scheint entschlossen wie nie – und Sie geraten in Panik. Die Folge: Sie akzeptieren ein Ergebnis, das Ihnen später Leid tut.

Erstellen Sie daher vor der Verhandlung eine Liste mit Aktionen, die Sie möglicherweise durchführen, wenn es zu keiner Übereinkunft kommt. Wählen Sie ein paar der besonders vielversprechenden Aktionen aus und denken Sie über konkrete Umsetzungsschritte nach. Wählen Sie die Ihnen am sympathischsten erscheinende Möglichkeit und spielen Sie diese alleine oder mit Kollegen, Freunden und Bekannten durch.

Je attraktiver Ihre »beste Alternative« ist, desto sicherer werden Sie auftreten und desto größer ist Ihre Überzeugungskraft in Verhandlungen mit einem besonders starken Gegenüber.

Roger Fisher/William Ury/Bruce Patton: Das Harvard-Konzept. Der Klassiker der Verhandlungstechnik. Frankfurt a.M. 2004. Seit 1984 auf dem deutschen Markt, mittlerweile mehrfach überarbeitet und um wichtige Leserfragen zum Verhandlungsalltag ergänzt. Ein intelligentes und unbedingt mit Gewinn zu lesendes Buch.

»Eine Menge Stoff. Sieht so aus, als ob ich mich erst richtig schlau machen sollte, bevor ich eine wichtige Verhandlung führe.«

»Auf jeden Fall. In unserem Literaturtipp, dem Klassiker der modernen Verhandlungsliteratur, finden Sie Antworten auf all die Fragen, auf die wir hier nicht eingehen konnten. Beispielsweise was Sie tun, wenn die andere Seite mit unfairen Methoden arbeitet oder wenn die andere Seite sich nicht auf Ihre Vorstellung von einer sachgerechten Verhandlung einlassen will? Eine professionelle Verhandlungstechnik stellt eine hohe Kunst dar, die zu erlernen Zeit und Mühe kostet.«

»Für den Fall, dass ich mich da richtig einarbeite, wird mich das Gelernte beim nächsten Teppichkauf unterstützen?«

»Um ehrlich zu sein, über zukünftige Verhandlungen auf einem orientalischen Bazar möchte ich ungern Prognosen abgeben. Profitieren werden Sie auf jeden Fall, im Berufsleben wie in den Verhandlungen mit Ihrer Freundin. Das mit dem Teppichkauf ist so eine Sache. Da treffen die Themen Verhandlungstechniken und interkulturelle Qualifikationen zusammen. Aber versuchen sollten Sie es. Verhandeln Sie vielleicht zuerst einmal um einen kleinen Trinkbecher, da kann nicht so viel schief gehen. Die Gespräche um ganze Ölfelder sollten Sie sich für einen späteren Zeitpunkt bewahren.«

Führung – von unten und von oben!

Den eigenen Chef führen! Ja, aber!

Eine Warnung vorweg

Achtung – liebe Leserin und lieber Leser! Dieses Kapitel brauchen Sie nicht zu lesen. Sie sollten es auch gar nicht lesen. Jedenfalls dann nicht, wenn Sie beispielsweise der Meinung sind, dass »die da oben doch nur tun, was sie wollen«, dass »es sich sowieso nicht lohnt, mit dem Alten zu sprechen, da wird sich doch nichts ändern«, oder dass »die da oben ausschließlich Mist fabrizieren, den wir hier unten ausbaden müssen«. Sie sollten dieses Kapitel auch dann nicht lesen, wenn Sie persönlich kein Interesse an den Produkten Ihrer Firma haben oder am Wohlergehen des Unternehmens; wenn Sie also lediglich Ihren Job machen, in Ruhe gelassen werden wollen und sich schon lange über nichts mehr aufregen, geschweige denn sich für irgendetwas besonders engagieren. Überspringen Sie dann einfach ein paar Seiten.

Führung von unten – worum geht es da eigentlich?

»Führung von unten«, auch »so führen Sie Ihren Chef« – das ist ein ziemlich vertracktes Thema. Die einen erwarten pfiffige Psychotricks, wie sie das unberechenbare, cholerische Ekelwesen über sich in einen fairen, sympathischen Mitmenschen verwandeln. Die anderen wünschen sich kommunikative Steuerungsinstrumente, die den Chef zu einem willfährigen Handlanger der eigenen Interessen machen.

Wir glauben nicht, dass Sie mit »Führung von unten« die Verhältnisse umdrehen können: Ihr Chef bleibt Chef und Sie bleiben Mitarbeiter – und dennoch können Sie Einfluss ausüben, auf kleine und große Entscheidungen, mal mehr oder weniger erfolgreich, je nachdem mit wem Sie es zu tun haben und je nachdem, wie Sie Ihren Einfluss gestalten. Wir glauben auch nicht, dass Sie Ihren Vorgesetzten verändern können, ja überhaupt verändern sollten – es wird nicht gelingen. Dies nicht nur deshalb, weil schon viele andere Ihrem Chef näher stehende Menschen vor Ihnen an dieser Aufgabe gescheitert sind. Was Sie jedoch tun können: Sie können *Ihren eigenen* Umgang mit Ihrem Vorgesetzten verändern und ihn – auch hier mal mehr oder weniger erfolgreich – langfristig dazu bringen, seinen Umgang mit Ihnen zu ändern.

Worum geht es also?

Sie wollen etwas verändern. Vorgesetzte sind in der Regel die Dreh- und Angelpunkte für Veränderungen im Unternehmen. Also entwickeln Sie eine Strategie, wie Sie Ihren Chef dazu bringen, Ihren Ideen grünes Licht zu geben.

Sie wollen Ihre Ziele erreichen. Vorgesetzte wirken dabei häufig sehr störend: Immer wollen sie etwas Neues, können sich selbst nicht organisieren oder stehlen wertvolle Zeit, in der man selbst Umsatz machen könnte. Wie bringen Sie Ihren Chef dazu, Ihnen zuzuarbeiten oder Sie zumindest etwas weniger zu behindern?

Sie stecken begeistert in der Anfangsphase eines neuen Projektes, da hat Ihr Chef schon wieder einen neuen Einfall, dem sicherlich drei Tage später ein weiterer, noch besserer folgt. Sie bringen Ihrem Chef also die Idee von **Priorisierung** bei: »Wenn ich mit Aufgabe zwei beginnen soll, bleibt Aufgabe eins für einen Tag liegen – was also, lieber Chef, möchten Sie?«

Sie wissen, dass Sie im Unternehmen nur **etwas werden** können, wenn Ihr Chef auch etwas wird. Also helfen Sie ihm und steigern das Image der Abteilung. Außerdem macht es mehr Spaß in einer erfolgreichen Abteilung zu arbeiten als in einer Verlierertruppe.

Sie kommen in eine Abteilung mit einer **Horrorvision von Chef**. Das große Los – herzlichen Glückwunsch. Sie werden die Welt nicht neu erfinden, dennoch können Sie einiges tun, um das Leben in dieser Abteilung ein ganz kleines bisschen erträglicher zu gestalten.

All das sind Beispiele, die sich unter Führung von unten fassen lassen. So manches davon machen Sie wahrscheinlich schon recht erfolgreich, vieles ist Ihnen vielleicht gar nicht so bewusst. Das eine oder andere lässt sich noch verbessern.

»Klingt ja sehr idealistisch und total theoretisch. Ich kenne jedoch unzählige Fälle, da kann man wirklich nichts mehr machen, da ist jede Mühe vergebens. Da lohnt auch kein Gequatsche mit dem Chef mehr.«

»Dann sollten unsere Leserinnen und Leser die folgenden Seiten überspringen und wir beide sollten eine kleine Kaffeepause einlegen und zu einem anderen Thema wechseln.«

»Das klingt aber sehr ablehnend! Warum so hart?«

»Ich höre aus Ihren Worten eine Haltung heraus, die ich ›resignativ‹ nennen möchte und die mir von Leuten bekannt ist, die sich für die innere Kündigung entschieden haben. Dazu sind Sie noch zu jung, und dazu muss es gar nicht kommen. Der Satz ›da kann man nichts tun‹ ist in der Kommunikation zwar sehr geläufig, in fast allen Fällen, in denen er vorgebracht wird, jedoch unzutreffend. Sie können immer etwas tun, immer etwas ändern – und zwar sich und das eigene Verhalten. Das jedoch ist anstrengend und kostet ein gehöriges Maß an Überwindung. Aber nach dem Rausschmiss aus dem Paradies sollten wir uns an ein gewisses Maß an Mühsal gewöhnt haben.«

»Eine sehr entschiedene Position. Ob ich mich mit allem anfreunden kann, weiß ich noch nicht. Aber, um zum ›Führen von unten‹ zurückzukommen: Welche Führungskompetenzen brauche ich denn nun, um meinen Chef in den Griff zu bekommen?«

»Wenn wir das ›in den Griff bekommen‹ mal nicht ganz so hoch hängen, dann glauben wir an eine Reihe von Grundhaltungen, die für den zielgerichteten und einflussnehmenden Umgang mit Ihrem Chef günstig sind.«

Sieben Grundhaltungen für einen »führungswilligen« Untergebenen

»It takes two to Tango«: Dieses amerikanische Sprichwort deutet an, dass das häufig zu hörende Erklärungsmuster »Der böse Chef ist an allem Schuld, der ist halt so und so und hat das und das gemacht und ich soll jetzt auch noch!« zu kurz greift. Dem Bild »böser Chef – guter Mitarbeiter« mag zwar die Denke ganzer Bevölkerungskreise entsprechen, es stimmt so jedoch nicht, und umso weniger, wenn es um kommunikative Dinge geht. An allen Problemen mit Ihrem Chef sind Sie mit einem gewissen Anteil beteiligt, und der liegt in der Regel so um die 50 Prozent. Der beliebte Vorwurf: »Nur du bist Schuld!« stimmt schon in Partnerschaften nicht und ebenso nicht im Berufsleben.

Anregungen: Machen Sie sich Ihre Anteile an Ihrem Verhältnis zu Ihrem Chef deutlich – egal ob die Beziehung zurzeit problematisch oder reibungslos ist. Was tun Sie oder was tun Sie nicht, was das Verhalten Ihres Chefs Ihnen gegenüber begünstigt oder sogar hervorbringt? Überlegen und entscheiden Sie, an welchem Punkt Sie bei sich etwas verändern wollen.

Verstehen Sie Ihren Chef! Viele Mitarbeiter weigern sich, die Zwänge verstehen zu wollen, in denen ihre Vorgesetzten stecken. Es könnte ja das lieb gewordene Feindbild vom «bösen Chef« ins Wanken bringen. So bleibt es beim Abwiegeln: »Wieso soll ich mir Gedanken über seine Schwierigkeiten machen, dafür werde ich nicht bezahlt.« Führen können Sie jedoch nur jemanden, dessen Position, Zwänge und Bedürfnisse Sie kennen. Vorgesetzte sind keine Übermenschen. Auch sie sehen in ihren Blümchenunterhosen recht bescheiden aus. Sie können oft vor Angst nicht schlafen und zittern sich halb zu Tode, wenn sie zu ihren Chefs gerufen werden, die wiederum in ihren Blümchenunterhosen ... Auch Ihre Vorgesetzten stehen in einem Spannungsfeld aus Marktgeschehen, Kundenwünschen, eigenen Vorgesetzten und mehr. Hinzu kommt, dass Ihre Chefs selbst Karriereziele oder -träume haben, eine eigene Familie mit Hund und Katze, die ihnen das Leben mal leicht oder schwer machen.

Anregungen: Versuchen Sie so differenziert und vollständig wie möglich die Zwänge Ihres Chefs zu verstehen. Vor diesem Hintergrund können Sie seine Entscheidungen besser einordnen, Sachfragen von der Person trennen und gezielt eigene Vorschläge und Ideen lancieren. Wohlgemerkt: Es geht nicht darum, alles zu akzeptieren, was Ihr Chef tut oder lässt, es geht um das reine Verstehen! Seien Sie sich bewusst, dass Sie dann vielleicht so manche Entscheidung akzeptieren, die Sie bisher bekämpft oder so manche Entscheidung ablehnen, die Sie vormals begrüßt haben. Sich einen solchen Lernschritt einzugestehen, fällt manchen Mitarbeitern nicht leicht.

Ihr da oben – wir hier unten? Es gibt Mitarbeiter, die verhalten sich wie Untergebene und nicht wie Menschen, mit denen man partnerschaftlich, wertschätzend und erwachsenengemäß umgehen möchte. Es sind die kleinen, meist körpersprachlichen Signale im Umgang mit Vorgesetzten, die eine unterwürfige Haltung ausdrücken: das leise Sprechen, der verlegene, ängstliche Blick, aber auch Sätze wie »Ich hoffe, dass ich da keinen Fehler gemacht habe«. Diese Menschen sehen in ihrem Vorgesetzten die Autoritätsperson, den strengen Lehrer, die Mutter oder den Vater und treten – unbewusst – so auf, wie sie es von Kindheit an gelernt haben: mit vorauseilender Unterordnung. Das Verhalten einer Autoritätsperson gegenüber kann aber auch – wie bei trotzigen Kindern – aggressiv, motzend – »Wenn Sie das unbedingt so wollen, Sie sind ja der Chef hier!« – und ungezogen daherkommen: Bewusst die Hände in der Tasche lassen, um seinem Protest dem Chef gegenüber Ausdruck zu geben, das ist beispielsweise ein ausgesprochen »untergebenenhaftes« Verhalten.

Anregungen: Prüfen Sie einmal ehrlich für sich, in welchem Ausmaß Ihre Chefin oder Ihr Chef eine an die Eltern erinnernde Autoritätsperson darstellt und in welcher Form Sie sich Ihrem Chef gegenüber manchmal »kindlich« verhalten, vielleicht als »brave oder rebellische Tochter« oder »als braver oder rebellischer Sohn«. Prüfen Sie dann aber auch, inwieweit Ihr Vorgesetzter ein derartiges Verhaltensangebot annimmt und Sie gelegentlich wie ein braves oder rebellisches Kind behandelt. Wenn Sie etwas ändern wollen, dann kann das nur Ihr eigenes Verhalten sein. Als »Erwachsener« treten Sie sicher, fest und höflich auf. Sie konzentrieren sich so gut es geht auf die Sachfragen und vermeiden unterwürfiges oder rebellisches Verhalten in jeder Form.

Tapferkeit dem Vorgesetzten gegenüber: Das mit dem erwachsenengerechten Auftreten ist die eine Sache. Eng damit verbunden ist etwas, was unbedingt zum Führen von unten gehört: Zivil-Courage. Es braucht einfach etwas Mut, einen cholerischen Chef um ein klärendes Gespräch zu bitten, einem zudringlichen Chef höflich aber bestimmt die eigenen Grenzen aufzuzeigen oder einfach nur als junger Mitarbeiter in einer Besprechung eine abweichende Meinung zu äußern und diese trotz kritischer Blicke der anderen ruhig zu begründen.

Anregungen: Loten Sie im Gespräch mit Partnern und Freunden aus, was Sie eventuell daran hindert, Ihrem Chef gegenüber etwas mutiger aufzutreten. Wären die Folgen wirklich lebensgefährlich, würden Sie Ihren Job verlieren, müssten Sie mit ewiger Rache rechnen? Oder haben die Befürchtungen mit Ihnen persönlich zu tun? Fürchten Sie beispielsweise, von dem bewundert-gefürchteten Boss nicht mehr anerkannt zu werden? Üben Sie sich im selbstbewussten Auftreten: Dazu gehört eine stehende, aufrechte Körperhaltung mit offenem Blickkontakt, eine klare und laute Stimme.

Auch wenn der nun folgende Vorschlag bei einigen unserer Leserinnen und Leser vielleicht zunächst auf Ablehnung stoßen könnte: Üben Sie einen wichtigen Auftritt vor Ihrem Chef mit einem guten Freund. Spielen Sie die Situation ein- oder zweimal durch. Probieren Sie sich gezielt im selbstbewussten Auftreten und Argumentieren. Bitten Sie Ihren Freund um Rückmeldung. Führen Sie die Übung ein weiteres Mal durch. Achten Sie darauf, wie Sie bestimmter, sicherer und souveräner werden. Und seien Sie beruhigt, Sie gehören nicht zu den Ersten, die derartige Übungen durchführen: Viele Manager und jeder Showstar üben ihre Auftritte. Es hilft!

Akzeptieren Sie, dass Ihr Chef Ihr Chef ist: Ein Dilemma, in dem heutige Vorgesetzte stecken, besteht darin, dass sie zwar die Verantwortung für das Tun Ihrer Mitarbeiter tragen, diesen fachlich jedoch nicht mehr in allen Sachfragen gewachsen sind. In den meisten Abteilungen sitzen Spezialisten, die auf ihrem Gebiet Höchstleistungen bringen. Es sind die Chefs, die von ihnen abhängig sind. Und noch etwas: Der freie Zugang zu vielen Informationskanälen verhindert das in früheren Zeiten für einen Vorgesetzten so wichtige Informationsmonopol. Mit anderen Worten: Das Vorgesetztenleben ist härter geworden. Chefs müssen weit mehr als früher über Kommunikation, Vertrauen, Teamgestaltung oder Projektmanagement führen. Das will gelernt sein. Auf der anderen Seite bedeutet dies für Sie als Mitarbeiter, dass Sie Ihren »verunsicherten« Chef immer wieder in seiner Vorgesetztenrolle bestätigen müssen. Dies erfolgt durch Ihre guten Arbeitsergebnisse, die den Laden des Chefs am Laufen halten und nach außen signalisieren, dass bei ihm alles im grünen Bereich ist. Es geschieht aber auch, indem Sie Ihrem Chef Ihre Loyalität versichern, ihm nicht das Gefühl geben, dass Sie hinter seinem Rücken intrigieren oder schlecht über ihn bei Kollegen und anderen Vorgesetzten sprechen.

Anregungen: Prüfen Sie für sich, in welchem Ausmaß Sie die Vorgesetztenrolle Ihres Chefs akzeptieren, unterstützen oder mehr oder weniger offen unterminieren.
Die Vorgesetztenrolle Ihres Chefs akzeptieren bedeutet in keinem Fall, dass Sie seinen Ideen zustimmen, seine Entscheidungen für richtig halten oder gar seinen Führungsstil lieben sollen. In allen Punkten können Sie abweichende Ansichten vertreten. Überlegen Sie jedoch genau, in welcher Form Sie Ihre eigenen Standpunkte vorbringen, ohne gleich – bewusst oder unbewusst – am Stuhl Ihres Chefs zu sägen. Müssen beispielsweise alle Ihre Kritikpunkte in der gemeinsamen Abteilungsbesprechung behandelt werden oder ist hin und wieder nicht auch das Gespräch unter vier Augen sinnvoll? Gehen Sie in ein Gespräch mit »Also, das Projekt läuft total daneben, da klappt gar nichts. Da müssen Sie nun endlich mal etwas tun ...« oder beginnen Sie mit: »Herr ... ich möchte mich mit Ihnen über den Stand des Projektes ... unterhalten. Ich beobachte einige Dinge, die mir ausgezeichnet gefallen, die wir verstärken sollten. Gleichzeitig gibt es wichtige Punkte, die mir Sorgen bereiten und bei denen wir tätig werden sollten.«

Auch Chefs sind Menschen: Aber ja doch! Das wissen wir schon. Nur – einige wollen es sich nicht so ganz eingestehen. Dabei liegt es auf der Hand: Sie verkaufen einem Kunden am besten etwas, wenn die Beziehung stimmt. Und ebenso ist es mit Ihrem Chef: Sie führen ihn am besten, wenn Sie sich um eine möglichst stabile und positive Beziehung bemühen. Das bedeutet aber nicht, dass Sie schleimen und Ihrem Chef nach dem Mund reden sollen.

Anregungen: Bleiben Sie freundlich, wertschätzend, zeigen Sie Loyalität, versuchen Sie das Verhalten Ihres Chefs zu verstehen und zeigen Sie dies. Signalisieren Sie, dass Sie an einem intensiven, offenen Gedankenaustausch interessiert sind, informieren Sie Ihren Chef und bitten Sie um Informationen, diskutieren Sie Ihre abweichenden Ideen und bringen Sie diese so vor, dass Ihr Chef Ihnen zumindest zuhört.
Machen Sie etwas Ungewöhnliches: Loben Sie Ihren Chef auch einmal. Aber nur, wenn es wirklich etwas zu loben gibt und dies nicht an den Haaren herbeigezogen wirkt. Also: »Ach, Frau ... Danke nochmals für den Tipp in Sachen ... ich konnte dadurch erreichen ...«
Finden Sie Ihren ganz persönlichen Standpunkt zwischen »Nähe und Distanz« zu Ihrem Chef. Die einen mögen es etwas persönlicher, mit gemeinsamen Festen, dem Du und einem ausführlichen Austausch familiärer Einzelheiten, die anderen gehen etwas mehr auf Distanz, trennen deutlicher das private vom beruflichen Leben. Beide Wege sind geeignet, eine positive Beziehungsbrücke herzustellen, beide Wege passen perfekt in die unternehmensinterne Stil-und-Etikette-Fibel. Ihr Weg muss jedoch zu Ihnen passen, Sie müssen sich wohl fühlen und nicht das Gefühl haben, sich zu verbiegen.

Besser heute als morgen aktiv werden: der Fahrplan. Wenn es um Ihren Chef geht und darum, dass Sie etwas verändern wollen, notieren Sie sich einmal Ihre persönlichen Ziele. Worum geht es Ihnen und was wollen Sie erreichen. Machen Sie sich Notizen, diskutieren Sie diese mit Freunden und Partnern.

Sammeln Sie Situationen, in denen Sie aktiv werden können, beispielsweise: Besprechungen, Präsentationen, das Entwickeln und Kommunizieren von Verbesserungen oder neuen Ideen, das persönliche Gespräch. Nutzen Sie auf jeden Fall das jährlich stattfindende Mitarbeitergespräch, um wichtige Verbesserungen zu erreichen (siehe auch nächstes Kapitel). Entwickeln Sie einen Fahrplan:

- Wie soll der erste Schritt aussehen, wie der zweite?
- Was muss geschehen, damit Sie Erfolg haben?
- Worauf müssen Sie bei Ihrem Chef besonders achten?
- Was gilt es zu vermeiden, was besonders zu betonen?
- Wann soll es losgehen?

Fangen Sie an!

»Wenn ich mir das so in Ruhe durchlese, merke ich, dass ich ernsthaft daran interessiert sein muss, mich mit meinem Chef konstruktiv auseinander zu setzen. Und da bleibt es nicht bei einem kurzen Gespräch. Das ist so etwas wie ein kontinuierlicher Verbesserungsprozess, ein KVP also. Sie haben ja schon eine Menge unterschiedlicher Aktivitäten aufgelistet, durch die ich Einfluss gewinnen kann. Natürlich erst dann, wenn ich weiß, was ich will. Wobei mir auf der Liste oben noch das gelegentliche Feedback-Gespräch fehlt, das ich bei meinem Chef einfordern sollte, wenn mir etwas vollkommen gegen den Strich geht.«

»Richtig. Auch Sie sollten um ein Gespräch ersuchen, wenn Sie einen für Sie wichtigen Punkt ansprechen und klären wollen. Dazu bedienen Sie sich natürlich der kommunikativen Kompetenzen, die wir in den ersten Kapiteln des Buches vorgestellt haben. Und die Anregungen zum Thema Konfliktbewältigung ab Seite 245 kommen ebenso zum Zuge. Zusätzlich haben wir Ihnen hier eine kleine Checkliste erstellt, die Ihnen einen ersten Einstieg in Ihre Vorbereitung geben soll.«

Sie bitten Ihren Chef um ein Klärungsgespräch – einige Tipps

Wenn Sie mit Ihrem Chef über etwas sprechen wollen, was Sie geärgert hat, dann tun Sie dies nicht in dem Augenblick, indem Sie gerade »auf 180« sind. Schlafen Sie eine Nacht über den Vorfall und bereiten Sie sich vor.

Lassen Sie auf der anderen Seite nicht zu viel Zeit zwischen dem Vorfall und Ihrem Gespräch verstreichen, sonst kann sich Ihr Chef beim besten Willen nicht mehr an die Einzelheiten erinnern.

Bitten Sie Ihren Chef ausdrücklich um ein Gespräch unter vier Augen, in dem Sie ein für Sie wichtiges Thema ansprechen wollen. Deuten Sie an, um welches Thema es dabei geht.

Versuchen Sie, das Gespräch in einer angenehmen und ungestörten Atmosphäre stattfinden zu lassen, beispielsweise in einer Besprechungsecke oder an einem Stehtisch am Rande der Pausenzone ohne Beobachtung. Sie können Ihrem Vorgesetzten natürlich auch sein Heimspiel gönnen und das Gespräch in seinem Büro führen, wenn Sie sich dort sicher und unbefangen bewegen können.

Achten Sie darauf, ob Ihr Chef innerlich bereit für das Gespräch ist. Wenn Sie Anzeichen von massiven Störungen oder Termindruck wahrnehmen, verschieben Sie das Gespräch auf später. Aber bleiben Sie am Ball!

Versuchen Sie zu Beginn einen möglichst positiven Gesprächseinstieg zu finden, indem Sie beispielsweise kurz über einen kleinen Erfolg berichten, den Sie auch Ihrem Chef zu verdanken haben. Ein positiver Einstieg erleichtert das Zuhören.

Wenn Sie Ihrem Chef zu einer Begebenheit eine Rückmeldung geben, beginnen Sie mit einer möglichst exakten Beschreibung des Sachverhaltes, so wie Sie ihn wahrgenommen haben. Verzichten Sie dabei konsequent auf Bewertungen und Zuschreibungen. Also auf keinen Fall »Sie haben gestern ungerecht über ... geurteilt.« Oder »Meinen Vorschlag haben Sie abgebügelt und lächerlich gemacht ...« Stattdessen: »Zu meinem Vorschlag erinnere ich folgende Äußerung von Ihnen ...« Beschreiben Sie in einem zweiten Schritt, was diese Wahrnehmung bei Ihnen ausgelöst hat, welche Gefühle entstanden sind und warum Sie das so erlebt haben. Also auch hier nicht: »So kann man das nicht machen, das ist einfach unfair ...« Sondern: »Diese Beschreibung hat mich geärgert, weil ich seit zwei Wochen ... und ... und ...« In einem dritten Schritt sollten Sie die Wünsche formulieren, die Sie an Ihren Chef für das weitere Vorgehen haben. Bleiben Sie auch in diesem Schritt bei sich und vermeiden Sie Wertungen. Also nicht: »In Zukunft sollten Sie in Ihrer Position so etwas nicht mehr machen ...« sondern »Für die Zukunft wünsche ich mir, dass wir ...« Was bei diesem Feedback-Dreischritt anfangs gekünstelt und vielleicht etwas unnatürlich wirkt, verfolgt konsequent das Ziel, die eigene Position mit Beobachtungen und Auswirkungen auf den Punkt zu bringen, und dem anderen dabei zu verdeutlichen, was sein Verhalten bei Ihnen ausgelöst hat. Und dies nicht, um den anderen vorzuführen oder zu demütigen – sollten Sie diese Absicht haben, verzichten Sie auf Ihr Feedback, der andere wird diese Absicht heraushören und das Ganze wird nur noch schlimmer – sondern um Ihnen beiden die Chance zu geben, zukünftiges Verhalten zu modifizieren.

Scheuen Sie sich in dem Gespräch nicht, eigene Versäumnisse anzusprechen und offen zu legen.

Wenn sich im Laufe der Zeit sehr viel Unausgesprochenes angehäuft hat, hüten Sie sich davor, alles in ein Gespräch zu packen. Auch Chefs haben nur ein begrenztes Aufnahmevermögen für Feedback. Also sprechen Sie nur wenige Punkte, diese dafür gezielt an.

Beenden Sie Ihr Thema mit einer für beide Seiten verbindlichen Vereinbarung oder Maßnahme. Wie werden Sie in einer ähnlichen Situation vorgehen, was wollen Sie tun, was wünschen Sie sich von Ihrem Vorgesetzten? Schließen Sie das Gespräch positiv ab. Bedanken Sie sich dafür, dass sich Ihr Chef die Zeit genommen hat.

Lassen Sie sich nicht entmutigen, wenn Ihr Chef den Eindruck erwecken sollte, dass ihn das alles herzlich wenig interessiert. Zum einen erfahren Sie unter Umständen erst viel später, was Ihre Aussprache bewirkt hat und zum anderen können Sie stolz sein, wenn es Ihnen gelungen ist, ein problematisches Thema in einem fairen Feedback zu vermitteln. Einen starken Eindruck hinterlassen Sie in jedem Fall.

Führung von unten – wenn Sie wirklich in das Thema einsteigen wollen:

Petra Begemann: Den Chef im Griff – Strategien für den richtigen Umgang mit Vorgesetzten. Frankfurt a.M. 2004. Im Mittelpunkt stehen zehn schwierige Chef-Typen und Tipps, wie mit ihnen umzugehen ist.

Gabriele Stöger: Wie führe ich meinen Chef? Erfolgreiche Kommunikation von unten nach oben. München 2000. Das Leitmotiv: Es gibt mehr Menschen, die aufgeben, als Menschen, die scheitern. Ein aufmunterndes Buch mit Anleitungen zum Selbstbewusstsein-Tanken.

Regina Mahlmann: Dilemma Führung. Was tun, wenn Vorgesetzte in der Mitarbeiterführung dazwischenfunken? Weinheim und Basel 2003. Eine Einführung in die Kompetenzen, die Mitarbeitern zu mehr sozialer Souveränität gegenüber Vorgesetzten verhelfen können.

Auf keinen Fall versäumen! Das Mitarbeitergespräch aus Sicht des Mitarbeiters

In vielen Unternehmen wird das Mitarbeitergespräch – gelegentlich auch Zielvereinbarungs- oder Mitarbeiterentwicklungsgespräch genannt – regelmäßig einmal im Jahr durchgeführt. Bis zu drei Stunden kann ein solches Vier-Augen-Gespräch dauern, in dem über das zurückliegende Jahr, die Leistungen des Mitarbeiters, der Grad der Zielerreichung sowie über neue Ziele und Entwicklungsmöglichkeiten gesprochen wird. Je nach Unternehmen können Gehaltsgespräche und ein Feedback des Mitarbeiters an den Chef Bestandteil der Besprechung sein.

Bei Unternehmen, in dem mit diesem »Führungsinstrument« gearbeitet wird, ist das Mitarbeitergespräch Pflicht für alle Vorgesetzten. Häufig werden die zu behandelnden Inhalte von der Personalabteilung vorgegeben und es wird ein Protokoll über die Ergebnisse geführt, das von beiden Gesprächspartnern unterschrieben wird. Führungskräfte werden außerdem entsprechend geschult und erhalten beispielsweise Tipps, wie sie mit kritischen Mitarbeitern umgehen können.

Die Praxis

So weit so gut. Ein solches Mitarbeitergespräch, sorgfältig vorbereitet und offen und fair durchgeführt, ist uneingeschränkt eine sinnvolle und lohnende Angelegenheit, sowohl für den Vorgesetzten als auch für den Mitarbeiter. Wenn nicht, ja, wenn nicht die leidige Praxis wäre!

Die Führungskräfte: Sie nehmen sich nicht immer die Zeit, sich sorgfältig vorzubereiten, der Termin wird auf den letzten Drücker angesetzt. Die Ziele für den Mitarbeiter werden allgemein und unscharf formuliert, die Leistungsbeurteilung erfolgt oberflächlich und über die Weiterentwicklung der Mitarbeiter hat man schon gar nicht intensiver nachgedacht, hilflos heißt es dann: »Was halten Sie von einem Seminar zur Einwandbehandlung in Verkaufsgesprächen?« Noch etwas kommt hinzu: Viele Chefs fürchten diese Gespräche, fürchten kritisch auftretende und Forderungen stellende Mitarbeiter. Auch das ein Grund, warum sich so mancher sonst ruppige Vorgesetzte plötzlich auffallend entgegenkommend verhält und die Sache möglichst schnell hinter sich bringen möchte.

Die Mitarbeiter: Allzu häufig nur passen sie sich ihren Chefs auf eigentümliche Weise an. Auch sie bereiten sich selten vor, überlegen sich vielleicht noch ihren Gehaltswunsch für das nächste Jahr, das ist es dann aber schon. Dann sitzen sie mit devoter Untergebenen-Miene im Chefzimmer und verstricken sich in Allgemeinplätze, wenn der Vorgesetzte die in einem Seminar gelernte Eingangsfrage stellt: »So, jetzt erzählen Sie doch mal, wie ist denn das letzte Jahr für Sie gelaufen?«

Ein bescheidener Vorschlag

So muss es natürlich nicht sein! Wir meinen: Auch wenn es Ihr Chef ist, der im Führen von Mitarbeitergesprächen ausgebildet wurde und selbst wenn ein solches Gespräch weithin als Führungsinstrument nur *für Vorgesetzte* gesehen wird, machen Sie das Mitarbeitergespräch zu Ihrem ureigensten Mitgestaltungsinstrument. Nutzen Sie die große Chance, wenigstens einmal im Jahr ein ausführliches Personalgespräch in eigener Sache führen zu können, auf das Sie sich mindestens genauso sorgfältig vorbereiten werden wie Ihr Chef. Auch das ist Teil der Aktion »Führen von unten«!

Was Sie davon haben? Ihnen bietet sich die Chance, über Ihre Ziele, Aufgaben, Arbeitsbedingungen, Weiterentwicklungsmöglichkeiten, über das Arbeitsklima und möglicherweise das Gehalt mitzubestimmen. Der Mitgestaltungsspielraum ist natürlich von Unternehmen zu Unternehmen und von Abteilung zu Abteilung unterschiedlich, immer jedoch ist er vorhanden – und es liegt mit an Ihnen, was Sie daraus machen.

Bereiten Sie Ihr Mitarbeitergespräch sorgfältig vor

Der Zeitpunkt: Im Normalfall werden Mitarbeitergespräche einige Tage vorher angekündigt. Damit haben Sie ausreichend Zeit für eine sorgfältige Vorbereitung.

Der Ort: Wenn es irgendwie geht, bitten Sie darum, dass das Gespräch nicht am Schreibtisch des Chefs stattfindet, an dem Sie möglicherweise an unangenehme Situationen erinnert werden. Die Sitzecke im Chefzimmer ist angemessen, besser ist ein ruhiges Besprechungszimmer.

Der Leitfaden: In einigen Unternehmen gibt es für Vorgesetzte einen Leitfaden, auf dem die Gesprächsthemen aufgeführt sind. Die Personalabteilung macht Ihnen davon gerne eine Kopie. Jetzt wissen Sie, worauf Sie sich unbedingt vorbereiten müssen.

Die Themen: Folgende Themen werden üblicherweise in einem Mitarbeitergespräch behandelt. Wir empfehlen Ihnen, sich zu allen diesen Themen und Fragen in Ruhe und am besten zusammen mit einer guten Freundin oder einem guten Freund Gedanken zu machen und diese schriftlich festzuhalten.

- **Aufgaben- und Verantwortungsbereich im letzten Jahr:** Wie sah mein Aufgaben- und Verantwortungsbereich im letzten Jahr aus? Welche Tätigkeiten habe ich durchgeführt? Welche Ziele waren für das letzte Jahr vereinbart?
- **Die Arbeitsergebnisse:** Welche Arbeitsergebnisse habe ich im letzten Jahr erzielt? Welche der vereinbarten Ziele habe ich erreicht? Welche Ziele habe ich nicht erreicht und warum nicht? Welche Ziele sind im Laufe des Jahres hinzugekommen und in welchem Ausmaß wurden diese erreicht?
- **Erfolge – Misserfolge:** Auf welche Erfolge des letzten Jahres bin ich stolz und warum? Welchen besonderen Nutzen für die Abteilung, das Unternehmen oder die Kunden haben diese Erfolge gebracht? Welche Misserfolge habe ich im letzten Jahr erlebt? Wie konnte es dazu kommen und was habe ich daraus gelernt oder schon konkret verändert?
- **Das persönliche Leistungsprofil:** Wie sieht meine aktuelle Leistungsfähigkeit aus? Wo liegen meine persönlichen Stärken, was

macht mich leistungsstark? Wo besteht bei mir noch Verbesserungsbedarf, welche Potenziale sollten noch entwickelt werden?

- **Zufriedenheit und Unzufriedenheit mit der Aufgabe:** Womit in meiner Tätigkeit bin ich sehr zufrieden? Womit bin ich weniger zufrieden und was möchte ich verändern?
- **Das kommende Jahr:** Wo möchte ich künftige Schwerpunkte in meiner Arbeit setzen? Welche konkreten, messbaren Ziele möchte ich im kommenden Jahr erreichen? Welche Verbesserungen möchte ich realisieren? Welche Karriereschritte möchte ich im nächsten Jahr unternehmen?
- **Ihre berufliche Weiterentwicklung:** Wie möchte ich mich im kommenden Jahr beruflich weiterentwickeln? Welchen Nutzen hat das Unternehmen, haben die Kunden von meiner beruflichen Weiterentwicklung? Welche Unterstützung für diese Weiterentwicklung wünsche ich mir (beispielsweise Seminare, Freistellung, Kostenübernahme, regelmäßige Gespräche mit dem Chef, Übernahme neuer Tätigkeiten)?

Das Vorgesetzten-Feedback: Besonders vorbereiten sollten Sie sich auf das Vorgesetzten-Feedback, das sich Ihr Chef möglicherweise wünscht oder laut Vorlage von Ihnen abfragen soll: »Nun sagen Sie mal, wie zufrieden sind Sie denn so alles in allem mit mir, Ihrem Chef?« Unsere Empfehlung: Denken Sie an Ihr Ziel, daran, dass Sie in diesem Gespräch Ihre Arbeitssituation verbessern, weiterentwickeln oder grundlegend verändern wollen. Das Chef-Feedback ist dabei ein Seitenthema. Wir empfehlen Ihnen jedoch, ehrlich und höflich zu bleiben und mit dem Interesse an einer langfristigen und konstruktiven Zusammenarbeit zu argumentieren. Sie können dazu den auf Seite 179 schon vorgestellten Dreischritt von konkretem Anlass, Auswirkungen auf Sie persönlich und Verhaltenswunsch für die weitere Zusammenarbeit nutzen: »In der letzten Projektleiterbesprechung hatten Sie als Veränderung ... vorgegeben. Mir hat das besonders viel Druck gemacht, weil ... Ich fände es gut, wenn wir in einer ähnlichen Situation ...« Aber auch: »Sie erinnern sich, dass ich mit dem Problem ... zu Ihnen kam. Sie hatten, obwohl Sie keine Zeit hatten und selbst unter Druck standen, gleich in der Abteilung ... und beim Lieferanten ... durchgesetzt, dass ... Mir hat das kolossal geholfen. Denn so war es möglich ...« Bereiten Sie jeweils mehrere Situationen vor, die Sie als weniger hilfreich aber auch als erfolgreich erlebt haben. Sie sollten bei Ihrem positiven Feedback genauso differenziert argumentieren können, wie bei den Situationen, die Sie kritisieren wollen, eine Kunst, die gelernt und eingeübt sein will.

Fragen nach Kollegen: Überlegen Sie sich angemessene Antworten auf mögliche Fragen zur Abteilung oder zu anderen Kollegen, wie beispielsweise:

- Wie bewerten Sie die Stimmung in unserer Abteilung?
- Wie gut klappt die Kommunikation im Team, wo gibt es Probleme?
- Wie haben sich Ihrer Meinung nach die Neuen eingearbeitet?

Die Gesprächseröffnung: Ihr Chef wird das Gespräch höchstwahrscheinlich mit einer offenen und sehr allgemein formulierten Frage beginnen. Das macht ihm den Einstieg in das Gespräch leichter, er kann auf unterschiedliche Aussagen von Ihnen reagieren und dann seine Themen nach und nach abarbeiten. Wenn Sie sich auf solch einen Einstieg vorbereiten, haben Sie die Möglichkeit, mit einer positiven Lagebeschreibung ein konstruktives Gesprächsklima zu eröffnen. Mögliche Eingangsfragen Ihres Chefs könnten sein:

- »Sie sind jetzt ja schon einige Monate bei uns. Jetzt erzählen Sie einmal, wie erleben Sie den Haufen hier denn so?«
- »Wie beurteilen Sie das letzte Jahr aus Ihrer Sicht?«
- »Wir alle haben ja ein sehr turbulentes und nicht immer erfreuliches Jahr hinter uns, in dem wir massive Umsatzeinbußen in Kauf nehmen mussten. Lassen Sie uns einmal über Ihre Zeit und Leistungen sprechen. Wie sehen Sie die Lage so für sich?«

Das Gehalt: Was wir an dieser Stelle nur kurz anreißen können: Ihre Gehaltsvorstellungen. Auch darauf sollten Sie sich vorbereiten. Informieren Sie sich über das Gehaltsniveau bei vergleichbaren Tätigkeiten. Überlegen Sie sich einen festen Betrag, den Sie ohne rot zu werden nennen können. Überlegen Sie sich stichhaltige Argumente für die gewünschte Gehaltssteigerung. Begründen Sie Ihren Gehaltswunsch mit Ihren gesteigerten Leistungen, dem zusätzlichen Nutzen für die Kunden, für das Unternehmen. Versetzen Sie sich in die Lage Ihres Chefs und überlegen Sie sich, warum dieser für Sie mehr Geld ausgeben sollte: Haben Sie Kosten gespart, Umsätze oder Gewinne gesteigert, Prozesse verändert, Neuerungen eingeführt oder das Unternehmen sonst wie vorangebracht? Weitere Anregungen zu diesem Thema finden Sie in der Literatur sowie in unserem Kapitel über Verhandlungstechniken.

Lilo Schmitz/Birgit Billen: Mitarbeitergespräche. Lösungsorientiert. München 2003. Tipps für die Vorbereitung und Durchführung von Mitarbeiter- und Zielvereinbarungsgesprächen, bei denen es um die Förderung von Mitarbeitern geht.

Rolf Busch: Mitarbeitergespräch, Führungskräftefeedback. Mering 2002. Mit vielen Beispielen aus unterschiedlichen Bereichen von Wirtschaft und öffentlichem Sektor.

Marco de Micheli: Leitfaden für erfolgreiche Mitarbeitergespräche und Mitarbeiterbeurteilungen (mit CD-ROM). Zürich 2004. Ein nicht ganz so preisgünstiges, dafür ausgesprochen ausführliches und differenziertes Buch mit Beispielen für unterschiedliche Mitarbeitergespräche.

Jürgen Hesse und Hans Christian Schrader. Mehr Geld durch erfolgreiche Gehaltsverhandlungen. Frankfurt a.M. 1999. Tipps für ein ungeliebtes Gespräch – über den Erfolg entscheiden Sie (mit).

Und für diejenigen, die sich auf ihr erstes Gespräche als Chef oder Chefin vorbereiten wollen, eignen sich folgende Bücher:

Helmut Hofbauer/Brigitte Winkler: Das Mitarbeitergespräch als Führungsinstrument. München 2004. Ein Praxishandbuch für Führungskräfte, die ihre Gespräche gezielt vorbereiten wollen. Ebenfalls enthalten ein Kapitel über »Schwierige Mitarbeitergespräche«.

Klaus Lurse/Anton Stockhausen: Manager und Mitarbeiter brauchen Ziele – Führen mit Zielvereinbarungen und variabler Vergütung. Neuwied und Kriftel 2001. Ein sehr systematisch aufgebautes Buch, das auch den häufig unterbelichteten Teil der variablen Vergütung pragmatisch berücksichtigt.

Führung von oben – am Beispiel einer Führungsleitlinie

»Und jetzt noch etwas Führungslehre.«

»Warum denn das?«

»Wir können nicht ausschließen, dass auch Sie selbst über kurz oder lang eine kleine Abteilung mit Ihnen unterstellten Mitarbeitern zu führen haben. Da hilft es, sich frühzeitig mit dem Thema zu beschäftigen.«

»Nun bilden die meisten Kapitel in diesem Buch sicherlich schon eine solide Grundausbildung für den Fall, dass ich einmal Mitarbeiter führen werde. Was das eigentliche Thema ›Führung‹ angeht, ist dafür der Platz hier nicht zu knapp bemessen?«

»Da liegen Sie vollkommen richtig. Über Führung wird eine Unmenge geschrieben. Jeder Guru auf diesem Gebiet legt seinen Schwerpunkt auf einen anderen Themenbereich. Das macht die Suche nach der einzigen Führungswahrheit nicht leicht. Aber darum geht es auch gar nicht, denn schließlich müssen Sie selbst Ihren ureigenen Führungsstil und Ihre persönliche Vorstellung von gelingender Führung entwickeln. Bücher, Seminare und ein Führungscoaching können da nur Anregungen geben. Deshalb möchten wir an dieser Stelle auf theoretische Vollständigkeit verzichten und sehr praxisnah vorgehen: Ich habe hier ›acht Leitlinien für Vorgesetzte‹, wie sie ein global operierendes Unternehmen für seine Führungskräfte in Deutschland formuliert hat. Anhand dieses Beispiels möchte ich mit Ihnen diskutieren, was auf Sie als Vorgesetzter so zukommen kann. Eine erste Bemerkung gleich zu Anfang: Die Leitlinien sind in der ersten Person Singular, also in der Ich-Form formuliert. Sie sollen den Leser also direkt ansprechen und zum Umsetzen auffordern.«

Leitlinie 1: Als Führungskraft habe ich eine besondere Verantwortung und bin bestrebt, in Bezug auf mein Führungsverhalten und meinen Beitrag zum Erfolg unseres Unternehmens, jederzeit Vorbild für Mitarbeiterinnen und Mitarbeiter zu sein.

»Wenn ich an die Vorbilder denke, die mir bisher im Berufsleben begegnet sind, so waren das alles integere, ehrliche und absolut verlässliche Leute. Und sie waren mutig. Sie haben sich für die Arbeit und ihre Mitarbeiter eingesetzt, haben auch unbequeme Dinge offen angesprochen und da, wo sie es für absolut notwendig hielten, einen Konflikt nicht gescheut. Man konnte sich auf sie wirklich verlassen.«

»Diese Erfahrung habe ich ebenfalls schon gemacht. In dieser Leitlinie geht es darüber hinaus noch darum, dass die Führungskraft in ihrem Beitrag zum Erfolg des Unternehmens ebenfalls vorbildlich ist, sich also intensiv um die eigene Leistung und die Leistung der Mitarbeiter kümmern soll, damit natürlich auch der Unternehmenserfolg gesichert wird. Wie so etwas aussehen kann, werden wir Ihnen anhand eines einfachen Modells im folgenden Kapitel vorstellen.«

Leitlinie 2: Durch mein Verhalten fördere ich Arbeitsbeziehungen, die durch Teamwork, Partnerschaft, Respekt und gegenseitige Wertschätzung geprägt sind. Jede Mitarbeiterin und jeder Mitarbeiter wird als Individuum mit Ideen und persönlichen Eigenschaften respektiert.

»Etwas, was bei Umfragen immer wieder von Vorgesetzten erwartet wird: Mitarbeiter wollen mit Wertschätzung behandelt werden. Das hat nichts mit ›Friede, Freude, Eierkuchen‹, ›Warmduscherei‹ oder gar Nachgiebigkeit zu tun. Auch in einem harten Geschäftsklima kann sich ein Vorgesetzter wertschätzend gegenüber seinen Mitarbeitern verhalten.«

»Lässt sich Wertschätzung lernen?«

»Ja, indem Sie kritisch Ihr eigenes Verhalten hinterfragen, sich Rückmeldungen zu Ihrer Art mit Menschen umzugehen einholen und das Maß an Aufmerksamkeit und Respekt anderen Menschen gegenüber einfach verdoppeln. Leichter gesagt als getan, ich weiß. Aber Sie können täglich üben: Fangen Sie im Autoverkehr an, setzen Sie

Ihre Übungen in der Familie fort und machen dann mit Ihrem Bekanntenkreis weiter. Überall lauern Chancen, das Miteinanderumgehen und dessen Ergebnisse zu verbessern.«

»Da bleibe ich ja mit meinen eigenen Interessen völlig auf der Strecke?!«

»Im Gegenteil! Je mehr Wertschätzung Sie anderen Menschen gegenüber zeigen, desto schneller kommen Sie über die Autobahn, desto angenehmer ist der Umgang mit Behörden und Kunden und desto einfacher werden Sie Ihre eigenen Interessen durchsetzen. Es ist ein weit verbreiteter Denkfehler anzunehmen, dass wertschätzend auftretende Menschen weniger durchsetzungsfähig und umsetzungsfreudig sind. Ganz persönlich glaube ich sogar, dass das Gegenteil der Fall ist.«

»In der Leitlinie ist auch noch von Teamwork die Rede. Wie mache ich das denn so ganz konkret?«

»Nur ein paar Ideen und Anregungen dazu: Machen Sie Ihren Mitarbeitern immer wieder bewusst, dass bestimmte Aufgaben nur im Zusammenspiel der unterschiedlichen Fähigkeiten und Kompetenzen in der Gruppe zu leisten sind. Führen Sie Teambesprechungen und Arbeitssitzungen durch, in denen erlebbar wird, dass die gemeinsame (Denk-)Arbeit qualitativ besser ist als das Vor-sich-hin-Denken Einzelner. Setzen Sie Ziele für das gesamte Team und sorgen Sie dafür, dass das Erreichen der Teamziele mit positiven Konsequenzen verbunden ist. Wenn Sie nur individuelle Leistungen belohnen, werden die Vorzüge von Teams in Vergessenheit geraten.«

Leitlinie 3: Ich fördere eine Arbeitsatmosphäre, die durch Vertrauen, Aufrichtigkeit und Offenheit geprägt ist. Kritik wird offen und sachlich geübt. Persönliche Konflikte werden fair in einem persönlichen Gespräch geklärt.

»Natürlich müssen Sie auch heute noch als Vorgesetzter selbst über eigene Fachkompetenzen verfügen. Sie sollten ein solides Grundwissen über Ihr Geschäft und dessen Zusammenhänge haben. Nur – an das Maß an Spezialwissen Ihrer Leute kommen Sie häufig nicht mehr heran. Im schlimmsten Fall sind Sie denen hilflos ausgeliefert, im guten Fall ist die Arbeitsatmosphäre von Aufrichtigkeit und Offenheit geprägt, sodass sich das Spezialwissen Ihrer Mitarbeiter und Ihre Managementkompetenzen zu einer schlagkräftigen Einheit verbinden.

Dazu gehört auch Ihr offenes Ohr für jegliche Verbesserungen. Ich bewundere Vorgesetzte, für die Kritik von Mitarbeitern eine wertvolle Quelle für Verbesserungen darstellt. Sie hören auf allen vier Ohren in dem von uns auf Seite 17 vorgestellten Modell. Was die Konfliktfähigkeit angeht, dazu haben wir in diesem Buch sechs eigene Kapitel vorbereitet.«

Leitlinie 4: Ich gebe meinen Mitarbeiterinnen und Mitarbeitern ein offenes, ehrliches und faires Feedback zu ihren Leistungen und fördere sie entsprechend ihren Möglichkeiten gezielt durch individuelles Coaching, Training und regelmäßige Entwicklungsgespräche.

»Auf Seite 36 gehen wir ausdrücklich auf das Thema Rückmeldungen ein. Dennoch kann man nicht oft genug darauf hinweisen: Vorgesetzte, die ihre Mitarbeiter regelmäßig im Unklaren darüber lassen, wo sie leistungsmäßig stehen, richten Schaden an. Denn ein jeder Mitarbeiter entwickelt über Jahre hinweg sein eigenes Rückmeldesystem und bewertet seine eigene Leistung. Ob diese Bewertung jedoch mit der des Unternehmens oder gar der Kunden übereinstimmt, darf gelegentlich bezweifelt werden! Und dann geht es da ja noch um das Fördern.

Der Hintergrund: In jedem Menschen stecken vielfältige Entwicklungspotenziale, die allzu häufig acht Stunden am Tag schlummern und dann ab 17 Uhr zu einem regen Leben erwachen. Warum diese Potenziale nicht für die Arbeit nutzen? Die meisten Menschen blühen auf, wenn sie ihre Stärken ausleben können. Und das Unternehmen profitiert davon. Klingt einfach, ist es jedoch nicht. Vorgesetzte müssen jedoch erst einmal die Potenziale ihrer Leute erkennen und mit diesen diskutieren. Dann brauchen sie Vorstellungen davon, wie so eine Förderung aussehen kann. Spannende Tätigkeiten im Rahmen des bestehenden Jobs beispielsweise müssen erst einmal organisiert werden. Vor allem, wenn es hinten und vorne brennt und Sie Ihre gute Frau oder Ihren guten Mann auf keinen Fall verlieren möchten. Und von Bezahlung habe ich noch gar nicht gesprochen. Dennoch, es geht. Vor allem große Unternehmen widmen der Mitarbeiterförderung zunehmend Raum und machen sie zur Aufgabe der direkten Vorgesetzten.«

»Haben Sie mal ein Beispiel dafür?«

»In einer Abteilung, für die ich gearbeitet habe, hat die Chefin einem gewieften Spezialisten die Einarbeitung und Betreuung zweier neuer Kollegen übertragen und dafür Zeit zur Verfügung gestellt. Im gleichen Unternehmen hat man einer Organisationskraft, die für sich ein nahezu perfektes Ablagesystem entwickelt hat, die Gelegenheit gegeben, dieses System anderen Kolleginnen und Kollegen in einer Schulung zu vermitteln. Mit etwas Lampenfieber zwar, aber voller Stolz. In beiden Fällen kam diese Art der Mitarbeiterförderung ausgesprochen gut an.«

Leitlinie 5: In regelmäßigen Besprechungen informiere ich meine Mitarbeiterinnen und Mitarbeiter über aktuelle Themen und Entwicklungen im Unternehmen und in unserem Arbeitsbereich und gebe ihnen die Möglichkeit, sich auszutauschen.

»Das finde ich gut: Information. Davon hätte ich gerne etwas mehr bei uns! Das sollte man zur Pflicht eines jeden Chefs machen!«

»Was Sie hier ausdrücken, finden Sie in unzähligen Mitarbeiterbefragungen: Viele Mitarbeiter geben an, nicht ausreichend informiert zu werden. So gesehen kann man dieser Leitlinie mit vollem Herzen zustimmen. Ein kleines ›Aber‹ sei mir jedoch erlaubt: Viele Vorgesetzte, die sich um eine aktive Informationspolitik bemühen, sei es in Sitzungen, durch Rundschreiben, E-Mails, Aushänge oder die Einladung zu Betriebs- und Informationsversammlungen, erleben, dass sich so mancher Mitarbeiter für diese Aktionen gar nicht interessiert. Was ihn jedoch nicht davon abhält, in der nächsten Befragung wieder über mangelnde Informationen zu klagen.«

»Was dann sicherlich auch eine Frage der Aufbereitung der Informationen ist! Bei uns wird manchmal jeder Unsinn in endlosen Mails herumgeschickt.«

»Da haben Sie Recht. Wahrscheinlich empfehlen unsere Leitlinien deshalb die direkte Kommunikation in regelmäßigen Besprechungen.«

Leitlinie 6: Ich informiere meine Mitarbeiter ausführlich über die Ziele des Unternehmens und unseres Teams im Besonderen und vermittle ein klares Verständnis von unseren Aufgaben, die wir als Team gemeinsam umsetzen müssen. Arbeitsanweisungen formuliere ich klar und verständlich.

»Führung durch Ziele« ist ein unerschöpfliches Thema. Dazu gibt es ausreichend Literatur. Was die Arbeitsanweisungen angeht, so empfehlen wir, das Kapitel »Andere anweisen« (s. S. 40) ruhig ein zweites Mal zu lesen, sicher unverzichtbares Handwerkszeug auf dem Weg zur Führungskraft!

Leitlinie 7: Ich ermutige meine Mitarbeiterinnen und Mitarbeiter, ihre Aufgaben und Entscheidungskompetenzen selbstständig wahr zu nehmen.

»Richtig delegieren, auch das fehlt in keiner Führungsliteratur. Es ist klar, dass es dabei nicht nur um ein ›mach mal‹ gehen kann. Als Führungskraft müssen Sie deutlich kommunizieren, welche Entscheidungsbefugnisse jeder einzelne Mitarbeiter hat. Dabei spielt natürlich die Erfahrung und Motivation der Kollegen eine Rolle. Für unerfahrene und neue Mitarbeiter erstellen Sie einen Einarbeitungsplan. Was das Thema manchmal heikel werden lässt: Viele Vorgesetzte wollen nicht abgeben. Sie können nicht loslassen, haben vielleicht Angst, Macht zu verlieren, trauen ihren Untergebenen nicht viel zu, befürchten gar den Untergang der Abteilung, wenn sie nur einige Tage nicht anwesend sind. Delegieren will gelernt sein. Das ist für manche junge Führungskraft, die bisher immer alles alleine gemacht hat, nicht immer leicht. Ein Training kann da helfen, wirkungsvoller sind einige intensive Stunden mit einem Coach, einem persönlichen Berater, mit dem man offen das Loslassen, die damit verbundenen Befürchtungen und das konkrete Vorgehen besprechen kann.«

Leitlinie 8: Ich motiviere meine Mitarbeiterinnen und Mitarbeiter stetig dazu, Prozesse in ihrem Arbeitsbereich kritisch zu hinterfragen und ihre Ideen für Prozessverbesserungen einzubringen.

»Diese Leitlinie scheint mir eine direkte Antwort auf die berühmten drei Lebensweisheiten altgedienter Mitarbeiter zu sein: ›Das haben wir schon immer so gemacht! Das geht nicht anders! Wo sind wir denn hier!‹ Mitarbeiter sollen verstehen, welche Ziele sie durch ihre Arbeit erreichen sollen und wieso sie ihre Arbeit in einer bestimmten Art und Weise erledigen. Nur dann sind sie auch in der Lage, Verbesserungen

anzuregen. Durch die Konzentration auf Ziele relativiert sich die Bedeutung des bisherigen Vorgehens: was gestern sehr gut war, kann heute durch eine neue Idee deutlich verbessert werden.«

»Die sie natürlich nur dann machen, wenn sich diese nicht zu ihrem Nachteil auswirken!«

»Womit wir wieder bei den Leitlinien eins bis sieben wären. Aber nicht nur! Sie sprechen einen Punkt an, den wir an dieser Stelle nur streifen können: All diese Führungsleitlinien werden sich schwer umsetzen lassen, wenn das Unternehmen ein besserer Sklavenbetrieb ist, in dem miserabel bezahlt wird, die Arbeitszustände katastrophal sind und jeder ständig Angst vor einer betriebsbedingten Kündigung haben muss. Wer von den Mitarbeitern und von den Führungskräften Vertrauen einfordern will, muss es als Unternehmen vorleben. Also auch ein Unternehmen kann integer, aufrichtig und fair sein. Die hier vorgestellten Führungsleitlinien bilden einen Versuch, eine derartige Unternehmenskultur über die Führung in den Alltag zu transportieren. Leicht ist es nicht.«

»Noch etwas: Wenn ich diese Leitlinien nun vollständig umsetze, bin ich dann eine gute Führungskraft?«

»Vorsichtig gesagt: Sie sind auf dem Weg, vieles richtig und richtig gut zu machen. Denn Leitlinien sollen Sie anleiten und dabei unterstützen, Ihren eigenen Weg zu finden. Je offener und selbstkritischer Sie Ihr Führungsverhalten beleuchten, desto mehr zusätzliche Kompetenzen werden für Sie wichtig sein.

So werden Sie Ihre Methodenkompetenz erweitern: Sie werden den Nutzen einer guten Moderationsausbildung, einer kompetenten Besprechungsleitung, einer überzeugenden Präsentation und natürlich eines professionellen Projektmanagements schätzen lernen.

Unverzichtbar wird Ihr Selbstmanagement: Wie organisieren Sie Ihre Arbeitszeit, wie bewältigen Sie Informationen, was wird in Zukunft wichtig, worauf können Sie verzichten?

Zunehmend werden für Sie auch so etwas wie politische und strategische Kompetenzen wichtig: Sie werden die aktuellen und zukünftigen Aufgaben Ihrer Abteilung überdenken und weiterentwickeln und dabei natürlich die Rolle Ihrer Mitarbeiter nicht aus den Augen verlieren.

Vielleicht noch ein Letztes: Wenn Sie als Führungskraft wirklich gut werden, dann stellen Sie nicht nur eine integere, begeisterungsfähige und an den Menschen interessierte Persönlichkeit dar, dann werden Sie zusätzlich noch so etwas wie ein Leistungsmanager. Dahinter verbirgt sich jemand, der sich um funktionierende Leistungssysteme am Arbeitsplatz kümmert. Darum soll es im nächsten Kapitel gehen.«

Heike M. Cobaugh/Susanne Schwerdtfeger: Gerade befördert – und jetzt? Führungsfallen schnell erkennen und gezielt überwinden. Weinheim und Basel 2004. Eine Einführung in die ersten Wochen als Führungskraft.

Margot Morrell/Stephanie Capparell: Shackletons Führungskunst – Was Manager von dem großen Polarforscher lernen können. Frankfurt a.M. 2002. Anschaulich und spannend geschrieben: Von Führungskräften lernen, die nie ein Führungsseminar besucht haben – es lohnt sich.

Roland Jäger: Kompetent führen in Zeiten des Wandels – Führungsinstrumente für die tägliche Praxis. Weinheim und Basel 2004. Hier geht es um Führungsstile, die Rolle der Führungskraft sowie um Methoden, Techniken, Verhaltensweisen und Hilfsmittel. Ein kurzweiliger Einstieg in das Themengebiet.

Bernd Wildenmann: Die Faszination des Ziels. Neuwied und Kriftel 2001. Ein einfach geschriebenes und leicht zu lesendes Buch mit vielen Anregungen für Führungskräfte, die über das Führen mit Zielen nachdenken wollen.

Gerhard von Tippelskirch: Arbeitsrecht gezielt umsetzen – Musterverträge und zahlreiche Beispiele aus der Praxis. Weinheim und Basel 2004. Für junge Chefinnen und Chefs: Das Buch zeigt, was im Umgang mit Mitarbeitern rechtlich möglich, praktisch machbar und vernünftig ist.

Führung von oben – ein wenig Leistungsmanagement

»Leistungsmanagement? Reichen mir als zukünftige Führungskraft nicht die gerade diskutierten Führungsleitlinien?«

»Zunächst: Ob und wann Sie Führungskraft werden, darüber sollten Sie sich mit Ihren Vorgesetzten vielleicht im nächsten Mitarbeitergespräch auseinander setzen. Ich unterstütze Sie da gerne. Jetzt zum Kern Ihrer Frage: Für uns bildet Leistungsmanagement eine notwendige Ergänzung zu den hier vorgestellten Führungsleitlinien. Und für die einzelne Führungskraft stellt die Beschäftigung mit Leistungsmanagement eine nicht zu unterschätzende Kompetenzerweiterung dar. Führungsleitlinien, wie wir sie hier besprochen haben, sehen Führung schwerpunktmäßig als eine Vielzahl von kommunikativen Fähigkeiten, Fertigkeiten und Instrumenten. Instrumente, die ein Vorgesetzter einsetzt, um Mitarbeiter dabei zu unterstützen, ordentliche Leistungen zu erbringen. Führung hat in dieser Vorstellung sehr viel mit der Kommunikation zwischen Vorgesetzten und ihren Mitarbeitern zu tun.«

»Das entspricht auch meiner Vorstellung: Führung heißt quatschen!«

»Von mir aus. Nun kann sich ein Vorgesetzter darüber hinaus einmal in sein stilles Kämmerlein zurückziehen und überlegen, ob er denn mit der Leistung seiner Leute zufrieden ist. Weiter kann er überlegen, woran es liegt, dass er mit so manchen Ergebnissen nicht zufrieden ist.«

»Klar, wenn die Kollegen nicht wollen, dann passieren Fehler und die Kunden bekommen die berühmte Montagsware!«

»Und wenn er sich mit der Allerweltsantwort, dass nämlich die Mitarbeiter nicht wollen wie sie sollen, nicht zufrieden geben will, weil diese Antwort in der Regel auch nicht richtig ist, dann ist er auf einer neuen, einer richtig spannenden Spur! Wenn unser Vorgesetzter also an

den wirklichen Gründen für mangelhafte Leistungen interessiert ist, dann wird er sich systematisch mit all den Faktoren beschäftigen, die Einfluss auf die Mitarbeiterleistung haben.

»Und wie geht er dann vor – in seinem stillen Kämmerlein?«

»Er schaut sich den Arbeitsplatz seines Mitarbeiters an, aus der Beobachterperspektive sozusagen. Mit der Hilfe eines kleinen Modells überlegt er Schritt für Schritt, was da eigentlich genau geschieht, wenn der Mitarbeiter etwas produziert oder eine Akte bearbeitet. Wir wollen hier einmal so vorgehen, dass wir dieses Modell entwickeln und knapp erklären, worauf es vor allem ankommt. Insgesamt wollen wir sieben Überlegungen vorstellen und beginnen ganz am Anfang, bei dem es um Input und Output geht.«

»Ich lausche ergriffen Ihren Worten!«

Überlegung 1: Mit einem einwandfreien Input sollte es losgehen!

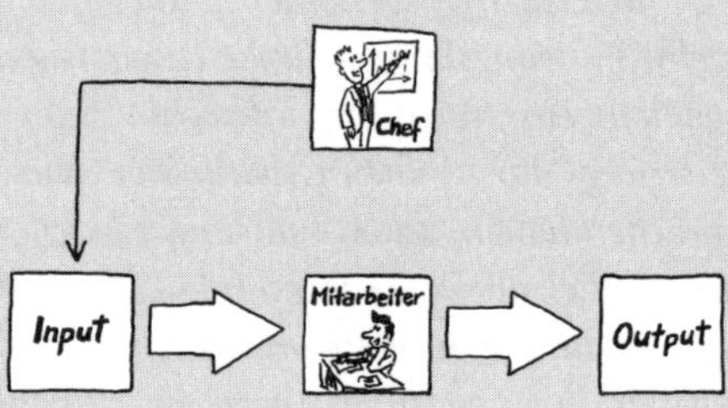

In jeder Organisation geschieht es täglich: Mitarbeiter bekommen einen Input, den sie zu ihrem Arbeitsergebnis, dem Output, umwandeln. Dabei kann es sich um einen Rohstoff handeln, der durch einige Hammerschläge weiter veredelt wird, es kann eine Akte sein, die bearbeitet und mit einem Vermerk versehen an die Kunden geschickt wird oder es sind einfach viele Informationen, die Mitarbeiter benötigen, um einen klugen Bericht zu erstellen, für den ein Kunde Geld bezahlt. Nicht immer jedoch läuft alles reibungslos: ein fehlerhafter Input, eine unvollständige Akte beispielsweise, führen zu Verzögerungen, zu Rückfragen, zu Mehraufwand. Kleine Inputmängel erledigt der flexible Mitarbeiter selbst. Melden wird er sich, wenn die Mängel zunehmen und seine Zielerreichung massiv erschwert wird. Dann ist die Führungskraft gefragt. In ihrem stillen

Kämmerlein wird sie natürlich nicht vollständig prüfen können, ob jeglicher Input zur benötigten Zeit und in der gewünschten Qualität allen Mitarbeitern zur Verfügung steht. Das wird sie aber immer wieder vor Ort mit ihren Leuten besprechen und je nach Bedarf aktiv werden.

Überlegung 2: Wie sieht es mit den Zielen und Anforderungen für den einzelnen Arbeitsplatz aus?

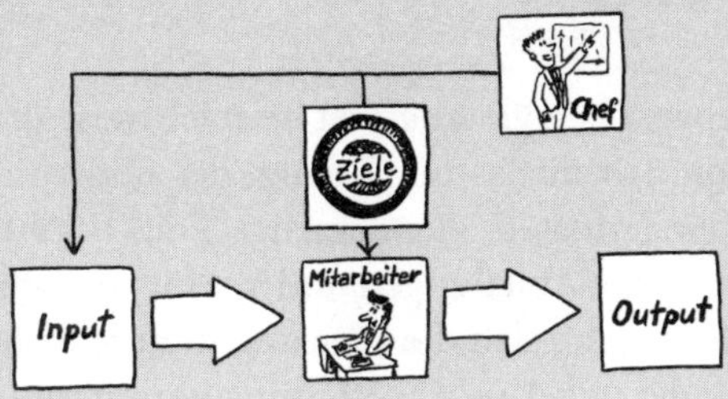

Es soll Kollegen geben, die ganz ohne Ziele arbeiten und dafür sogar bezahlt werden! Zunehmend fordern Unternehmen jedoch, dass mit den einzelnen Mitarbeitern Zielvereinbarungen getroffen werden. Für den Vorgesetzten stellen sich bei der Analyse des Leistungssystems also einige Fragen, beispielsweise:

- Gibt es für die einzelnen Mitarbeiter messbare, realistische und anspruchsvolle Ziele, deren Erreichen die gewünschten Ergebnisse (Output) für die Kunden erzeugt?
- Wissen die Mitarbeiter, welchen Anforderungen ihre Arbeit entsprechen muss?
- Sind Ziele und Anforderungen allen mitgeteilt worden?
- Wurden Ziele und Anforderungen von allen auch verstanden und vielleicht sogar verinnerlicht?
- Wenn Mitarbeiter mehrere Ziele erreichen sollen: Sind die unterschiedlichen Ziele in sich stimmig, passen sie zueinander oder widersprechen sie sich gar?

Ziele aufstellen, kommunizieren und nachhalten – eine der wichtigen Tätigkeiten, wenn es um das Managen von Leistungen geht.

Überlegung 3: Wie leistungsfördernd ist das Design des Arbeitsplatzes?

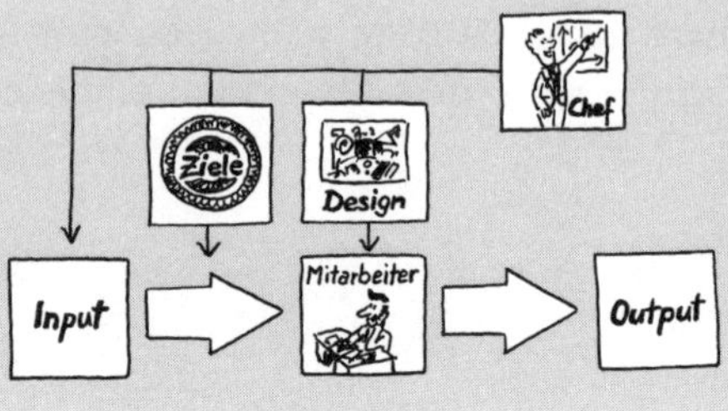

Wie ist der Arbeitsplatz gestaltet? Ist beispielsweise die Beleuchtung angemessen, die Lärmbelastung gering, der Bildschirmarbeitsplatz ergonomisch eingerichtet? Für derartige Fragen gibt es in großen Unternehmen eigene Abteilungen und Verantwortliche. Vor Ort bei den Mitarbeitern sollte sich die Führungskraft jedoch hin und wieder um Fragen der Arbeitsplatzgestaltung kümmern und besondere Leistungshindernisse beseitigen helfen.

Überlegung 4: Stehen alle notwendigen Ressourcen bereit, um erfolgreich arbeiten zu können?

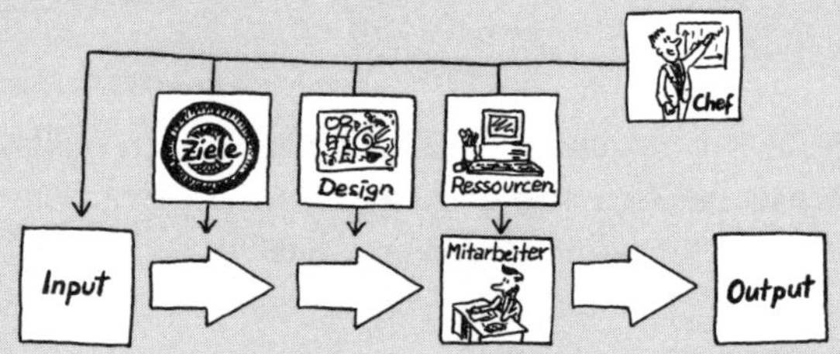

Dass zur Herstellung der gewünschter Arbeitsergebnisse die notwendigen Ressourcen wie Material, Werkzeuge oder Computer mit der erforderlichen Software Voraussetzung sind, wird keine Führungskraft bestreiten. So mancher Vorgesetzte ist stolz darauf, jeweils die neuesten Updates eingekauft zu haben. Schon nicht mehr so selbstverständlich ist es jedoch, dass zu den Ressourcen, die über den Erfolg der Zielerreichung mitentscheiden, auch hinreichende Informationen und vor allen Dingen ausreichend Zeit gehören. Wie viel Zeit gewährt also der Chef seinen Leuten zum Erledigen ihrer Aufgaben? Wie muss bei Zeitknappheit oder anderen Leistungsproblemen möglicherweise die Aufgabenverteilung in der Abteilung geändert werden? Eine »never ending story« in Zeiten, in denen die Ansprüche an die Leistung der Führungskraft und ihres Organisationsbereiches ständig wachsen.

Überlegung 5: Sind die Mitarbeiter ausreichend ausgebildet, um die aktuellen und zukünftigen Aufgaben kompetent erledigen zu können?

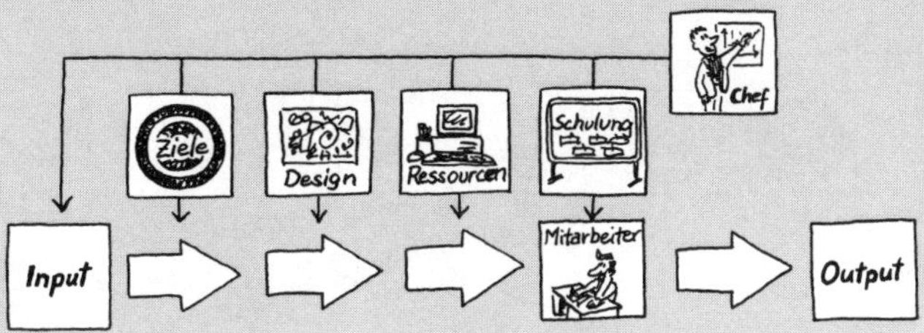

Manche Dinge muss man einfach lernen. Dies gilt immer dann, wenn neue Aufgaben auf alte Mitarbeiter treffen oder wenn neue Mitarbeiter bekannte Aufgaben übernehmen sollen.

Die Kombination »neue Mitarbeiter und neue Aufgaben« kompliziert die Dinge nur, ändert aber nichts am Prinzip. Ob, was und wie in der Abteilung gelernt wird, darüber sollte sich die Führungskraft rechtzeitig und ausreichend Gedanken machen. Das Ergebnis kann ein mehrwöchiger Kurs sein, kann aber auch ein selbst organisiertes Über-die-Schultern-Schauen und Mitgehen beim erfahrenen Kollegen bedeuten. Effizient ist beides. Lernen darf jedoch nicht dem Zufall überlassen werden.

Hier wird die Führungskraft, um einmal einen Modebegriff zu verwenden, zum Lernpartner, zum Coach seiner Mitarbeiterinnen und Mitarbeiter. In großen Unternehmen kann dabei ein erfahrener Kollege aus der Abteilung Personalentwicklung/Training als Gesprächspartner dienen.

»Und im stillen Kämmerlein geht dann der Chef die einzelnen Kollegen im Kopf durch und überlegt, wie es mit ihrem Wissen, ihren Fachkenntnissen und sonstigen Kompetenzen aussieht und was da möglicherweise noch auf sie zukommt.«

»Bevor er dann natürlich mit ihnen Gespräche führt.«

Überlegung 6: Werden alle Mitarbeiter regelmäßig und ausreichend über den Stand ihrer Arbeit informiert? Wissen sie also, wo sie leistungsmäßig stehen?

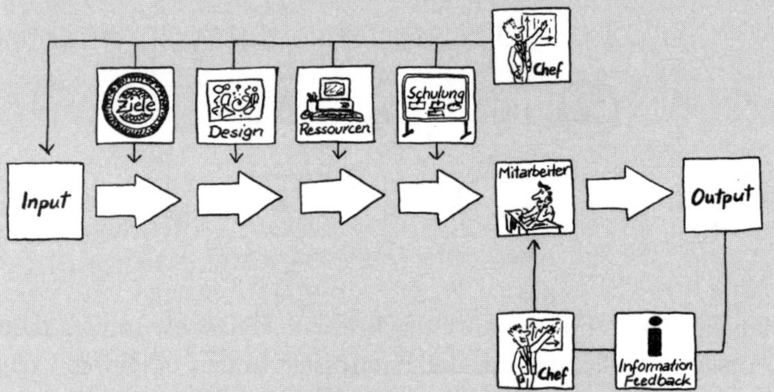

Jetzt zu Ihnen, liebe Leserin und lieber Leser: Einmal angenommen, Sie kennen die Anforderungen, die an Ihre Arbeit gestellt werden, erhalten Sie denn auch regelmäßig Rückmeldungen darüber, in welchem Ausmaß Ihre Arbeitsergebnisse diesen Anforderungen entsprechen? Wissen Sie also jederzeit, wo Sie leistungsmäßig stehen? Sollte dies nicht der Fall sein, dürfte es Ihnen eher schwer fallen, die eigene Arbeit eigenverantwortlich zu steuern und richtig motiviert »ranzuklotzen«.

Rückmeldesysteme funktionieren bei manchen Tätigkeiten ganz einfach: Wenn Sie täglich 50 Kisten verpacken müssen und kurz vor Arbeitsende erst bei Kiste 45 sind, wissen Sie genau, was die Stunde geschlagen hat. Nicht ganz so einfach ist es, wenn die Anforderungen komplexer werden: Wenn Sie wöchentlich zehn Akten erfolgreich bearbeiten müssen, reicht es nicht aus, wenn die Akten am Freitagabend nicht mehr auf Ihrem Schreibtisch liegen. Sie müssen wissen, was mit »erfolgreich« gemeint ist, um beurteilen zu können, ob Sie Ihre Aufgaben ordentlich erledigt haben. In der Regel bestimmt dies Ihr Kunde über sein Kundenfeedback. Wenn Ihre Tätigkeiten jedoch noch komplexer sind und sich über Wochen und Monate erstrecken, ist es oft gar nicht so leicht, immer genau zu wissen, ob die Arbeitsergebnisse noch den Anforderungen entsprechen.

»Es soll hier deutlich werden: Eine Führungskraft muss sich immer wieder einmal in Ruhe darüber Gedanken machen, ob alle ihre Mitarbeiter regelmäßig und ausreichend über den Stand ihrer Leistungen informiert sind. Die Mitarbeiter müssen die Chance erhalten, sich selbst in ihrer Arbeit zu steuern. Wie dieses Informieren dann konkret aussieht, ist die nächste Frage. Das kann in regelmäßigen kurzen Gesprächen erfolgen oder durch komplexe Kennziffern, die die Controllingabteilung zur Verfügung stellt. Wir meinen, dass Leistungsrückmeldungen zu den ganz wichtigen Führungsinstrumenten gehören und dass Vorgesetzte grob fahrlässig handeln, die dem keine Beachtung schenken.«

Überlegung 7: Hat das Handeln der Mitarbeiter Konsequenzen, die ihr Leistungsverhalten stärken?

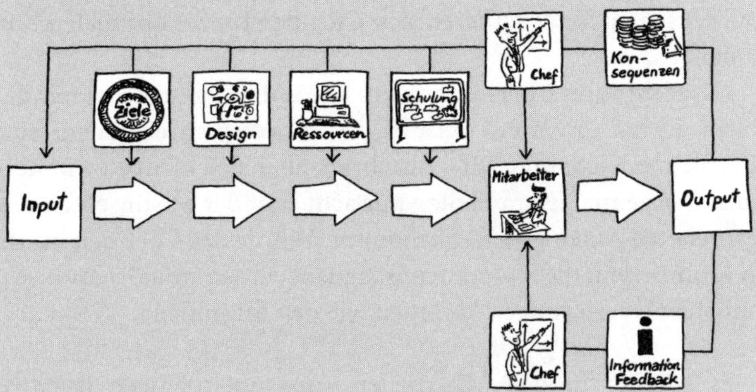

Versetzen Sie sich, liebe Leserin und lieber Leser einmal in folgende Situation: Sie sollen zehn Akten in der Woche erfolgreich bearbeiten, schaffen aber nur acht. Die Konsequenz: Ihr Chef hält Sie nicht für den Schnellsten und mahnt Sie hin und wieder zur Eile. In der Zeit, in der Sie die beiden anderen Akten bearbeiten könnten, sind Sie jedoch nicht untätig. Sie sitzen bei einem netten Kollegen, trinken Kaffee und diskutieren komplizierte Kundenbeschwerden. Damit helfen Sie dem Kollegen dabei, dass dieser zehn Akten in der Woche schafft. So sichern Sie sich den ewigen Dank dieses Menschen, der zudem im Betriebsrat sitzt, einen sehr guten Draht zur Geschäftsleitung hat und Ihren Namen dort schon lobend erwähnt hatte. Ihnen wiederum machen die komplizierten Beschwerdefälle sowieso mehr Spaß als Ihre Routinearbeiten. So besuchen Sie doch schon seit Wochen einen Abendkurs, in dem gerade die veränderte Rechtslage zur Beschwerdeproblematik des Kollegen behandelt wurde. Ihren Wunsch nach anspruchsvolleren Aufgaben hatten Sie bereits häufiger Ihrem eigenen Chef vorgetragen, der das bei Gelegenheit weiterkommunizieren möchte. Da dies Ihrer Meinung nach jedoch noch Jahrzehnte dauern dürfte, setzen Sie lieber auf Ihre eigenen informellen Kanäle.

Aus Ihrer Sicht stellt sich die gesamte Situation vielleicht nicht gerade optimal dar, Ihre »Leistungsverweigerung« verspricht Ihnen persönlich jedoch größeren Nutzen als wenn Sie wöchentlich brav Ihre zehn Akten bearbeiten würden. Somit handeln Sie wie die meisten Menschen: Sie orientieren sich nach den für Sie optimalen Konsequenzen.

Aus Sicht Ihres Chefs jedoch muss sich die Lage ganz anders darstellen. Er hat in diesem Beispiel das »Konsequenzensystem seines Mitarbeiters nicht im Griff«. Also braucht er sich nicht zu wundern, wenn er regelmäßig am Freitag nur acht statt der gewünschten zehn bearbeiteten Akten geliefert bekommt. Würde der Chef sich im stillen Kämmerlein die Situation anschauen, wird er möglicherweise zu ähnlichen Überlegungen kommen wie den folgenden:

- Es scheint für den Mitarbeiter keine übermäßigen negativen Konsequenzen zu haben, wenn er wöchentlich nur acht statt der zehn geforderten Akten bearbeitet.
- Es scheint für den Mitarbeiter aber auch keine attraktiven Konsequenzen zu geben für den Fall, dass er sein Ziel – zehn Akten pro Woche – erreicht.

- Das unerwünschte Verhalten – der Mitarbeiter arbeitet an anderen Dingen als an seinen eigenen Akten – scheint aus seiner Sicht eher belohnt zu werden: Lob und Anerkennung, die Aussicht auf Promotion, das Gefühl, an anspruchsvollen Aufgaben zu sitzen. Dieses Lob und Anerkennung und die Aussicht auf Beförderung scheint er vom eigenen Vorgesetzten nicht zu bekommen.
- Es könnte sogar sein, dass der Mitarbeiter es als negativ erleben würde, wenn er fünf volle Tage an den eigenen Akten arbeitet und ihm Zeit fehlt, woanders seine höherwertigen Kompetenzen unter Beweis zu stellen.
- Und was die Sache noch erschwert: Das »Fremdgehen des Mitarbeiters« stellt für das Unternehmen als Ganzes möglicherweise einen größeren Nutzen dar als die wöchentlich nicht bearbeiteten zwei Akten.

Natürlich ist dieses Beispiel konstruiert. In der Wirklichkeit sehen derartige »Belohnungssysteme« häufig noch komplizierter aber nicht weniger abstrus aus. Immer wieder berichten Berufstätige auf allen Ebenen in Organisationen, dass sie für Leistungen, die weder dem Unternehmen noch dem Kunden dienen, belohnt werden.

Für eine Führungskraft stellen sich aus den gemachten Beobachtungen einige Fragen. Hier nur wenige Beispiele:

- Welche Konsequenzen sind mit dem Handeln der Mitarbeiter verknüpft? Sind diese leistungsfördernd oder leistungshemmend?
- Wie genau sehen die Konsequenzen aus, die sich aus dem Einsatz der Mitarbeiter für die vorgegebenen Ziele ergeben? Wird die Zielerreichung belohnt? Welche negativen Konsequenzen hat mangelhafte Leistung oder Leistungsverweigerung?
- Gibt es möglicherweise Belohnungen für unerwünschtes Verhalten, und wie sehen sie aus?
- Und ganz wichtig: Welche Konsequenzen kann eine Führungskraft direkt beeinflussen? Das Ansprechen bildet vielleicht den Anfang, irgendwann kommen Lob und Tadel. Über vielfältige Stufen kann es bis zu finanziellen Vergütungen oder individuellen Fördermöglichkeiten gehen. Hier ist der Vorgesetzte natürlich an die Regeln des Unternehmens gebunden.

»Faszinierend! Als zukünftige Führungskraft sollte ich ab und zu mal ein stilles Kämmerlein aufsuchen und mir dann für jeden meiner Mitarbeiter ein solches Schaubild malen und darauf achten, dass alle Kästchen optimal funktionieren?«

»Das ist der erste Schritt. Aber es wird noch etwas komplizierter – und spannender! Alle diese Kästchen wirken ja aufeinander ein. Es ist wie bei einem Mobile: Ziehen Sie an der einen Seite, so bewegt sich an einer ganz anderen Stelle ein wichtiges Teil und alles gerät ins Schwanken. Konkret: Es reicht nicht aus, den Mitarbeiter einfach zu bestrafen, nur weil er acht statt zehn Akten in der Woche bearbeitet. Das wäre – etwas überspitzt formuliert – primitives Kästchen-Denken und hätte möglicherweise Nachteile für das Unternehmen, weil dann vielleicht die kollegiale Beratung des Kollegen wegfiele. Bevor der Vorgesetzte zu negativen Konsequenzen greift, sollte er sich also die Ziele des Mitarbeiters anschauen. Ist vielleicht eine Zielklärung oder eine Neuausrichtung notwendig und sinnvoll? Dann kann der Vorgesetzte über besondere Konsequenzen nachdenken, positive für Leistungserfüllung, negative für Leistungsverweigerung. Aber nur in Verbindung mit stimmigen Rückmeldungen. Jetzt kann es natürlich sein, dass ein Mitarbeiter plötzlich seine Leistungen verdoppelt. Dies hat wiederum Auswirkungen auf den Input, reicht der denn noch aus? Und es hat möglicherweise Auswirkungen auf den Arbeitsplatz selbst, der in einem Produktionsbetrieb für so viel Leistung gar nicht ausgestattet ist.«

»Ein Mobile fasse ich auch besser nicht an!«

»Darin besteht die Kunst des Leistungsmanagements! Nicht nur ein Kästchen im Auge haben, sondern das ganze Mobile, das ganze Leistungssystem. Das ist so in etwa damit gemeint, wenn heute von Führungskräften ein ganzheitliches oder systemisches Denken gefordert und Führung als dynamischer Prozess verstanden wird.«

»Klingt spannend – Führung als die Kunst, ein Mobile in der Balance zu halten und dabei für Kunden wertvolle Leistun-

gen zu produzieren! Das erinnert mich an eine komplizierte Maschine. Dazu fällt mir ein: Wozu brauche ich denn eigentlich die ganzen Führungsleitlinien aus dem letzten Kapitel, wozu das ganze Kommunikationshandwerk mit diesem anstrengenden Zuhören und Rückmeldungen geben? Reicht es nicht, für jeden Mitarbeiter so ein Leistungssystem einzurichten und das dann ordentlich unter Dampf zu halten?«

»Ich möchte an Ihr Beispiel anknüpfen: Wenn Sie einen Motor konstruieren, bei dem alle Rädchen sehr intelligent zusammenwirken, wird dieser nur Leistung bringen, wenn er auch hin und wieder einen Tropfen Motoröl zu spüren bekommt. Unser Leistungssystem ist nun keine Maschine und zudem haben Sie es noch mit Menschen zu tun. Daher: Alle hier diskutierten Überlegungen und Vorgänge im System zur Leistungsförderung werden nicht oder nur sehr unbefriedigend funktionieren, wenn beispielsweise der Vorgesetzte seinen Mitarbeitern nicht mit Wertschätzung begegnet, nicht als Vorbild auftritt, keinen Respekt fördert oder keine offene Kommunikation pflegt. Ein noch so perfekt ausgedachtes Leistungssystem wird scheitern, wenn Führungskräfte die menschliche und kommunikative Seite ihres Jobs nicht beherrschen und überzeugend leben. Aber genau das fordert das hier nur grob skizzierte Leistungssystem immer wieder ein: Wenn von Information, Konsequenzen, Lernen oder Zielvereinbarung die Rede ist, geht es stets um das Gespräch des Vorgesetzten mit seinen Mitarbeiterinnen und Mitarbeitern. Hier beweisen sich die Führungsleitlinien.«

»Hehre Worte, wohl wahr. Mir fällt da noch etwas ein: Als Führungskraft hilft mir ein solches System dabei, meinen Laden in den Griff zu bekommen. Auf der anderen Seite kann ich mir doch auch als normaler Mitarbeiter einmal mein persönliches Leistungssystem basteln und schauen, ob ich vernünftige Ziele habe, ausreichende Ressourcen, ein ordentliches Arbeitsplatzdesign, guten Input und eine optimale Ausbildung? Und ich kann überlegen, ob ich genügend Informationen bekomme, die es mir ermöglichen, mich selbst zu steuern und zu motivieren. Aber am allerwichtigsten: Wie sieht eigentlich mein persönliches Konsequenzensystem aus? Für welche Tätigkeiten fühle ich mich richtig gut belohnt und für was eher negativ sanktioniert? Und vielleicht auch: Wie kann ich mich selbst für Aufgaben belohnen, die mir eher schwer fallen. Mit so einem Modell kann ich ja zu meinem eigenen Leistungsmanager werden, nicht wahr?«

»Vollkommen richtig. Prüfen Sie doch einmal alle Einflussfaktoren, die Ihr Leistungsverhalten beeinflussen. Konstruieren Sie sich Ihr persönliches Mobile. Mit dem Ergebnis können Sie dann zu Ihrem Chef gehen und über Verbesserungen diskutieren!«
»Nicht so schnell! Ich muss natürlich zuerst einmal sehen, ob ich mit den bestehenden Konsequenzen zufrieden bin und ob ich da etwas ändern möchte! Denn systemisch gedacht hat ja jede Veränderung Auswirkungen auf die anderen Faktoren. Das will sorgfältig überlegt sein! ›Vorsicht‹ heißt da die Mutter des pfiffigen Mitarbeiters!«

»Nun, die Verantwortung für Ihre Entscheidungen bleibt bei Ihnen. Ich bin ja schon glücklich, wenn unser kleiner Ausflug in das Leistungsmanagement Ihre Liebe zu Mobiles gefördert hat.«

Klaus D. Wittkuhn/Thomas Bartscher (Hrsg.): Improving Performance – Leistungspotenziale in Organisationen entfalten. Neuwied 2001. Das deutschsprachige Standardwerk zum Thema Leistungsmanagement mit lesenswerten Beiträgen der führenden deutschen und amerikanischen Vertretern dieses Fachs.

Geary A. Rummler: Serious Performance Consulting. Silver Spring 2004. Ein außerordentlich praxisnahes Arbeitsbuch, in dem mit Hilfe eines Beispiels das komplizierte Netzwerk der Leistungszusammenhänge in einem Unternehmen durchleuchtet wird.

Thomas Lorenz/Stefan Oppitz (Hrsg.): Leading to Performance. Wiesbaden 2003. 17 Vorträge wichtiger Vertreter zum Thema Leistungsmanagement gehalten auf dem ersten deutschen Kongress des amerikanischen Trainingsverbandes in Potsdam.

Dietrich Dörner: Die Logik des Misslingens – Strategisches Denken in komplexen Situationen. Reinbek 2000. An einem Mobile herumziehen, das kann jeder. Aber die Konsequenzen in den Blick bekommen, die eine einzelne Bewegung für das ganze System hat? Eine nicht ganz leicht aber mit Gewinn zu lesende Einführung in das strategische Denken in komplexen Situationen. Es lohnt die Mühe!

Sich selbst vermarkten – sich selbst professionalisieren!

Business-Etikette, Manieren und gute Umgangsformen

»Gleich zum Einstieg: Ist Business-Etikette, sind Manieren eigentlich noch aktuell? Werden Sie in Unternehmen gelebt? Und wie intensiv sollte ich mich damit beschäftigen?«

»Das Thema ›Business-Etikette‹ ist nach wie vor hochaktuell. Gute Manieren kommen auch heute noch in Unternehmen zum Einsatz. Und: Junge, aber ebenso ältere Mitarbeiter, sollten sich sehr intensiv mit ihnen beschäftigen, jedenfalls dann, wenn sie im Berufsleben ernst genommen werden wollen.«

»Aber erleben wir nicht gerade einen Trend zu mehr Lockerheit? Freunde erzählen mir, dass es bei Ihnen total easy zugeht, eher so wie in den USA, wo sich alle mit Vornamen anreden und es nicht so steif ist wie bei uns.«

»Vorsicht! Auch wenn wir den geschäftlichen Umgang in den USA auf den ersten Blick als völlig unkompliziert erleben, so ganz ohne Stil und Etikette geht es da beileibe nicht zu. Gleiches gilt für Großbritannien. Nur wird in beiden Ländern die Business-Etikette ohne Murren akzeptiert. Sie wird nicht in Frage gestellt und es wird auch nicht dagegen revoltiert, wie dies bisweilen noch in Deutschland der Fall ist – wahrscheinlich ein Erbe unserer Steine-werfenden-68er. So gesehen können Sie hier zweierlei beobachten: Zum einen wirklich einen Trend zu mehr Lockerheit und zu mehr Ungezwungenheit. Zum anderen sind Manieren wieder ›in‹: Gerade junge Leute heiraten in Weiß, lassen dabei Tauben fliegen und erkundigen sich nach der richtigen Sitzordnung

für das Abendessen. In seinem Bestseller ›Manieren‹ bringt es Asfa-Wossen Asserate treffend auf den Punkt: ›Es kennzeichnet unsere Epoche, daß diese eigentümliche Mischung aus Herablassung gegenüber den Manieren und verstohlener Neugier ... die öffentliche Atmosphäre wieder bestimmt.‹«

»Was empfehlen Sie mir?«

»Selbst wenn einige Start-up-Unternehmen stolz darauf zu sein scheinen, dass die Pizzareste auf dem Schreibtisch von einer durchgearbeiteten Nacht zeugen: Wenn Sie im Geschäftsleben bestehen möchten, wenn Sie etwas werden, ja, wenn Sie überhaupt als Person in der Geschäftswelt ernst genommen werden wollen, dann sollten Sie sich einige Grundlagen richtigen Benehmens im Berufsleben aneignen und diese auch fleißig üben.«

»Ohne Business-Etikette läuft demnach nichts?«

»Business-Etikette lässt sich als eine Art Verabredung zwischen Geschäftsleuten beschreiben, wie man einander als gleichwertig erkennen und wie man miteinander umgehen will. Wer sich an die Regeln hält, dem wird ganz ohne Nachfrage ein gewisses Vertrauen entgegengebracht, dem wird zugehört und mit dem kann sofort über Geschäftliches gesprochen werden. Um es einmal drastisch zu beschreiben: Wer ohne Krawatte, dafür mit Löcherjeans zu einem wichtigen Treffen mit vornehmen Krawattenmenschen erscheint, ist unten durch und wird als Gesprächspartner nicht mehr ernst genommen, da mögen die Löcherjeans noch so teuer gewesen sein. Das gilt auch für denjenigen, dessen Knoblauchausdünstungen mit jedem Ausatmen das Besprechungszimmer bis in den letzten Winkel erfüllen.«

»Das mit den Löcherjeans, das akzeptiere ich ja noch. Aber Knoblauch und vielleicht auch noch Krawatte?«

»Sicherlich gibt es Unterschiede zwischen den Branchen, zwischen den Unternehmen und natürlich zwischen den Kulturkreisen. Nur, alles das spricht nicht gegen Business-Etikette! Es ist vielmehr eine Aufforderung, sich besonders sorgfältig mit dem Thema zu beschäftigen.«

»Das heißt Regeln pauken und die Messer-Haltung üben?!«

»Dagegen ist nichts einzuwenden. Bleiben Sie dabei aber nicht stehen! Natürlich können Sie Manieren als die Summe aller denkbaren

Benimmregeln betrachten, die Sie nur lernen müssen – so wie Sie sich eine neue Software aneignen. Ihre Manieren können Sie aber auch als Wesensmerkmal der eigenen Persönlichkeit betrachten. Gute Manieren sind demnach untrennbar mit Ihrem Selbstbild verknüpft. Sie bilden einen Teil Ihrer Identität. Dann könnten Sie gar nicht anders als sich gut zu benehmen. Als Mensch mit Manieren tun Sie mit schlafwandlerischer Sicherheit immer das Richtige.«

»Das klingt aber! Haben Sie da auch ein Beispiel?«

»Den Gedanken, dass Manieren mehr sind als nur die Summe von mehr oder weniger sinnvollen Regeln, beschreibt auch das oben schon erwähnte Buch von Asfa-Wossen Asserate. Für ihn ist die Aufmerksamkeit ein unverzichtbarer Bestandteil von Manieren. Aufmerksamkeit kann natürlich niemals eine Benimmregel sein, der man mal folgt oder auch nicht. Sie ist vielmehr eine Grundbedingung für Manieren, ohne sie läuft überhaupt nichts: ›Der Aufmerksame ist darauf konzentriert, die Lage, in der er sich befindet, zu erkennen. Er blickt die Menschen, die ihm begegnen, an. Diese Menschen sind ihm wichtig. Es gibt keine unwichtigen Menschen und unwichtigen Beobachtungen ... auf jeden Fall zu vernachlässigen ist die eigene Person ... Der Aufmerksame kennt alle Namen, spricht sie richtig aus, kennt eventuell dazugehörige Titel und weiß, wann sie wegzulassen sind und wann nicht, erkennt jede Person wieder, die er einmal kennengelernt hat ... Seine Aufmerksamkeit ist seine Natur. Es ist wichtig, Menschen zu erkennen, sie haben ein Recht darauf.‹ Ein solch aufmerksamer Mensch steht auf, wenn ein anderer den Raum betritt. Dies tut er nicht, um etwas zu erreichen oder um einen Vorteil für sich zu erlangen, oder gar, um sich in den Mittelpunkt zu stellen. ›Der Mensch erhebt sich vor dem anderen in respektvoller Erinnerung der fremden und der eigenen Menschlichkeit ... Er steht auf, wie ein Vogel singt und der Baum grün ist.‹«

»Oh je! Das klingt ja richtig nach Herzensbildung oder so. Kann man denn heute wirklich noch so denken?«

»Eine berechtigte Frage. Ein Mensch mit Manieren wird nie der Schnellste sein, schon deshalb, weil er anderen den Vortritt lässt. Dafür weiß er sich in der Welt zu bewegen und wird von allen anderen als Gesprächspartner gesucht. Keine schlechten Voraussetzungen für Erfolg. Auf jeden Fall lohnt die Beschäftigung mit dem Thema. Und natürlich mit den konkreten Regeln. Hier eine kleine Auswahl.«

Womit sich beschäftigen?

Da ist zuerst einmal die Kleidung: Denn nach Ihrer Kleidung werden Sie empfangen, nach Ihren Worten verabschiedet. Die meisten Unternehmen schreiben einen bestimmten *Dresscode* vor, den man als junger Mitarbeiter erfragen sollte. Die Grundregel: Die Kleidung sollte dem Unternehmen, dem Kunden und dem Anlass entsprechen. Offiziell gilt: Anzug, Kombination mit Krawatte oder Kostüm, gedeckte Farben, keine groben, auffälligen Muster oder glänzender Stoff. Schmuck und Make-up sollten zurückhaltend verwendet werden. Davon kann Frau und Mann nun je nach Branche und Rücksprache (!) abweichen.

Auch Männer können sich ohne Scheu einmal einer Stil- und Farbberatung unterziehen, mit ihren Freunden und Freundinnen gnadenlos die eigene Garderobe ausmisten und etwas Expertise im Einkaufen von Hemden und Hosen entwickeln. Der Eintritt in das Berufsleben sollte immer mit einer kritischen Prüfung der eigenen Garderobe zusammengehen. Das Wichtigste jedoch: Holen Sie sich Rückmeldungen über Ihre Wirkung, Ihre Erscheinung, Ihren Stil. Dass Ihnen das Sakko oder das Kostüm nicht 100-prozentig passen, das sagen Ihnen sicher noch die guten Bekannten. Die guten Freunde diskutieren Haarschnitt und Make-up. Wer jedoch macht Sie auf Flecken am Sakko, Mundgeruch oder abgekaute Fingernägel aufmerksam?

Umgangsformen: Dem Älteren wird der Jüngere, der Dame wird der Herr vorgestellt. Unbedingt sollten Titel, Adelsprädikate und je nach Situation Funktionen mitgenannt werden. Doppelnamen bitte nicht kürzen und mit Fräulein möchte heute kaum noch jemand angesprochen werden. Es ist höflich, die Vorstellung um einige wenige Zusatzinformationen zu ergänzen, wie zum Beispiel das Spezialgebiet des Vorgestellten oder Gemeinsamkeiten der Personen, die sich vorgestellt werden. Stellen Sie sich selbst vor, nennen Sie auch Ihren Vornamen, das klingt immer ein wenig verbindlicher.

Aber natürlich gehört zu den Umgangsformen noch viel mehr: Wie sprechen Sie Ihre Kollegen an? Ist das »Du« nicht die Regel, der keiner entfliehen kann, empfehlen wir, dass Sie erst einmal beim

»Sie« bleiben und nach und nach davon abweichen. Sie haben Zeit! Bringen Sie bei Einladungen **Geschenke** mit, dezent und sorgfältig ausgewählt. Mit Blumen liegen Sie immer richtig, wenn Sie der Frau Ihres Chefs nicht gleich rote Rosen in die Hand drücken! **Smalltalk** will gelernt sein: Verzichten Sie auf Firmenklatsch und Geschichten über andere. Das Wetter ist eines der kompliziertesten Themen, über die man intelligent sprechen kann. Ebenfalls als Einstiegsthemen geeignet: Kunst und Kultur, Literatur, Städte, Urlaubsreisen, Essen und Trinken, Sport, Hobbys, Kinder in jeder Altersklasse oder Einkaufstipps. Achtung bei Politik, Religion, Krankheiten, Beziehungsproblemen und jeder Form von »Schlüpfrigkeiten«! Das gilt besonders bei Betriebsfesten, die gute Gelegenheit für junge Mitarbeiter, die anderen etwas besser kennen zu lernen. Aber: dreifache Vorsicht! Der lockere Umgang zu vorgerückter Stunde verführt zu unbedachten Äußerungen oder zu einem unpassenden »Du«. Derartige Feste lassen sich auch ohne Alkohol genießen. Vielleicht noch die **Pünktlichkeit** als altmodisch moderne Umgangsform: Manche Menschen meinen, die mit dem Handy gemachte Ankündigung, dass man ja schon auf dem Weg sei, würde den Zwang der Uhr ablösen. Gilt aber nicht! Orientieren Sie sich bei Terminen nach genau dieser altmodischen Uhr, nicht nach dem Handy.

Der Restaurantbesuch: War es irgendwann einmal die Frage, welcher Wein zu welchem Essen getrunken werden darf, so wurde sie abgelöst durch die Frage, wer denn die Rechnung zahlt und ob Frauen Männern in den Mantel helfen dürfen. Letztere Frage wird in den Ratgebern noch nicht einheitlich beantwortet. In Sachen Manieren bei Tisch sei noch einmal Asfa-Wossen Asserate zitiert: »Es ist stets aufs Neue erstaunlich, wie viele in ihrem Ton geschliffene, ja raffinierte Leute das Essbesteck wie die Kinder handhaben, mit bedrohlich in die Luft weisenden Messerspitzen und Gabelzinken. Man könnte sagen, dass sich die Erziehung eines Menschen nicht daran zeigt, wie er mit Hummerscheren umzugehen weiß, sondern daran wie er ein Schweinekotelett isst. Die Kunst, ein kleines Stück aufzuspießen und dann mit der Messerklinge von dem anderen, was auf dem Teller ist, darauf zu schieben und zu häufeln, beherrscht am besten, wer es von Jugend an geübt hat.« Das soll natürlich nicht entmutigen, es auch heute noch zu versuchen.

Wo wir schon beim Essen sind: Die Kekse zu einer Besprechung – das Konferenzgebäck. Einem Beitrag in der Süddeutschen Zeitung verdanken wir die Anregungen für eine **Keks-Etikette**. Ein Nebenthema? Sicherlich, aber eines, bei dem man die kleinen Feinheiten des Alltags genießen kann. Also betreten wir andächtig den Besprechungsraum, setzen uns bescheiden an unseren Platz und ignorieren aufmerksam den reichlich gefüllten Teller, auf den von den guten Sachen viel zu wenig aufgelegt wurde. Den Rüpel, der schon nach fünf Minuten die für Stunden vorgesehenen Süßigkeiten verputzt hat, verachten wir, wenn wir ihn auch heimlich beneiden. Wir dagegen schenken uns unauffällig und geräuschlos einen Kaffee oder ein kleines Wässerchen ein, warten darauf, dass der Chef das Konferenzgebäckbuffet eröffnet und greifen eher so nebenbei nach der Kekssorte, die die in der Hierarchie höher Stehenden nicht gewählt haben oder erfahrungsgemäß gar verabscheuen.

So sichern wir allen wichtigen Teilnehmern der Sitzung den Zugriff auf sämtliche dieser unverschämt gut schmeckenden Marzipan-Mandel-Schoko-Ohnegleichen-Krokantbomben. Unseren trockenen Keks schieben wir sodann vollständig in den Mund, zermahlen ihn geräuschlos und spülen unauffällig mit einem Schluck Wasser oder Kaffee beziehungsweise Tee nach. Das Krümeln ist zu vermeiden und mit Schokolade verschmierte Finger werden auf keinen Fall an den Konferenzmöbeln abgewischt. Die Kekse sind unbedingt zu loben, vor allem wenn es sich einmal nicht um die Standardpackungen der bekannten Hersteller handelt, sondern um eine vielleicht firmeneigene, steinharte und ungenießbare Ökomischung aus Dunkelmehlkrümlingen. Soweit einige Keks-Anregungen. Natürlich soll es Unternehmen geben, da darf sich jeder gleich zu Beginn einer Besprechung nach Herzenslust bedienen. Es ist wie mit allen Dingen: Business-Etikette ist stets im Wandel begriffen.

Mit der Nutzung neuer Techniken werden auch neue Umgangsformen diskutiert. Aktuelle Themen sind das **Mailen** sowie das **Telefonieren mit dem Handy**. Dass der kleine Piepser in Klassik-Konzerten ausgeschaltet sein muss, hat sich bei den meisten Besuchern derartiger Veranstaltungen herumgesprochen.

Zum Glück gibt es jetzt ja den geräuschlosen Vibrationsalarm, der es ermöglicht ankommende SMS auch während der Goldberg Variationen abzurufen. Ob Menschen, die ihre Handys nicht wenigstens einmal für mehrere Stunden ganz ausschalten können, überhaupt Manieren haben, soll an dieser Stelle nicht diskutiert werden.

Ein Thema, das in den meisten Ratgebern zu kurz kommt: das **Informieren**. Es muss zum guten Stil eines Mitarbeiters gehören, sich für Gefälligkeiten zu bedanken. Das kann ganz knapp, auch per E-Mail erfolgen. Die Regel sollten Sie aber noch ausweiten: Prüfen Sie immer wieder sorgfältig, wer aus Ihrem Umkreis einen Anspruch darauf hat, von Ihnen über den Weitergang eines Geschäftes, den Ausgang eines Gesprächs, das Ergebnis einer Verhandlung oder die Rückmeldungen zu einer Präsentation informiert zu werden. Wer Ihnen vielleicht bei der Erstellung von Folien geholfen, wer Ihnen einen kleinen Tipp für eine Besprechungsleitung gegeben, wer Ihnen auf den »letzten Drücker« einige Zahlen über einen Kunden besorgt hat, freut sich, über den Ausgang der Angelegenheit zu erfahren. Keine große Aktion, nur eine kurze Nachricht zwischen Tür und Angel oder per E-Mail. Sie zeigen, dass Ihnen der andere wichtig ist, dass Sie Leistungen honorieren.

Auf unserem kurzen Durchmarsch durch die Welt der Business-Etikette soll noch ein Bereich angesprochen werden, der zunehmend wichtig und der die Zahl der zu verdauenden Business-Knigge-Bücher sicher erhöhen wird. Es geht um die richtigen **Umgangsformen in fremden Kulturkreisen**, also im Ausland. Dass man in Asien eine Visitenkarte mit beiden Händen überreicht, wird immer wieder gerne als Beispiel beschrieben. Dass man in moslemisch geprägten Kulturen die linke Hand nicht zum Essen verwendet, hat man vielleicht ebenfalls bereits gehört oder kennt es aus dem Urlaub. Diese Beispiele bilden jedoch nur einen kleinen Teil der Spitze des riesigen Eisberges »Interkulturelle Etikette«. Und an diesem Thema zerbrechen auch kleine Boote, es muss nicht immer die Titanic sein. Zum Glück gibt es mittlerweile genug Rat und Tat, wenn es um das richtige Benehmen mit ausländischen Geschäftspartnern geht. Als Grundregel eine Anregung von Dieter Schwanitz: »Erhöhe im Umgang mit Ausländern die Dosierung von Liebenswürdigkeit in deinem Verhalten um das Vielfache bis zu dem Punkt, an dem du es für wahnsinnig übertrieben hältst. Erst dann findet dein Gesprächspartner es normal.«

Asfa-Wossen Asserate: Manieren. Frankfurt a.M. 2003. Die Süddeutsche Zeitung schreibt: »... ein grandioses, sprachmächtiges Sittenbild unserer Zeit.« Und die FAZ urteilt »... geschrieben in herrlichem Deutsch, humorvoll, gelehrt und unterhaltsam, von dezidiert persönlichem Charme und geradezu universellem Reiz ...«

Gretchen Schaupp/Joachim Graff: Business-Etikette in Deutschland – So treten Sie professionell auf. Mind Your Manners – Tips for Business Professionals Visiting Germany. Frechen 2003. Diese grundlegenden Deutschland-Tipps zu Verhalten, Bewerbung, Karriere werden gleich in Deutsch und – das Buch bitte umdrehen – in Englisch angeboten. Geeignet für Deutschland-Einsteiger.

Lis Droste/Monika Hillemacher: Stil und Etikette in unserer Zeit. Aktuelle Umgangsformen, moderne Tischsitten, souveränes Auftreten. Weinheim und Basel 2005. 117 Seiten Tipps besonders für Berufseinsteiger, als Hör-CD auch für die Autobahn geeignet.

Gerhard Uhl/Elke Uhl-Vetter: Business Etikette in Europa. Wiesbaden 2004. Dieser Ratgeber informiert über die Dos und Don´ts in den wichtigsten europäischen Handelspartnerländern Deutschlands – von Frankreich über Großbritannien, Schweden, Italien, Spanien, Österreich, die Schweiz, die Niederlande und die Tschechische Republik, Polen bis Russland. Betont werden die Unterschiede zu Deutschland.

Für die im Text angesprochenen **»Goldberg Variationen«** empfehlen wir die Einspielungen von Glen Gould (Aufnahme von 1981 bei CBS) oder Andras Schiff (ECM 2003).

Interkulturelle Kompetenzen – fit für die Multikulti-Welt

»Dem letzten Kapitel entnehme ich, dass ich mich gelegentlich einmal um interkulturelle Kompetenzen kümmern sollte. Liege ich da richtig?«

»Sie werden langfristig nicht umhin kommen. Die Globalisierung und in Europa natürlich die voranschreitende Einigung bringen Sie beruflich mit immer mehr Menschen aus fremden Ländern zusammen. Die Chancen steigen, dass Sie in einem Team mitarbeiten, in dem beispielsweise ein Fachmann aus Moskau und ein Abgesandter aus einer amerikanischen Muttergesellschaft mitwirken. Und wer weiß, vielleicht bietet sich Ihnen die – wie wir finden – fantastische Gelegenheit, für einige Zeit im Ausland zu arbeiten!«

»Aha! Und mit meinem bisschen Englisch, da komme ich wohl nicht weit?«

»Doch! Sehr weit sogar. Sie sollten Ihr Englisch auf jeden Fall ausbauen und vielleicht sogar noch eine weitere Sprache dazulernen. Aber die Sprache ist nun wirklich nur ein allererster Schritt. Damit geht es eigentlich erst richtig los!«

Interkulturelle Kompetenz – es geht um Einstellungen und Verhalten!

Einstellung: Unter interkultureller Kompetenz verstehen wir die Grundhaltung, fremden Kulturen aufgeschlossen und respektvoll zu begegnen.

Prüfen Sie einmal für sich so ehrlich wie möglich: Schätzen Sie fremde Denk- und Verhaltensweisen als etwas Bereicherndes für Ihr Leben, oder empfinden Sie diese eher als Bedrohung für Ihr persönliches Weltbild und Ihre Art zu leben? Können Sie akzeptieren, dass Ihre eigene Kultur nur *eine* mögliche Organisationsform von Menschen auf dieser Erde ist, der unzählige andere Kulturmodelle gleichberechtigt gegenüberstehen? Trauen Sie es sich zu, Ihre eigenen Wertvorstellungen und Kulturstandards zunächst wertfrei mit denen anderer Kulturen zu vergleichen? Sind Sie sich Ihrer eigenen Vorurteile gegenüber fremden Kulturen bewusst oder gehören Sie zu den Menschen, die meinen, sie hätten keinerlei Vorurteile, nur weil sie Stammkunden einiger Döner-Buden sind?

Für die Entwicklung einer respektvollen Begegnung mit Menschen aus fremden Kulturen brauchen wir also zunächst einmal Respekt, Neugier, Aufgeschlossenheit und viel Lernbereitschaft.

Verhalten: Einstellungen sind das eine. Interkulturell kompetent jedoch sind Sie erst, wenn Sie mit Menschen aus anderen Kulturen sicher, respektvoll und souverän umzugehen wissen. Fragen Sie sich daher:

- Wie gut verstehen Sie das, was Ihnen Ihre Gesprächspartner über die Sprache hinaus vermitteln wollen, und wie sicher können Sie sein, dass Sie selbst auch von diesen angemessen verstanden werden?
- Wie viel wissen Sie über die fremde Kultur, damit Sie Fettnäpfchen vermeiden und bei den Menschen dort einen liebenswerten und kompetenten Eindruck hinterlassen?
- Wissen Sie wirklich, was die Menschen im Gastland über Ihr Heimatland denken, welche Vorurteile es gibt und wie Sie als Vertreter Ihrer Kultur, Ihres Landes gesehen werden?

- Wie kompetent können Sie mit Menschen einer fremden Kultur Missverständnisse erkennen und klären, Schwierigkeiten überwinden, Konflikte lösen und faire Kompromisse verhandeln?
- Sind Sie mit Kopf und Herz in der Lage, sich so weit in Ihre Gesprächspartner hineinzuversetzen, dass Sie erkennen und spüren, was diese in bestimmten Situationen denken oder fühlen und warum sie sich jetzt so oder so verhalten?
- Können Sie auf Besuchen in Frankreich das französische, in Amsterdam das holländische oder in London das englische »Spiel« so erfolgreich mitspielen, dass Sie Ihre Ziele erreichen, ohne Ihre eigene kulturelle Identität »verbiegen« zu müssen?

Wie lassen sich interkulturelle Kompetenzen erlernen?

Schritt 1: Sehen und hören. Wer etwas über eine fremde Kultur erfahren möchte, kann sich zunächst einmal an dem orientieren, was er hört und sieht: Also Kunst, Musik, Literatur oder Architektur genauso wie die alltäglichen Beobachtungen von Kleidung, Essen, Verhaltensweisen oder Körpersprache. Natürlich haben London und Berlin gemeinsam, dass es die gleichen Hotelketten, identische Musicalaufführungen und Fast-Food-Buden gibt. Aber Ihr Blick sollte sich auf die kulturelle Vielfalt richten, durch die sich das Leben in diesen Städten unterscheidet. Schon alleine, wie Engländer in einer Bäckerei einkaufen oder sich entschuldigen, wenn Sie im hektischen Straßenverkehr einen anderen Menschen nur flüchtig berühren, vermittelt interkulturelle Informationen, mit denen Sie eine ganze Unterrichtsstunde bestreiten können.

Schritt 2: Beschreiben und interpretieren. Jetzt können Sie das, was Sie gesehen oder gehört haben erklären, interpretieren. Das unterscheidet Sie vom typischen Touristen, der anhand seiner Urlaubsfotos in der Regel nur das »Was« beschreiben möchte, aber für das »Warum« keine Antworten sucht und sich mit Gelegenheitserklärungen wie »Die Engländer sind einfach ein höfliches Volk« zufrieden gibt. Geschichte, Politik, Religion, Traditionen, Kriege, Sozialstruktur, Kolonialgeschichte, Immigration – all das und vieles mehr drückt sich in kulturellen Zeugnissen und im Verhalten der Menschen aus. Das für Deutsche so auffallend höfliche Verhalten der Engländer hat auch dort seine Wurzeln. Um nur eine zu beschreiben: Der Staat in Großbritannien mischt sich recht wenig in das Leben der Menschen ein. So sind es die Menschen selbst, die Umgangsformen geschaffen haben, die garantieren ein friedliches und geordnetes Miteinander. Und die lassen sich überall im Alltag beobachten. Reiseführer, Bücher über Kulturen, Filme und natürlich viele Gespräche mit Ausländern helfen bei der Arbeit.

Schritt 3: Lernen und einordnen. Vielleicht haben Sie Lust bekommen und wollen sich weiter einarbeiten, die Organisationsformen und Besonderheiten des privaten und Wirtschaftslebens in einem Land genauer kennen lernen. Das kann in einem länderspezifischen interkulturellen Seminar erfolgen oder durch die Lektüre Kultur vergleichender Bücher. Sie bekommen Antworten auf Fragen wie:

- Was sind die grundlegenden Werte, die das fremde Land kennzeichnen?
- Denken die Menschen eher theoretisch oder pragmatisch und welche Auswirkungen hat dies auf das Verhalten im Berufsleben?
- Nach welchen Regeln gehen Männer und Frauen, Eltern und Kinder miteinander um?
- Wie verhalten sich Vorgesetzte und Mitarbeiter im Unternehmen?
- Wie werden Entscheidungen getroffen, Konflikte am Arbeitsplatz behandelt, Kundengespräche geführt? Nach welchen Mustern funktioniert beispielsweise eine geschäftliche Besprechung in einem englischen Unternehmen, in dem der Teilnehmer aus einem deutschsprachigen Land relativ sprachlos auf eine Entscheidung wartet?

Die Liste dieser Fragen ließe sich endlos fortsetzen. Aber mit der Beantwortung jeder Frage kommen Sie der fremden Kultur ein wenig näher. Sie werden vorsichtiger und aufmerksamer. Vorschnelle Urteile bleiben aus und spontane Verurteilungen – »die spinnen, die Briten« – reduzieren sich auf ein Mindestmaß.

Schritt 4: Aufbrechen und ausprobieren. Schließlich kommt der vierte und schwierige letzte Schritt: Sie mischen sich aktiv ins Leben im Ausland ein. Die kleinen Geschenke sind im Koffer, die Begrüßungsformel in der Landessprache haben Sie auswendig gelernt. Sie sind angemessen gekleidet und respektieren die Tischsitten. Dann die ersten Kontakte: In bescheidenen Ansätzen können Sie die Situationen mit den Augen Ihres Gegenübers sehen und verstehen in etwa, was dieser denkt und fühlt. Und schließlich passieren jeden Tag Dinge, die völlig überraschend sind und die Sie sich vorher nie hätten vorstellen können. In schönen Momenten helfen Ihnen nun Neugier und Offenheit. In kritischen Situationen werden Sie Ruhe bewahren, Frustrationen ertragen oder unklare und doppeldeutige Situationen aushalten können. Nach einiger Zeit werden Sie etwas mehr verstehen und etwas sicherer auftreten. Ihre Gastgeber werden sich darüber freuen, dass Sie ihr Land und das Leben respektieren. Sagen werden sie es Ihnen jedoch nicht. Sagen werden sie Ihnen dafür immer wieder, wie gut Sie die Landessprache beherrschen – und das ist doch auch schon etwas.

Ein paar zusätzliche Tipps für den Weg zur interkulturellen Kompetenz

Glauben sie nicht, dass das Erlernen der Landessprache automatisch zu mehr kultureller Kompetenz führt. Jeden Tag bereisen Massen von englisch sprechenden Ausländern die USA, die sich kulturell als »fließend inkompetent« erweisen.

Versuchen Sie immer wieder Erklärungen für das Verhalten von Menschen in oder aus fremden Ländern zu finden. Beschäftigen Sie sich mit den Hintergründen der Kulturen, mit ihrer Geschichte, ihrer Gesellschaft, ihren Regeln, Sitten und Gebräuchen. Versuchen Sie zu verstehen, warum etwas so ist, wie Sie es erleben.

Denken Sie durch die Auseinandersetzung mit anderen Kulturen über Ihre eigene Kultur nach. Was ist typisch für das Denken, das Fühlen und das Verhalten der Deutschen, der Österreicher oder der Schweizer? Was sind grundlegende Werte, Normen und Eigenheiten im eigenen Land?

Überlegen Sie, welche Faktoren Ihre eigene kulturelle Identität geprägt haben. Was ist für Sie persönlich besonders wichtig und warum? Was lehnen Sie ab, und aus welchen Gründen? Welche fremden Kulturen sind für Sie anziehend und faszinierend, welche sind für Sie fremd und eher bedrohlich? Gegenüber welchen Kulturen haben Sie eher positive, gegenüber welchen eher negative Vorurteile?

Sprechen Sie mit Menschen aus anderen Kulturen im Privatleben oder am Arbeitsplatz über Ihre Beobachtungen. Offene und ehrliche Gespräche sind ein wichtiger Schlüssel, um mehr über die Gedanken, die Gefühle und die Verhaltensweisen anderer Kulturen zu erfahren. Offene und ehrliche Gespräche lassen sich jedoch nicht erzwingen. In manchen Ländern braucht es viel Vertrauensarbeit bevor ein offener Gedankenaustausch zustande kommt.

Werden Sie nicht zum Opfer Ihrer eigenen Vorurteile. Wer glaubt, dass jeder Südländer im Innersten ein Dieb oder Betrüger ist, wird auf Reisen in diese Länder keine ruhige Minute mehr haben. Wer glaubt, dass Nordamerikaner ohne Kultur leben, wird ignorant die vielen kulturellen *Highlights* übersehen und zu Hause lediglich von der Größe der Steaks berichten. Und wer glaubt, dass die Türkei eine Ansammlung aus Döner-Buden und Billighotels darstellt, wird blind über die unzähligen Zeugnisse hinwegtrampeln, die uns an eine der Wiegen der westlichen Kultur erinnern. Bewahren Sie sich die Neugier und die Offenheit eines Kindes. Planen Sie Reisen also unter dem Aspekt, mehr von der anderen Kultur verstehen zu wollen. Lesen Sie Bücher, Zeitungen, sammeln Sie Informationen, gehen Sie zu Vorträgen, sprechen Sie mit Menschen aus dieser Kultur, besuchen Sie vielleicht sogar ein interkulturelles Seminar.

»Ach ja, und wenn ich Ihnen als kurzfristig umzusetzenden Sofort-Tipp für Ihre nächste Reise ins Ausland noch einmal das schon im Kapitel über die Manieren vorgestellte Zitat von Dieter Schwanitz anbieten darf: ›Erhöhe im Umgang mit Ausländern die Dosierung von Liebenswürdigkeit in deinem Verhalten um das Vielfache bis zu dem Punkt, an dem du es für wahnsinnig übertrieben hältst. Erst dann findet dein Gesprächspartner es normal.‹ Dem sollten Sie sich mit gutem Gewissen anschließen.«

»Ich werde mich bemühen.«

Fons Trompenaars, Charles Hampden-Turner: Riding the waves of culture. Understanding cultural diversity in business. London 1997. Eine US-Firma möchte ihr Verständnis von Business und Führung in unterschiedliche Kulturen dieser Welt exportieren. Das gibt Konflikte und die sehen je nach Kultur natürlich unterschiedlich aus. Viele Beispiele anschaulich beschrieben.

Béatrice Hecht-El Minshawi/Krisztina Kehl-Bodrogi: Muslime in Beruf und Alltag verstehen. Weinheim und Basel 2004. Eine kurzweilig geschriebene Einführung nicht nur für den beruflichen Alltag.

Sylvia Schroll-Machl: Die Deutschen – wir Deutsche. Fremdwahrnehmung und Selbstsicht im Berufsleben. Göttingen 2002. Ein spannender Überblick über deutsche Kulturstandards. Was ist typisch für den beruflichen Alltag der Deutschen. Interessant für ausländische Führungskräfte in Deutschland sowie für Deutsche, die einmal genauer hinschauen möchten, wie das Ausland den eigenen vertrauten Alltag wahrnimmt.

Etwas konkreter werden Schaupp und Graff. Eine gelungene Einsteigerlektüre in das deutsche Berufsleben. Pfiffig: Das Buch ist gleich in Deutsch und Englisch geschrieben: **Gretchen Schaupp/Joachim Graff: Business-Etikette in Deutschland – So treten Sie professionell auf. Mind Your Manners – Tips for Business Professionals Visiting Germany. Frechen 2003.**

Richard D. Lewis: Handbuch Internationale Kompetenz. Mehr Erfolg durch den richtigen Umgang mit Geschäftspartnern weltweit. Frankfurt a.M. 2000. Das Standardwerk, das sämtliche Begriffe und Theorien zum Thema interkulturelle Kompetenz zusammenfasst. Für alle, die tiefer einsteigen wollen.

Selbstbewusst und souverän auftreten

»Also, um es für mich auf die Reihe zu bringen: Bei der Business Etikette geht es um das in einer bestimmten Situation angemessene, vielleicht sogar das gute Verhalten. Bei den interkulturellen Kompetenzen geht es um das situationsangemessene und gute Verhalten in der Fremde. Was mich jetzt aber noch interessiert, ist das sichere, das selbstbewusste und souveräne Verhalten hier und heute. Worauf muss ich achten, damit ich total super rüberkomme?«

»Sie sollten zuerst einmal auf Redensarten verzichten, die Ihre Position schwächen, Sie nicht ernst und konzentriert wirken lassen und einem Ihnen nicht wohl gesonnenen Gegenüber Angriffsmöglichkeiten bieten. Da sind die ›Widerstandsmagneten‹, Worte, die im beruflichen Kontext Ablehnung und Abwehr hervorrufen, also ›total‹ und ›super‹, oder ›wahnsinnig‹ oder ›geil‹. Dann gibt es noch die Weichmacher, die Sie unklar und ohne Linie erscheinen lassen, also ›eigentlich‹ und ›irgendwie‹, aber auch Entschuldigungen zu Beginn eines Gesprächs wie ›Ich bin mir da nicht so ganz sicher, aber ...‹.«

»Ach, ja!«

»Nun gut! ›Selbstbewusst und souverän auftreten‹, was können Sie da tun?«

Vorneweg: Im Auftreten spiegelt sich Ihr Innerstes

Wenn Sie traurig sind, kann sich das in Ihrem Äußeren spiegeln, man merkt es Ihnen einfach an. Gleiches gilt für Angst, Glück, Hass, Verliebtsein oder übermäßige Freude. Menschen »sieht« man aber auch an, ob sie eins mit sich sind, ob sie verunsichert sind, sich minderwertig fühlen. Ebenso hört man, dass ein Mensch Autorität ausstrahlt, eine echte Führungspersönlichkeit darstellt oder ein typischer Duckmäuser ist, um nur einige Beispiele zu nennen.

Stimmen Sie sich positiv ein!

Das Wissen um die »durchschlagende Wirkung« des Inneren ermöglicht erste Maßnahmen in Sachen selbstbewusstes Auftreten: Wenn Sie vor einem für Sie wichtigen Gespräch, einer wichtigen Rede, einem wichtigen Meeting oder Ähnlichem stehen, stimmen Sie sich positiv ein. Es mag banal klingen, jedoch: es wirkt!

Sie müssen eine Rede halten. Sprechen Sie für sich so laut es in der Situation geht Formeln wie »Ich freue mich auf die Rede! Ich habe mich gut vorbereitet! Ich freue mich auf mein Publikum und ich freue mich besonders, all den Anwesenden das Thema ... spannend und verständlich zu vermitteln. Das wird eine richtig gute Sache!«

Sie müssen mit einer Ihnen sehr unangenehmen Kollegin aus der eigenen Firma einen wichtigen Termin verhandeln. Auch hier können Sie sich positive Formeln überlegen und sich diese innerlich, besser jedoch laut vor dem Gespräch vorsprechen: »Ich habe gute Argumente für meine Position. Ich fühle mich sicher! Ich werde Frau ... freundlich und mit aller Wertschätzung gegenüber auftreten. Ich freue mich auf das Gespräch und werde mein Ziel ... in einer guten Atmosphäre erreichen.«

Sie müssen einem Kunden, der Ihnen außerordentlich unsympathisch ist, etwas verkaufen. Nehmen Sie sich etwas Zeit und überlegen fünf Eigenschaften Ihres Kunden, die Ihnen wirklich (!) gefallen, die Sie an ihm mögen. Dabei kann es sich um »Kleinigkeiten« handeln, die Farbe der Krawatten, die Uhr, die Art, Sie ausreden zu lassen oder Ähnliches. Wichtig: Seien Sie sich gegenüber so ehrlich wie möglich. Sie werden merken, dass Sie dem Gespräch schon etwas positiver gegenüber eingestellt sind. Jetzt noch Ihre persönliche Einstimmung und dann kann es losgehen: »Ich freue mich, dass ich meinem Kunden, Herrn ... in aller Ruhe mein Produkt ... vorstellen werde. Ich fühle mich gut vorbereitet. Ich freue mich auf ein angeregtes Gespräch in guter Atmosphäre. Ich werde ganz für meinen Kunden, Herrn ... da sein.«

Eine derartige Einstimmung hilft Ihnen, Ihrem Gesprächspartner etwas offener und souveräner gegenüberzutreten als Sie dies mit Ihrer normalen »Morgenmuffelstimmung« oder »Muss-denn-das-heute-auch-noch-sein-Laune« getan hätten. Und eine solche Einstimmung wirkt sich auf Ihr äußeres Verhalten aus. Sie wirken eine Spur selbstsicherer und engagierter.

Tipps für ein selbstbewusstes und souveränes äußeres Auftreten

Kleiden Sie sich so, dass Sie als gleichwertiger Gesprächspartner angesehen werden. Also Kostüm oder Anzug, wenn zu einem bestimmten Termin Kostüm oder Anzug üblich ist. Dabei spielt es keine Rolle, dass Ihr Kostüm nicht von Windsor und Ihr Anzug nicht von Brioni ist. Sie müssen in Ihrer Kleidung gepflegt, angemessen elegant und natürlich wirken.

Nehmen Sie sich – im Sitzen oder Stehen – den Raum, den Sie brauchen, um sicher agieren zu können. Verschaffen Sie sich Platz. Selbstbewusste Menschen lassen sich nicht mit einer kleinen Ecke am Tisch oder beim Stehempfang abspeisen.

Stehen Sie mit dem Gewicht gleichmäßig auf beiden Beinen, jedoch nicht breitbeinig, das wirkt übermäßig dominant. Ein Fußabstand von ungefähr 15 cm ist ausreichend. Unsere Leserinnen sollten einmal prüfen, wie sie sich fühlen und wie sie wirken, wenn ein Fuß etwas vor dem anderen steht. Ein solcher Stand vermittelt bei Frauen häufig den Eindruck von besonderer Souveränität.

Und die Hände? Zwingen Sie sich nicht, mit gekünstelter Gestik zu schauspielern. Das kostet Kraft und lenkt vom Sprechen und Zuhören ab. Lassen Sie die Gestik, die zu Ihnen passt einfach geschehen. Scheuen Sie sich dabei nicht, »mit den Händen zu reden«. Auch hier gilt: Eine ausgeprägte, etwas ausholende Gestik vermittelt mehr Selbstbewusstsein als eine verhaltene, eng am Körper ausgeführte Armbewegung. Und im Ruhezustand? Üben Sie als Grundhaltung, die Hände in Hüfthöhe zu halten. Das wirkt konzentriert und aufmerksam. Natürlich können Sie die Hände auch einmal vor der Brust verschränken, an der Seite hängen lassen oder hinter dem Rücken halten. Solange Sie die Haltung wechseln ist das in Ordnung. Hüten Sie sich allerdings davor, die Hände unterhalb des Gürtels gefaltet zu halten, das wirkt brav und bieder. Ach ja, und die Hand in der Tasche wirkt sicher hin und wieder souverän und lässig, wird aber nicht überall gerne gesehen. Entscheiden Sie also selbst.

Halten Sie Blickkontakt, bemühen Sie sich um einen offenen und ruhigen Blick. Suchen Sie mit den Augen immer wieder den direkten Kontakt zu Ihrem Gesprächspartner.

Setzen Sie Ihr freundlichstes Sonntagsgesicht auf. Lächeln Sie, freuen Sie sich. Freundlichkeit ist ein Zeichen von Souveränität. Böse dreinschauende Menschen denken vielleicht, sie würden fest und selbstsicher wirken, sie tun es nicht.

Sprechen Sie klar und deutlich. Reden Sie nicht einfach drauf los, sondern konzentrieren Sie sich auf eine sorgfältige Aussprache: Artikulieren Sie die Anfangs- und Endsilben, also: »bescheiden« statt »b'scheiden« und »achten« statt »acht'n«. Machen Sie bewusst Pausen. Erzeugen Sie mit Pausen Spannung und strukturieren Sie Ihre Erzählung. Pausen helfen Ihnen, Dehnungslaute wie »ähhh« oder »mhh« zu vermeiden. Wechseln Sie die Lautstärke: Werden Sie bei Ihnen wichtigen Passagen etwas lauter, bemühen Sie sich dann aber wieder um Ihre normale Lautstärke. Wenn Sie es zudem schaffen, mit dem Tempo zu variieren, also abwechselnd schneller und langsamer zu sprechen, dann stimmt Ihr Sprechauftritt.

Die Sprache: Manche Menschen nehmen bestimmte Worte nicht in den Mund, selbst wenn Kommissar Schimanski sie gleich mehrfach und zur besten Sendezeit in die deutschen Wohnzimmer schleudert. Aber wissen wir, ob Schimanski selbstsicher und souverän wirken wollte? Also: Alle Begriffe, die unsere Großeltern für unanständig halten, schaden einem souveränen Auftritt. So einfach ist die Regel. Dann gibt es noch positive und negative Formulierungen:

Wer immerzu negativ, im Konjunktiv und mit »Weichmachern« spricht, stellt sich als jemand dar, die oder der auf der Schattenseite des Lebens steht: »Ich könnte mir eigentlich nicht vorstellen, dass diese Idee viele Freunde gewinnt.«, »Ich hatte nicht die Zeit, das ausführlich zu durchdenken, hätte aber ein ungutes Gefühl, wenn ich an die Kosten denke, die da womöglich auf uns zukommen.«, »Irgendwie gefällt mir die Idee, vielleicht sollte mal jemand ...«

Argumentieren Sie positiv, mit einfachen Worten und kurzen Sätzen. Begründen Sie Ihre Meinung, ergänzen Sie diese mit Beispielen und anschaulichen Bildern: »An der Idee ... gefällt mir besonders ... Schwierigkeiten bekommen wir mit ... Und dies aus zwei Gründen. Erstens ...«, »Die Umsetzung des Vorschlags verursacht Kosten, die ich noch nicht abschließend ermittelt habe. Aus heutiger Sicht ...«, »An dieser Idee gefallen mir zwei Dinge besonders. Erstens ... Zweitens ... Deshalb bin ich bereit ...«

Beim Thema bleiben: Wer mit seinen Äußerungen vom roten Faden abweicht, vom Hundertsten zum Zehntausendsten gelangt, immer wieder neue Themen anspricht, ziellos einfach drauflosplappert, passt vielleicht in das Bild des kreativen Medienmachers, wird aber eher auf ein mitfühlendes Lächeln stoßen und nicht ganz ernst genommen. Dies im Gegensatz zu jemanden, der zu Beginn eines Gesprächs klärt, worum es überhaupt geht, der einen roten Faden anbietet und diesen – bei aller Flexibilität für neue Themen – auch sicher verfolgt.

Hören Sie zu! Menschen, die aufmerksam und aktiv zuhören und dies auch deutlich durch Fragen und Anmerkungen zum Gehörten zum Ausdruck bringen, wirken bei weitem selbstsicherer und souveräner als diejenigen, die unbedingt das Thema vorgeben und das große Wort schwingen.

Gehen Sie auf die Menschen zu. Sie wirken souverän und selbstsicher, wenn Sie die Sprache Ihrer Zuhörer sprechen, verständlich bleiben, auf die Interessen der anderen eingehen, diese überhaupt erst einmal erfragen und ernst nehmen. Wenden Sie sich in größeren Runden Einzelnen zu, stellen Sie sich vor und bieten Sie ein Gespräch an. Starten Sie mit dem Wetter oder einer aktuellen Unternehmensgeschichte. Signalisieren Sie Offenheit und ein Interesse an der Meinung Ihres Gesprächspartners. Bleiben Sie zunächst zurückhaltend mit der eigenen Meinung. Hören Sie zu und fragen Sie. Lernen Sie – Menschen, die lernen, wirken immer souverän. Denn sie werden von Mal zu Mal klüger. Das spüren sie selbst und das spüren auch die anderen.

Lassen Sie sich Zeit! Der Altrocker Neil Young singt in einem Lied: »When I was fast I was always behind.« Souveräne Menschen wirken so als ob sie alle Zeit der Welt hätten, selbst wenn ihr Auftritt in einer Rede oder in einem Gespräch nur zehn Minuten dauert. Sie verfügen einfach in diesen zehn Minuten über alle Zeit der Welt. Also keine Hetze. Vermitteln Sie Ruhe, verzichten Sie nicht auf Ihre kleinen Pausen, sprechen Sie konzentriert und mit festem Blickkontakt. Und sprechen Sie nur über das, was in einer Situation wirklich gesagt werden muss, über mehr nicht. Da reichen häufig sogar fünf Minuten.

»Ganz konkret – was mache ich, damit ich alle diese Tipps möglichst schnell gekonnt umsetze?«

»Lesen Sie sich diese Tipps einige Male durch. Wenn Sie in das nächste Gespräch gehen, konzentrieren Sie sich. Nehmen Sie sich eine Sache vor, die Sie besonders üben wollen. Richten Sie dann Ihre gesamte Aufmerksamkeit auf diese Situation. Gehen Sie mit viel Freude, Engagement und positiver Einstellung in das Gespräch, die Besprechung oder den Vortrag. Machen Sie einfach – das klappt dann schon.«

In allen Büchern geht es auch um den souveränen und sicheren Auftritt. Das kann in einer Präsentation der Fall sein oder in einem Konfliktgespräch. Blättern Sie einfach in allen diesen Büchern und entscheiden Sie sich für die Situation, auf die Sie sich vorbereiten möchten.

- **Svenja Hofert: Sicher auftreten, gekonnt überzeugen. Berlin 2003.**
- **Martin Hartmann/Bernhard Ulbrich/Doris Jacobs-Strack: Gekonnt vortragen und präsentieren. Weinheim und Basel 2004.**
- **Nele Haasen: Mut zu klaren Worten – Wie Frauen sich in Konfliktgesprächen behaupten. München 2003.**
- **Winfried Prost: Rhetorik und Persönlichkeit. Wie Sie selbstsicher und charismatisch auftreten. Köln 2003.**

Das Lied von Neil Young findet sich auf der CD **»Silver + Gold«** aus dem Jahr 2000.

Networking – eine professionelle Art der Beziehungspflege

»Zum Warmwerden vielleicht eine kleine Geschichte, wie Sie sie immer wieder erfahren können: Ein seit 20 Jahren in Deutschland lebender und arbeitender Engländer sprach mit mir über den entscheidenden Nachteil von Deutschen in interkulturell zusammengesetzten Projektteams: ›Die Deutschen beherrschen einfach nicht die Kunst des Networking. Es fällt ihnen zum Beispiel schwer, einfach so einen am Projekt Beteiligten anzurufen und ihn schlicht nach der Gesundheit der Kinder zu fragen, über die man noch vor wenigen Tagen gesprochen hatte. Ähnlich schwer fällt ihnen der lockere Smalltalk, bei dem es nicht um Problemlösungen, sondern ausschließlich um Beziehungspflege geht. Und so rutschen sie zunehmend aus den informellen Zirkeln heraus, die oftmals mitentscheidend für den persönlichen wie den Projekterfolg sind.‹«

»Also in Zukunft klüngeln was das Zeug hält?«

»Nein! Es geht ohne Mauscheleien, ohne Geheimbünde, ohne Aktionen am Rande des Zulässigen, ohne schlechtes Gewissen. Professionelle Beziehungspflege erfolgt ganz offen und hat nichts zu verbergen.«

»Und der Nutzen für mich?«

»Wer sich als Verkäufer aktiv um ein großes Netz potenzieller Kunden kümmert, erfährt als Erster von möglichen Kaufabsichten oder von Problemen, für die man eine Lösung parat hat. Wer auf der Suche nach einem neuen Job hundert Bekannte ansprechen kann, erhält andere Informationen als derjenige, der niemanden kennt. Wer Informationen benötigt, wird in seinem Netzwerk sicherlich jemanden finden, der jemanden kennt, der wiederum ... und so weiter. Sie kennen das und praktizieren es im Privatleben sicherlich schon, wenn auch vielleicht spontan und nicht sehr systematisch.«

»Klingt gut, das mit dem Nutzen. Nur ist so ein Netzwerk meist nicht da, wenn man es braucht!«

»Vielleicht ist genau das einer der Hauptgründe, warum immer noch so wenige Menschen funktionierende Netzwerke bilden: Netzwerke kann man nicht kurzfristig kaufen, sie entstehen über einen längeren und manchmal auch sehr langen Zeitraum. Sie benötigen viel Pflege, Geduld und noch mehr Disziplin. Das Besondere, und manchmal fast schon Verrückte am Networking ist, dass diejenigen am meisten davon profitieren, die niemals nach einem kurzfristigen Nutzen fragen, sondern unermüdlich in ein langfristig stabiles Beziehungsnetz investieren.«

»Macht neugierig. Und noch etwas: Wann empfehlen Sie mir persönlich, mit dem Networking zu beginnen und wie lang sollte der Atem sein, den ich dabei mitbringen muss?«

»Wichtige Frage: Fangen Sie heute schon an und stellen Sie sich auf eine Laufzeit von vielen vielen Jahren ein. Wobei der Nutzen für Sie natürlich schon viel früher eintritt und die ganze Sache auch eine Menge Spaß machen kann. Lassen Sie uns an dieser Stelle einige einführende Gedanken ansprechen.«

Networking – was steckt hinter diesem Begriff?

Wir möchten uns eine Definition aus dem lesenswerten Buch von Uwe Scheler ausleihen: »Networking ist eine methodische und systematische Tätigkeit, die darin besteht, Kontakte zu Menschen zu suchen, Beziehungen zu pflegen und längerfristig zu gestalten. All das geschieht in der offenen Absicht der gegenseitigen Förderung und des gegenseitigen persönlichen Vorteils.« Was folgt aus dieser Definition?

»Networking ist eine methodische und systematische Tätigkeit ...« – Wenn Sie ein professionelles Netzwerk aufbauen wollen, dann sammeln Sie nicht einfach ziellos Leute um sich herum, die Ihnen sympathisch sind oder Ihre Vorlieben für ein besonderes Hobby teilen. Sie überlegen, mit welchem langfristigen Ziel Sie Menschen um sich sammeln wollen. Drei Beispiele:

- Wollen Sie in einem großen Unternehmen bleiben und dort langfristig interessante Aufgaben übernehmen, dann rekrutiert sich Ihr Netzwerk aus Kolleginnen und Kollegen unterschiedlicher Bereiche und Hierarchiestufen.
- Wollen Sie als Verkäufer erfolgreich sein, dann gehören in Ihr Netzwerk Kunden und potenzielle Kunden, aber auch Menschen, die für Ihre Kunden von Interesse sind und sicherlich andere Verkäufer, mit denen Sie sich austauschen können.
- Wollen Sie langfristig Experte für eine bestimmte Fachrichtung, Dienstleistung oder technische Entwicklung werden, dann suchen Sie innerhalb und außerhalb der eigenen Firma Menschen, die sich auf Ihrem Gebiet auskennen.

Ein mögliches erstes Vorgehen: Wenn Sie sich entschieden haben, für welches Gebiet Sie ein Beziehungsnetzwerk aufbauen wollen, erstellen Sie einfach eine Liste mit Personen und Namen, mit denen Sie sinnvollerweise in Kontakt treten sollten. Dabei kann diese Liste im Laufe der kommenden Wochen und Monate stetig anwachsen. Vielleicht entdecken Sie auf Ihrer Suche bereits bestehende Netzwerke, denen Sie beitreten können. Das erleichtert die Suche etwas.

»... die darin besteht, Kontakte zu Menschen zu suchen, Beziehungen zu pflegen und längerfristig zu gestalten.« – Noch einmal: Es geht beim Networking nicht um die schnelle Kontaktanbahnung für den Instant-Erfolg. Wenn ein kurzfristig geschlossener Kontakt Erfolg bringt, so ist das allen Beteiligten zu gönnen. Und leider beenden viele dann ihre Anstrengungen. Was ein Netzwerk zu einer starken Kraft und einer nachhaltigen Goldgrube macht, ist erst die ernst gemeinte, intensiv betriebene und langfristig angelegte Beziehungsarbeit.

»All das geschieht in der offenen Absicht ...« – Die offen geäußerte Absicht, unter einer bestimmten Themenstellung oder zu einem spezifischen Zweck zusammen zu kommen, Kontakte zu pflegen und diese zu Beziehungen auszubauen, steht am Anfang aller Networking-Bemühungen. Netzwerke sind in der Regel nicht nur offen für neue Mitglieder, die zu dem Zweck des Netzwerks passen, sondern sind daran ausgesprochen interessiert.

Ein mögliches erstes Vorgehen: Scheuen Sie sich nicht, Ihnen noch fremde Menschen zu einem thematisch fest umrissenen Gedankenaustausch einzuladen. Und scheuen Sie sich auch nicht, sich an bestehende Netzwerke anzudocken und Teil des Beziehungsgeflechts zu werden.

»... der gegenseitigen Förderung und des gegenseitigen persönlichen Vorteils.« – Da sich die ganze Welt nun nicht ständig um die Steigerung Ihres Wohlergehens bemüht, sondern die Menschen auch einmal an den eigenen Vorteilen interessiert sind, ist es für Netzwerkprofis unstrittig, dass es in einem Netzwerk immer um den wechselseitigen, nützlichen Austausch geht. Unstrittig ist auch, dass bei diesem Austausch alle ernsthaft Interessierten zu Gewinnern werden.

Ein von Ford Harding, dem Autor des Rainmaker-Buches empfohlenes Vorgehen für Verkäufer, die langfristig aufgebaute Netzwerke nutzen, um erfolgreich zu werden, lautet: Wann immer Sie Kontakt zu einem Netzwerkteilnehmer aufnehmen, fragen Sie sich, was Sie diesem Menschen Gutes tun können, wie Sie seinen Nutzen erhöhen können. Sei dies durch besondere Informationen, durch einen Tipp, durch die Vermittlung eines neuen Kontaktes und natürlich stets durch ein ehrliches Interesse an seinen besonderen Lebensumständen. Ein Tipp nicht nur für Verkäufer! Mehr davon in dem empfohlenen Buch.

Prägnant zusammengefasst lautet die Devise also: »No give – no get!«

Networking – Einstellung, Haltung und etwas Handwerkszeug

Das Bilden und Pflegen von persönlichen Netzwerken ist nicht nur eine Frage eines möglicherweise IT-gestützten Informationsmanagements. Um mit Menschen in eine fruchtbare Netz-Kommunikation zu kommen, braucht es mehr. Hier unser Angebot:

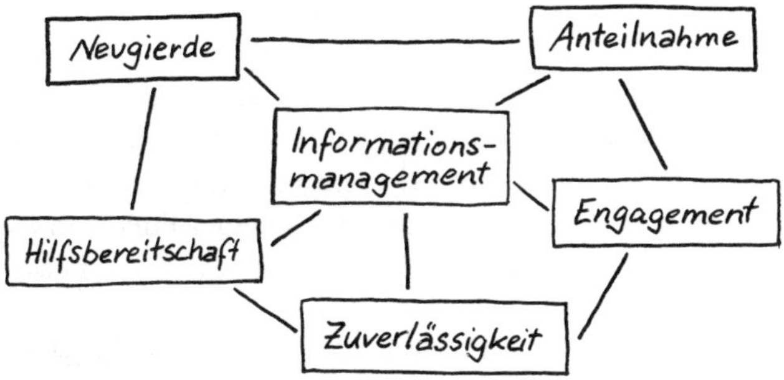

Neugier: Es muss ja nicht das Verlangen sein, gleich durch jedes Schlüsselloch zu schauen. Aber ein Mindestmaß auf »Gier nach Neuem« – nach neuen Bekannten und deren Geschichten, nach Kontakten, nach Informationen, nach Gesprächen – das sollten Sie schon entwickeln, um die Networking-Karriere mit Aussicht auf Erfolg zu starten.

Anteilnahme: Neugierde ist der Einstieg, Anteilnahme geht darüber hinaus. Sie können einem anderen nur nutzen, ihm Gutes tun, wenn Sie sich einfühlen, wenn Sie Anteil nehmen, wenn Sie Interesse zeigen an der Perspektive des anderen, an seinen Fragen, Erfahrungen oder Problemen.

Im Mittelpunkt steht dabei Ihre Fähigkeit zu kommunizieren, sich mitzuteilen, was nichts anderes heißt, als die eigenen Erfahrungen, Kenntnisse, Gelerntes und Aufgeschnapptes mit anderen zu teilen. Wer glaubt, das eigene Wissen diene vor allem dazu, den persönlichen Wissensvorsprung zu behaupten, der wird in einem Netzwerk auf Ablehnung und Misstrauen stoßen und sich dort auch nicht wohl fühlen. Erfolgreiche Networker stiften am laufenden Band Beziehungen, verfolgen deren Entwicklungen und profitieren vom Nutzen, den die anderen davon haben.

Engagement: Netzwerke entstehen nicht von selbst und sie zerfallen innerhalb recht kurzer Zeit, wenn sie nicht gepflegt werden. Deshalb ist ein dauerhaftes und hartnäckiges Engagement in das Knüpfen, Ausbauen, Verstärken und Erweitern von Kontakten unerlässlich.

Gehen Sie auf andere zu, sprechen Sie – auf Kongressen, Seminaren, Partys oder im Zug – Ihnen fremde Menschen an, verwickeln

Sie diese in einen Gedankenaustausch. Wichtig dabei: Nicht jeder Gesprächspartner eignet sich für Ihr Netzwerk! Passen die Themen, die Ausrichtung, stimmt die »Chemie«? Bei aller Kontaktfreude sollten Sie es auch verstehen, die Kontakte und Verbindungen zu erkennen, bei denen eine Vertiefung in Richtung »Integration in mein Netzwerk« lohnt, sonst ertrinken Sie bald in einer Fülle von Adressen, angeknüpften Kontakten und im Anfangsstadium steckengebliebenen Beziehungen.

Und dann? Wenn Sie dranbleiben, werden Sie schnell erkennen, ob aus dem zarten Pflänzchen mehr werden kann und ob die Pflanze in eines Ihrer Blumenbeete passt. Dann beginnt das disziplinierte Arbeiten. Sie müssen Ihren »grünen Daumen« beweisen: düngen, gießen, päppeln und alles in der richtigen Dosierung. Beim Networking heißt das: sich melden, anrufen, einen Kartengruß schicken, aber auch einen Tipp geben, einen das Hobby betreffenden Artikel oder eine spannende Fachpublikation zuschicken und immer wieder auch persönliche Gespräche führen. Netzwerke können auf Dauer nicht ausschließlich virtuell bestehen, wenn auch das Internet bei der Beziehungspflege helfen kann. Aber der Austausch von wirklich wert- und gehaltvollen Informationen, die Diskussion eines brennenden, netzwerk-spezifischen Themas braucht immer wieder die direkte Begegnung.

Zuverlässigkeit: Die Pflege eines Netzwerkes kostet Kraft und Anstrengung. Sie werden sich dabei ungern um Menschen bemühen, die ein Ausbund an Unzuverlässigkeit darstellen (selbst wenn dies manchmal aus opportunistischen Gründen geboten ist). Gleiches gilt für Sie: Sie erleichtern sich die Arbeit und empfehlen sich Ihren Ansprechpartnern in hohem Maße, wenn Sie absolut zuverlässig sind. Also:

- Halten Sie unbedingt ein, was Sie versprochen haben.
- Halten Sie sich an Zusagen, Vereinbarungen, Verpflichtungen.
- Sorgen Sie dafür, dass Ihre Tipps, Hinweise und Empfehlungen seriös und verlässlich sind.
- Erinnern und beziehen Sie sich auf ausgetauschte Erfahrungen.
- Geben Sie zugesagte Rückmeldungen unverzüglich und sorgfältig.

Hilfsbereitschaft: Jeder Networker weiß es aus eigener Erfahrung und jedes Büchlein zum Thema wird nicht müde, es zu betonen: Mann und Frau müssen schon eine Art Pfadfindermentalität haben oder entwickeln, wenn sie in Netzwerken erfolgreich sein wollen. Zunächst geht es darum, hilfsbereit zu sein, Unterstützung anzubieten, mit Tipps und Informationen auch unaufgefordert zur Stelle zu sein. Und dies alles nicht in der Absicht: »Ich habe dir diese Woche fünf Tipps zukommen lassen, nun musst du erst einmal gleichziehen, bevor ich weitermache«, sondern in dem Vertrauen und der inneren Gewissheit, dass dieses Aussäen Früchte trägt. Sicher kann man dabei Enttäuschungen erleben, aber wer nur nimmt und selbst nicht gibt, wird sich bald außerhalb des Netzes befinden. Eine gesunde Portion Altruismus ist also angesagt. Es gibt natürlich auch die andere Situation: Sie erhalten auf einmal ständig Hilfsangebote, Adressen und Tipps, können aber selbst im Moment oder auch auf absehbare Zeit nichts oder zumindest nichts Adäquates zurückgeben. Dies gilt es ohne schlechtes Gewissen anzunehmen. Denn ein gut funktionierendes Netzwerk sorgt in der Summe für die Balance. Außerdem ist ein herzlich gemeintes Dankeschön, vielleicht sogar verbunden mit einer kleinen Aufmerksamkeit genauso eine Möglichkeit, etwas zurückzugeben.

Informationsmanagement – die zentrale Netzwerkeigenschaft: Die vielen Kontakte wollen natürlich zeitsparend und nutzbringend verwaltet werden. Grundsätzlich gilt aus unserer Sicht:

- Wenn irgendwie möglich, sollte die Datenbank in elektronischer Form geführt werden. Dies erleichtert so manchen Arbeitsschritt, wenn es beispielsweise um den Versand von elektronischer Post geht. Aber natürlich wird es auch in Zukunft erfolgreiche Networker geben, die mit einem Zettelkasten oder einem winzigen schwarzen Adressbüchlein bestens auskommen.
- Die so entstehende Datenbank ist möglichst mit bereits bestehenden und täglich gebrauchten Daten- und Informationsbanken zu verknüpfen. Beispielsweise sollten die Geburtstage der wichtigen Netzwerkpartner so mit dem Terminkalender verknüpft sein, dass keine parallelen Eingaben erforderlich werden, Gleiches gilt natürlich für die Adressen.

Für alle, die Ihre Netzwerkkompetenz vertiefen wollen

Das Internet: Wenn Sie »Netzwerk« als Suchbegriff wählen, werden Sie in der Abteilung »technische Netzwerke« landen. Probieren Sie es daher mit »Networking«. Damit kann Ihre Suche beginnen: Je nachdem, ob Sie auf der Suche nach einem Netzwerk mit dem Schwerpunkt sozialer Frage- und Hilfestellung sind, ob Sie sich gerade selbstständig machen wollen und ein Erfahrungsnetzwerk suchen oder ob Sie beispielsweise Marketingfachmann sind, der sich einen fachlichen Erfahrungs- und Meinungszirkel wünscht, werden Sie auf unterschiedliche Art und Weise fündig werden. Der Einstieg über das Internet kann sich lohnen, benötigt aber von Ihnen – wie jeder Networking-Start – eine klare Ausrichtung und Fokussierung.

Wenn Sie vor dem Surfen, Telefonieren, Messebesuchen und möglichen Partystress erst noch etwas lesen wollen.

Uwe Scheler: Erfolgsfaktor Networking – Mit Beziehungsintelligenz die richtigen Kontakte knüpfen, pflegen und nutzen. München 2003. Eine umfassende und das eigentliche Thema oft weit umspannende Darstellung mit prägnanten Zusammenfassungen und Schwerpunktsetzungen.

Ulrike Rudolph: Karrierefaktor Networking – Gestalten Sie Ihr Karriere-Netzwerk, mit Karriereplaner und Musterformularen auf CD-ROM. Freiburg im Breisgau 2004. Eine sehr systematische Darstellung, die sich vor allem an Leser richtet, die Networking als Karrierefaktor konsequent nutzen wollen. Die vielen Aufgaben, Checklisten, Formularvorlagen und praktischen Tipps sind sehr hilfreich. Wenn Sie alles konsequent umsetzen, wird es in Ihrem Leben allerdings außer Networking nicht mehr viel geben. Suchen Sie sich daher zielgerichtet die Bereiche heraus, von denen Sie am meisten profitieren können.

Ford Harding: Creating Rainmakers – The Manager's Guide to Training Professionals to Attract New Clients. Avon 1998. Dieses Buch ist für Verkäufer gedacht, die über ein konsequentes Networking langfristig einfach erfolgreich werden müssen. Eine überzeugende Anwendung des Netzwerkgedankens.

- Prüfen Sie sehr genau, welche Daten Sie wirklich benötigen. Müssen Sie beispielsweise immer gleich die Geburtsdaten der Ehepartner oder Kinder Ihrer Netzwerkpartner speichern? Die Gefahr des Untergangs in der Datenflut ist schnell gekommen.

- Sorgen Sie dafür, dass die Daten so aktuell wie möglich sind. Das gilt vor allem für persönliche Informationen. Es wirkt peinlich, den Gatten grüßen zu lassen, den Ihre Ansprechpartnerin schon vor fünf Jahren auf die Straße gesetzt hat.
- Je größer Ihr Netzwerk wird, desto leichter gehen wichtige Informationen verloren. Sie müssen sich Notizen machen, über Probleme Ihres Gesprächspartners, aktuelle Unternehmungen, Pläne, Vorhaben oder auch Visionen, auf die Sie immer wieder zurückkommen und an die Sie mit Ihren Themen anknüpfen können.

»Glauben Sie, dass man das alles lernen kann?«

»Ja! Wenn auch nicht sofort. Aber das muss man beim Networking gar nicht. Entscheidend für den Erfolg ist unseres Erachtens die Offenheit, Ernsthaftigkeit und Konsequenz, mit der Sie an Ihrem Netzwerk arbeiten. Ob es groß oder klein ist, spielt keine Rolle. Genauso wenig, ob besonders wichtige Leute zu Ihren engen Kontakten gehören. Das kommt alles im Laufe der Zeit ganz von alleine. Für den Anfang reicht etwas systematische Kontaktfreude und die Gewissheit, dass ein Netzwerk viele menschlich wertvolle Begegnungen ermöglicht, die alleine schon der Mühe wert sind.«

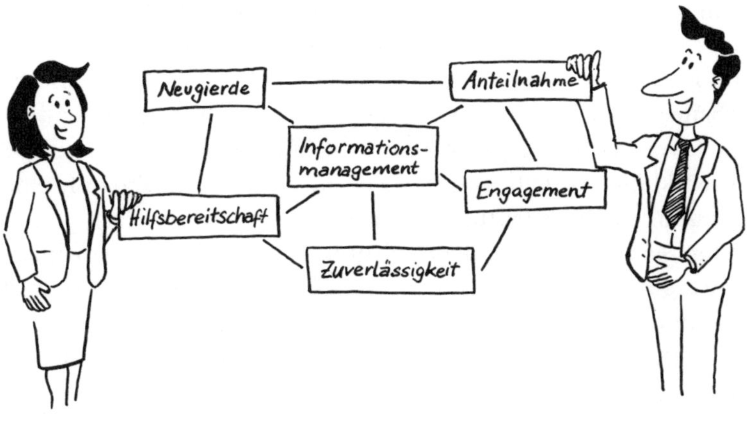

Publizieren – warum nicht?

Wer schreibt, bleibt! Ist doch nicht schlecht, oder?

Denken Sie einmal darüber nach, ob Sie nicht zu den Menschen gehören wollen, deren Namen hin und wieder als Verfasser von Artikeln in Fach- oder Firmenzeitschriften erscheint. Sie meinen, Sie wären kein Journalist oder Schriftsteller? Nun denn, Journalist sollen Sie gar nicht werden und von einer Karriere als Schriftsteller dürfen Sie ruhig weiter träumen – und was das Schreiben angeht, das kann man lernen! Ehrenwort!

»Wer schreibt, bleibt!« lautet ein häufig verwendetes Sprichwort. Da ist was dran, selbst in Zeiten von Internet und DVD. Vielleicht ist es nicht mehr so wie noch vor einigen Jahren. Aber auch heute, wo wir uns vor Veröffentlichungen kaum noch retten können, wird dem Verfasser von Beiträgen in Zeitschriften oder Büchern besondere Anerkennung zu Teil. »Die oder der hat etwas zu sagen! Und das wird sogar veröffentlicht! Schau einmal an!« Wenn Sie als Mitarbeiter eines Unternehmens über Ihr Fachgebiet schreiben, beispielsweise fachkundig eine irgendwo auf der Welt produzierte Neuentwicklung vorstellen oder eigene Ideen über die Zukunft einer bestimmten Dienstleistung vorlegen, in allen diesen Fällen präsentieren Sie sich als jemand, der nicht nur praktisch seine Arbeit ausführt, sondern darüber nachdenkt, über den Zaun hinausschaut, sich in das Geschehen der Welt einmischt. Das kommt einfach gut an, in der Öffentlichkeit, bei Vorgesetzten, bei Kolleginnen und Kollegen.

»Klingt ja verlockend! Nun hat aber ja fast jeder interessierte und engagierte Mitarbeiter etwas zu sagen, warum publizieren dann so wenige?«

»Ich vermute, dafür gibt es vielfältige Gründe. Erstens: Viele Menschen kommen gar nicht erst auf die Idee, dass das, was sie brennend interessiert, auch für andere von Interesse sein könnte. Zweitens: Viele leben in dem Glauben, dass ihre aufgeschriebenen Gedanken vor den kritischen Augen einer professionellen Zeitschriftenredaktion nicht bestehen würden. Sie haben viel zu viel Ehrfurcht vor den Medien. Dabei ist bei den meisten Menschen die Hemmschwelle den Medien gegenüber gesunken. Das geht einher mit einer gewaltig gestiegenen Zahl von Fachzeitschriften, die alle gefüllt werden wollen. Es besteht also ein großer Bedarf an neuen und interessanten Inhalten. Etwas, das auch für Firmenzeitschriften gilt, die eine gute erste Plattform für Veröffentlichungen sind! Und drittens: Viele Menschen meinen, dass sie nicht schreiben könnten. Aber das kann man wirklich lernen!«

»Nun gut. Und wenn dann mal eine Mitarbeiterin oder ein Mitarbeiter etwas zu Papier bringt, was sind denn aus Ihrer Sicht die häufigsten Fehler, die in der Praxis gemacht werden?«

»Die meisten Menschen suchen sich ein Thema aus, das sie persönlich interessiert. Sie schreiben dann, was ihnen wichtig ist, worüber sie monatelang getüftelt haben, versehen mit allen theoretischen Grundlagen und Einzelheiten, die auch nur im weitesten mit dem Thema zu tun haben. Viel wichtiger wäre es, sich erst einmal Gedanken über die Leserschaft zu machen. Was könnte andere Menschen an meinem Thema interessieren? Welche Gedanken sind bisher nicht bekannt, helfen bei der Arbeit, beim Verstehen moderner Technik, unterstützen beim Lösen aktueller Probleme? Die meisten Autoren schreiben leider nur für sich. Sie konzentrieren sich darauf, was für sie selbst wichtig ist. Dabei ist es mit dem Schreiben von Fachbeiträgen wie mit dem Verkaufen: Der Köder muss dem Fisch schmecken, nicht dem Angler!«

»Überzeugt! Jetzt will ich also als unbedarfter Anfänger einen Fachbeitrag verfassen. Was soll ich also tun?«

Erste Tipps für den Einstieg in Ihre publizistische Zukunft

Bereiten Sie Ihren Beitrag vor: Überlegen Sie sich ein Thema, in dem Sie zu Hause sind und über das Sie gut Bescheid wissen. Denken Sie in einem zweiten Schritt an die mögliche Leserschaft, an ein Fachpublikum oder an die Mitarbeiter Ihres Unternehmens, wenn Sie in einer Firmenzeitschrift veröffentlichen wollen. Fragen Sie sich immer wieder und diskutieren Sie dies auch mit Freunden und Kollegen: »Was bringt die Lektüre den Lesern? Was könnte für sie neu, interessant oder von Nutzen sein?« Machen Sie beispielsweise auf Probleme aufmerksam, die bisher noch nicht thematisiert wurden? Geben Sie den Lesern konkrete Hintergrundinformationen, die bei der Bewältigung wichtiger Arbeiten helfen? Informieren Sie über eine neue Vorschrift, deren Auswirkungen bisher noch nicht genug beachtet wurden? Wenn Sie – und vor allem auch die Ihnen kritisch verbundenen Vertrauten – sicher sind, dass Sie etwas zu bieten haben, das die Öffentlichkeit interessiert, dann – und nur dann! – treten Sie in die zweite Phase Ihres kleinen Publikationsprojektes ein.

Überlegen Sie, welche Firmen- oder Fachzeitschrift, welches Loseblattwerk oder auch welche Internetpublikation für Ihr Thema in Frage kommt. Recherchieren Sie! Fragen Sie Kollegen, Kunden, Zulieferer. Kontaktieren Sie die Fachverbände (Verbandspublikationen!), fragen Sie deren Pressestellen, suchen Sie im Internet, schauen Sie im Verzeichnis der deutschsprachigen Zeitschriften nach (beispielsweise in den Büchern oder Medien-Datenbanken des Stamm Verlages, Essen). Besorgen Sie sich die Publikationen und schauen Sie genau hin, in welcher Form dort Fachbeiträge abgedruckt werden: Achten Sie beispielsweise auf Länge, Bilder, Zeichnungen, Fachsprache oder Autoren. Sie bekommen eine gute Vorstellung davon, wie Ihr eigener Beitrag aussehen könnte.

Jetzt können Sie Ihren Beitrag schreiben und der Redaktion mit einem netten Anschreiben zuschicken – das tun viele Autoren. Sie können aber auch einen der leitenden Redakteure anrufen (Namen finden Sie im Impressum der Zeitschrift) oder bei einer kleineren Zeitschrift den Chefredakteur. Stellen Sie sich vor, berichten Sie über Ihre Artikelidee, erwähnen dabei unbedingt den Nutzen für die Leserschaft und fragen Sie nach dem Interesse der Zeitschrift an diesem Thema. Sie werden in der Regel keine sofortige Zusage für eine Veröffentlichung bekommen, vielleicht jedoch einige konkrete Hinweise auf Schwerpunkt, Länge oder andere Besonderheiten des demnächst abzuliefernden Manuskripts. Andere Redakteure bleiben vielleicht unverbindlicher: »Interessiert mich schon Ihre Idee, schicken Sie doch einfach mal das Manuskript, dann sehen wir weiter.« Und wenn die Redaktion kein Interesse zeigt, sollten Sie auf jeden Fall nachfragen, welche Aspekte aus Ihrem Themengebiet für die Zeitschrift grundsätzlich von Interesse sind. Vielleicht kommt Ihnen im Gespräch ja die Idee für ein neues Thema. Ach ja, und da wir schon über Ihre Publikationskarriere sprechen: Notieren Sie sich Namen und Anschrift Ihrer Gesprächspartner. Bauen Sie sich ein Netz von Pressekontakten auf, sorgen Sie dafür, dass die Redakteure langfristig etwas mit Ihrem Namen verbinden. Das hilft bei späteren Publikationsvorhaben.

Schreiben Sie!

- Schreiben Sie einfach: Verwenden Sie eine einfache klare Sprache und vermeiden Sie allzu viele Nebensätze. Schreiben Sie verständlich: Vermeiden Sie Fachbegriffe, die nur ein kleiner Leserkreis kennt.
- Schreiben Sie anschaulich: Verwenden Sie Beispiele, die Ihre Ideen illustrieren. Benutzen Sie Metaphern, Sprachbilder, Analogien und Alltagsvergleiche. Und wenn möglich: Integrieren Sie Bilder oder Zeichnungen in Ihren Artikel. Die große Kunst besteht darin, komplizierte Zusammenhänge mit einfacher Sprache und Bildern verständlich darzustellen. Alles andere mag gebildet klingen, zeigt aber nur, dass Ihnen Ihr Publikum nicht besonders am Herzen liegt.
- Schreiben Sie möglichst aktiv. Also nicht: »Die Entwicklung von ... hatte dazu geführt, dass ...« sondern: »Die Firma ... hat entwickelt. Das hat den Konkurrenten ... dazu veranlasst, folgendermaßen vorzugehen ...«
- Prüfen Sie sorgfältig Ihre Quellen, hinterfragen Sie kritisch sämtliche Aussagen, die Sie irgendwo lesen oder im Internet finden. Im Zweifelsfall telefonieren Sie hinterher.

Was für Ihren Artikel noch gelten sollte

Ihr Beitrag sollte auf keinen Fall ein platter Werbetext für Ihre Firma oder Abteilung sein. Redaktionen lehnen so etwas in der Regel sofort ab und das Publikum erlebt derartige Beiträge als das, was sie in den meisten Fällen sind: Reklame, oberflächlich und platt. Schreiben Sie über Probleme und deren Lösungen. Wenn Ihnen das eindrucksvoll gelingt, ist das die beste Werbung, die Sie für sich und Ihr Unternehmen machen können.

Ihr Beitrag sollte möglichst aktuell und spannend sein. Schreiben Sie über Neues, neue Ansätze, Ideen, Produkte, aber auch über aktuelle Probleme, die neuartige Lösungen erfordern.

Ihr Beitrag sollte praxisnah sein, also Anregungen für den Alltag der Leserschaft bieten. Wenn Sie konkrete Probleme aufzeigen, bieten Sie auch Lösungsvorschläge an, beispielsweise in Form einer Checkliste oder durch das Angebot interessanter Internet-Quellen und Literaturtipps. Ihr Beitrag sollte logisch und verständlich aufgebaut sein. Eine Möglichkeit wäre:

- Beschreiben Sie in der Einleitung, worum es geht. Also: »Der Beitrag beschreibt die Konsequenzen, die die Einführung von ... für ... hat. In einem zweiten Schritt werden Anregungen für die Bewältigung der auftretenden Schwierigkeiten gegeben.«
- Stellen Sie anschließend das Problem dar, das Sie bearbeiten.
- Beschreiben Sie die Folgen, die dieses Problem für das Unternehmen, die Branche oder die Leserschaft mit sich bringt.
- Diskutieren sie Lösungsmöglichkeiten, die jeweiligen Leistungen und Risiken der einzelnen Ideen.
- Machen Sie Vorschläge für das weitere Vorgehen.
- Fassen Sie die wichtigsten Thesen mit einem Fazit zusammen.

Ihr Beitrag sollte Quellen und Fakten beinhalten. Besonders glaubhaft werden Ihre Ideen dann, wenn Sie sie mit Beispielen oder Statistiken belegen. Ihr Beitrag sollte möglichst kurz sein. Nur wenige Menschen lesen seitenlange Fachbeiträge – und nur wenige Redaktionen drucken diese. Ein zwei- oder dreiseitiger Text, wird gerne auch zu Ende gelesen. Und genau das wollen Sie erreichen.

Und hier noch ein paar »technische« Tipps

Autoren: Überlegen Sie auch einmal, ob Sie den Artikel nicht zusammen mit einem Kollegen, Ihrem Chef, einem wichtigen Kunden oder Zulieferer veröffentlichen wollen. Wenn zwei Namen am Ende des Beitrags stehen, mindert dies Ihrer Reputation keineswegs, hilft aber vielleicht bei der Bildung Ihres persönlichen Netzwerkes.

Unternehmenspolitik: In vielen Unternehmen müssen Veröffentlichungen vom Chef oder der Pressestelle genehmigt werden, wenn der Autor sich als Firmenangehöriger ausweist oder über unternehmensinterne Angelegenheiten berichtet. Machen Sie sich klug und sprechen Sie sich vor dem Publizieren ab.

Format: Verschicken Sie Ihren Text als Datei (Microsoft Word) auf Diskette mit Papierausdruck oder per E-Mail. Vermeiden Sie Formatierungen und Layout. Erfassen Sie Ihren Text als einfachen Fließtext. Speichern Sie Bilder, Grafiken und Schaubilder als eigenständige Datei.

Der Internettipp für die Suche nach der geeigneten Fachzeitschrift: **www.fachzeitung.com.**

Folker Kraus-Weysser: Praxisbuch Public Relations – Mit überzeugender Öffentlichkeitsarbeit zum Erfolg. Weinheim und Basel 2002. Was ist eigentlich Public Relations? Wer macht sie und wie funktioniert sie? Viele interessante Hintergrundinformationen eines Profis.

Manfred Plinke: Handbuch für Erstautoren – Wie ich mein Manuskript anbiete und den richtigen Verlag finde. Tipps & Checklisten, Verlage & Agenturen, Begleitbrief & Manuskriptgestaltung. Berlin 2004. Wenn es um mehr gehen soll als nur um einen Fachartikel!

Und wer es dann ganz genau wissen möchte, der findet auf über 1.000 (!) Seiten sicherlich einen wertvollen Tipp in: **Gerhild Tieger/Manfred Pinke (Hrsg.): Deutsches Jahrbuch für Autoren, Autorinnen 2005/2006 – Schreiben und Veröffentlichen: Aktuelle Informationen und Adressen aus dem Literatur- und Medienmarkt: Theater, Film/TV, Hörmedien, Buch – 3000 neu recherchierte Adressen. Berlin 2005.**

Rudolf Gerhardt/Hans Leyendecker: Lesebuch für Schreiber. Vom richtigen Umgang mit der Sprache und der Kunst des Zeitunglesens. Frankfurt a.M. 2005. Geschrieben von zwei bekannten Journalisten – ein Buch für Schreiberlinge, die an wirklich guten Texten interessiert sind.

»Ach ja, und wenn der Beitrag dann erschienen ist, freuen Sie sich ordentlich. Sie können ja schon den nächsten planen und vorher ausreichend viele Belegexemplare mit Ihrem gerade erschienenen Artikel an alle für Sie wichtigen Menschen verschicken. Seien Sie aber nicht traurig, wenn nicht gleich jeder Ihnen eine Rückmeldung zu Ihrem Artikel gibt. Gehen Sie davon aus, dass er dennoch aufmerksam gelesen wird.«

Das Leben könnte so schön sein – Konflikte!

Konfliktmanagement am Arbeitsplatz – ein erster Einstieg

Konflikte am Arbeitsplatz binden Energie und kosten Zeit, die beispielsweise besser für den Dienst am Kunden verwendet werden könnten. In vielen Fällen erzeugen sie zudem erheblichen Stress und senken Arbeitsfreude, Produktivität und Qualität. Auf der anderen Seite bieten Konflikte die Chance, eingefahrene Muster aufzubrechen, die Arbeitsatmosphäre zu verbessern oder strittige Sachfragen in Richtung Lösung zu bewegen. Dies jedoch nur, wenn diese Konflikte aktiv angegangen und offen sowie fair ausgetragen werden.

Konflikte sind unsere täglichen Begleiter. In jedem Roman sind sie zu Hause, jeder Spielfilm lebt von ihnen, ein Fernsehabend ohne die Darstellung von Konflikten ist unvorstellbar und Nachrichtensendungen gänzlich ohne wohl eine Utopie. Der Umgang mit Konflikten ist so vielfältig wie die Möglichkeiten, sich zu verlieben. Entsprechend viele Ratgeber finden sich auf dem Markt.

Wir möchten in diesem Kapitel zwei Schwerpunkte anbieten:

- In einem ersten Schritt geht es um Ihre Grundeinstellung zu Konflikten. Wie reagieren Sie »so tief in Ihrem Innersten«, wenn ein richtig großer »Knatsch« ansteht? Dazu eine kleine Selbsteinschätzung mit Erläuterungen.
- Anschließend stellen wir Ihnen einen Fahrplan vor, der Sie Schritt für Schritt durch eine konstruktive Konfliktbewältigung führt.

Das soll als Erste-Hilfe-Koffer genügen. Die dann folgenden fünf Kapitel in diesem Buch, behandeln spezifische Konfliktsituationen aus der beruflichen Praxis, beispielsweise der Umgang mit Killerphrasen oder die souveräne Reaktion auf Reklamationen und Beschwerden.

Wozu neigen Sie, wenn ein Konflikt ansteht?

Die eigene, über das ganze bisherige Leben erlernte und verfestigte Einstellung zu Konflikten beeinflusst

- die spezifische **Wahrnehmung** einer Situation mit Konfliktcharakter,
- die **Gefühle**, die ausbrechen sowie
- das **Verhalten**, das man anschließend an den Tag legt.

Wir möchten Ihnen nun vier typische Einstellungen vorstellen. Prüfen Sie für sich möglichst ehrlich, in welchem Ausmaß die einzelnen Haltungen auf Sie zutreffen. Machen Sie dazu Ihr Kreuz an der Stelle, die Ihnen spontan in den Sinn kommt. Überlegen Sie, wie sehr Sie bisher vielleicht von den jeweiligen Vorteilen profitiert, beziehungsweise an den entsprechenden Nachteilen »gelitten« haben. Uns geht es darum, dass Sie sich in der Zukunft deutlicher als bisher bewusst sind, mit welcher Einstellung Sie einen aktuellen Konflikt angehen wollen. Einen Fahrplan für eine von uns stark favorisierte Möglichkeit erhalten Sie im nächsten Abschnitt.

»Konflikten gehe ich aus dem Weg – Ausweichen und Aussitzen ist meine Einstellung.«

trifft häufig auf mich zu — trifft selten auf mich zu

5 --- 4 --- 3 --- 2 --- 1

Was Sie tun müssen: Nichts. Vielleicht nur gute Miene zu allem machen und so tun, als sei nichts geschehen.

Mögliche Vorteile: Manches erledigt sich einfach von selbst und mit der Zeit erleben alle Beteiligten die Angelegenheit als Bagatelle. Zudem wecken Sie keine schlafenden Hunde, machen keine neuen Themen auf und vermeiden eine möglicherweise emotional belastende Auseinandersetzung. Wenn in der Sachfrage die Vorteile auf Ihrer Seite liegen, umso besser.

Mögliche Nachteile: Latente Konflikte können das Arbeitsklima nachhaltig belasten und Sie in einen permanenten, wenn auch leichten Dauerstress versetzen. Bei jedem weiteren Treffen mit Ihrem »Konfliktpartner« schwingt eine Spannung mit, die die Zusammenarbeit behindert. Konflikte haben die Tendenz sich aufzustauen und zu eskalieren. Ihr Konfliktpartner sinnt vielleicht auf Rache, die Sie dann gänzlich unerwartet und unvorbereitet trifft. Wer Konflikten immer nur aus dem Weg geht, nimmt dem Partner die Möglichkeit auch einmal Luft abzulassen und nach dem reinigenden Gewitter wieder neu anzufangen.

!

»In Konflikten gebe ich häufig nach. Ich passe mich an. Wieso sich groß auflehnen, kostet doch nur unnütze Kraft?«

trifft häufig auf mich zu				trifft selten auf mich zu
5	--- 4 ---	3	--- 2 ---	1

Was Sie tun müssen: Freundlich bleiben; so tun, als ob Sie sich von der anderen Seite gerne überzeugen lassen und sich selbst vergewissern, dass Sie doch der Klügere sind, der die Kraft zum Nachgeben aufbringt.

Mögliche Vorteile: Unangenehme Themen kommen nicht auf den Tisch. Sie tun dem anderen vielleicht einen großen Gefallen, indem Sie in der Sache nachgeben. Diesen Gefallen können Sie sich später vergelten lassen. Sie halten sich nicht mit aufwändiger Konfliktbearbeitung auf.

Mögliche Nachteile: Ihr Ansehen bei Konfliktpartnern, Kollegen oder auch beim Chef kann Schaden nehmen: »Man muss nur genug Druck machen, dann kippt er schon um und gibt nach. Anscheinend hat er keine eigene Meinung oder Überzeugungen. Was macht der erst, wenn er mit unseren harten Kunden zu tun hat?« Ihr Verhalten kann außerdem geradezu zu Folgekonflikten einladen.

!

»In Konflikten muss ich dafür sorgen, mich durchzusetzen. Da gibt es entweder Gewinner oder Verlierer. Ich werde auf jeden Fall zu den Gewinnern gehören.«

trifft häufig auf mich zu				trifft selten auf mich zu
5	--- 4 ---	3	--- 2 ---	1

Was Sie tun müssen: Fest auftreten, sich nichts gefallen lassen; sich die eigene Position deutlich machen, diese überzeugend darstellen und mit guten Argumenten verteidigen; auf keinen Fall nachgeben; die eigenen Bedürfnisse während des gesamten Konflikts in den Mittelpunkt stellen; sich nicht von eigenen oder den Gefühlen der anderen vom Weg abbringen lassen; liebenswert und freundlich auftreten, wenn es den eigenen Interessen dient.

Mögliche Vorteile: Je nach betrieblichem Umfeld wirken Sie als durchsetzungsstark, konfliktfähig, belastbar und geeignet für höhere Weihen. Vielleicht machen Sie schnell Karriere, gelten schon in jungen Jahren als zukünftiger Vertriebsleiter, auf jeden Fall wird man sich ungern mit Ihnen anlegen.

Mögliche Nachteile: Sie könnten als egoistisch, machtbesessen oder besserwisserisch gelten; als jemand, dem man besser aus dem Weg geht. Wichtiger jedoch: Wann immer es um Gewinner und Verlierer geht, gibt es Verlierer, die nicht vergessen und sich auf vielfältige Weise revanchieren können.

»Konflikte gehe ich offen an und versuche in einer fairen Auseinandersetzung mit meinem Gegenüber kreative Lösungen zu erarbeiten, mit denen beide Seiten gut leben können.«

trifft häufig auf mich zu — trifft selten auf mich zu

5 --- 4 --- 3 --- 2 --- 1

Was Sie tun müssen: Das Gespräch suchen und systematisch durchführen. Dazu im nächsten Abschnitt mehr.

Möglicher Vorteil: Sie gelten als jemand, dem es um eine unbelastete Arbeitsatmosphäre geht, in der die Sachfragen im Mittelpunkt stehen. Sie werden als offen, geradeheraus, souverän und fair eingeschätzt.

Mögliche Nachteile: Eine offene Konfliktbearbeitung kostet sehr viel Kraft, Konzentration und Zeit. Sie richtet sich manchmal gegen die eigenen spontanen Gefühle: »Am liebsten möchte ich allen gehörig die Meinung sagen!« Wie bei jedem Versuch, im Gespräch eine nachhaltige Lösung zu erzielen, gibt es auch hier keine Garantie für ein Gelingen.

Phasen einer konstruktiven Konfliktbewältigung

Rums! Es hat ordentlich geknallt. Jetzt sitzen Sie in Ihrem Arbeitszimmer und bemühen sich um eine konstruktive Konfliktbewältigung. Die könnte aus den folgenden Schritten bestehen.

Mit den eigenen Gefühlen klar kommen und die Erregung kontrollieren: Dazu gehört, dass Sie Ihre innere Ruhe wiederfinden. Gewinnen Sie Abstand, machen Sie eine Pause, atmen Sie tief durch, gehen Sie laufen oder spazieren, suchen Sie etwas Entspannung und versagen sich auf jeden Fall dem Wunsch, sogleich eine E-Mail loszuschicken (die macht es nur noch schlimmer). Differenzieren Sie zwischen Gedanken und Gefühlen. Spüren Sie nach, was Sie verletzt, verärgert oder gekränkt hat. Welches Ihrer Bedürfnisse fühlen Sie übergangen? Denken Sie mit etwas Abstand auch darüber nach, welchen Anteil Sie an diesem Konflikt haben. Das muss nicht gleich die Hälfte sein, aber vielleicht kommen Sie ja auf 49 Prozent oder noch ein Prozent weniger. Und mit etwas Abstand und Gelassenheit überlegen Sie, für wann Sie ein Konfliktklärungsgespräch anbieten wollen.

Klären Sie die Bereitschaft zu Ihrem Konfliktklärungsgespräch: Bieten Sie Ihrem Gesprächspartner das Gespräch an. Sagen Sie, worum es Ihnen geht. Sorgen Sie für ausreichend Zeit und eine ungestörte Gesprächsatmosphäre. Vermeiden Sie jegliche Form von Provokation. Vielleicht gelingt es Ihnen, mit etwas Humor sogar ein positives Signal zu setzen, das zu einer weniger angespannten Stimmung führt. Sehen Sie es als Zeichen Ihrer Stärke, für eine ruhige, freundliche und konstruktive Gesprächsatmosphäre einzutreten.

Schildern Sie Ihre Perspektive: Beschreiben Sie, was Sie erlebt haben. Vermeiden Sie an dieser Stelle möglichst alle Bewertungen. Schildern Sie nüchtern die Fakten aus Ihrer Sicht. Benennen Sie dabei klar Ihre eigene Betroffenheit: Was genau hat Ihren Ärger hervorgerufen, warum hat Sie die Situation verstimmt, was ist in Ihnen vorgegangen? Überlegen Sie, ob Sie nicht auch etwas von Ihrem Anteil an diesem Konflikt schildern. Aber: Vermeiden Sie Anschuldigungen und Bewertungen Ihres Gegenübers. Schließen Sie diesen Schritt damit, indem Sie Ihre Wünsche und Bedürfnisse ansprechen.

Perspektivenwechsel: Hören Sie zu, versuchen Sie zu verstehen. Bitten Sie Ihren Gesprächspartner, den Vorfall aus seiner Sicht darzustellen. Hören Sie aktiv und aufmerksam zu. Versuchen Sie, sich in den anderen hineinzuversetzen, seine Situation nachzuvollziehen, was nicht bedeutet, dass Sie diese Perspektive auch teilen müssen. Für den Fall, dass von der anderen Seite noch gelegentliche Anschuldigungen kommen, überhören Sie diese, konzentrieren Sie sich ganz auf die Sachebene.

Das Problem angehen: Überlegen Sie gemeinsam mit Ihrem Gesprächspartner, wie das anstehende Problem angegangen oder gar gelöst werden kann. Dies muss nicht unbedingt gleich während des Gesprächs geschehen, Sie können sich ebenso vertagen. Versuchen Sie jedoch, ein gemeinsames oder übergeordnetes Ziel zu finden, dem Sie beide zustimmen können. Diese Phase verläuft dann erfolgreich, wenn beide Partner den Konflikt jetzt als gemeinsam zu lösendes Problem betrachten.

Konkrete Vereinbarungen treffen: Vereinbaren Sie gemeinsam die nächsten Schritte. Welche Maßnahmen wollen Sie unternehmen? Wer erledigt was bis wann? Achten Sie darauf, dass Ihre beiderseitigen Vereinbarungen eindeutig und verbindlich gehalten sind. Vermeiden Sie möglichst Floskeln wie »Wir sollten darauf achten, dass so etwas nicht wieder vorkommt!« Prüfen Sie für sich, ob Sie mit den getroffenen Vereinbarungen gut leben können. Fragen Sie dies auch Ihren Gesprächspartner.

Konflikt innerlich nacharbeiten und verarbeiten: Fragen Sie sich in einer stillen Stunde, ob Sie mit den getroffenen Regelungen zufrieden sind. Was fehlt Ihnen möglicherweise, in welchem Punkt haben Sie Ihre Interessen vielleicht zu wenig gewahrt? Aber auch: Womit sind Sie zufrieden? Und vor allem: Wie zufrieden sind Sie mit Ihrem Gesprächsverhalten? Wie gut ist Ihnen Ihr Konfliktklärungsgespräch gelungen, wo können Sie sich noch verbessern?

»Ein hehres Vorhaben, so ein Konfliktklärungsgespräch. Was mache ich aber, wenn sich der andere als absolut unbelehrbar, aggressiv und gesprächsunfähig erweist?«

»Mein persönlicher Tipp basiert auf dem Motto ›Change it, love it or leave it‹: Stehen Sie Ihren Gesprächsstil tapfer durch, bewahren Sie

also Haltung und präsentieren sich selbst als offen und an der Lösung des Konfliktes interessiert. Vielleicht stellen Sie bei Ihrem Gegenüber ja zumindest eine kleine Veränderung fest, immerhin. Lassen Sie sich nicht beirren: Wir meinen, dass die Durchführung eines Gesprächs, wie wir das soeben vorgestellt haben, weit mehr Kraft, Souveränität und Mut erfordert als beispielsweise das unsägliche E-Mail-Duellieren, bei dem der Konflikt mit jedem Schreiben eine neue Stufe der Eskalation erklimmt. Nun können Sie aber auch damit beginnen, Ihren Konfliktpartner zu ›lieben‹, sich also positiv auf ihn einzustellen. Versuchen Sie es, zumindest Ihnen wird es dabei besser gehen. Sollte Ihnen das aus irgendwelchen Gründen nicht gelingen, bleibt das ›leave it‹: Beenden Sie das Gespräch. Nicht alle Konflikte dieser Welt lassen sich mit Kommunikation beheben. Versuchen sollten Sie es jedoch.«

Karl Berkel: Konflikttraining. Heidelberg 2002.

Paul Gamber: Konflikte und Aggressionen im Betrieb. Problemlösungen mit Übungen, Texten und Experimenten. München 1995. Beide Bücher eignen sich als Einstiegslektüre für Leserinnen und Leser, die Konflikte nicht einfach aussitzen wollen.

Heinz Jiranek/Andreas Edmüller: Konfliktmanagement. Als Führungskraft Konflikten vorbeugen, sie erkennen und lösen. München 2003. Natürlich in erster Linie für Führungskräfte, aber nicht nur!

Deborah Tannen: Du kannst mich einfach nicht verstehen. Warum Männer und Frauen aneinander vorbeireden. München 1998. Gelegentlich soll es ja auch mal zwischen ihr und ihm krachen. Ein kluges Buch nicht nur für den beruflichen Alltag.

Paul Watzlawick: Anleitung zum Unglücklichsein. München 2003. Für den Nachttisch: Kluge Tipps, die garantiert zu Konflikten führen.

Marshall B. Rosenberg/Gabriele Seisl: Konflikte lösen durch gewaltfreie Kommunikation. Freiburg 2004. In diesem Interview zeigt der international bekannte Psychologe, wie eine Konfliktlösung durch gewaltfreie Kommunikation gelingen kann. Als Hintergrundlektüre empfohlen.

Auf Killerphrasen souverän begegnen

Worum geht es dabei?

Der Fremdwörterduden erklärt eine »Phrase« in seiner im Alltag gebrauchten Bedeutung mit »abgegriffene, leere Redensart; Geschwätz«. Killerphrasen lassen sich beschreiben als Behauptungen in einem Wortwechsel, die

- vom Sprecher nicht begründet werden,
- kaum »auf die Schnelle« zu widerlegen sind,
- häufig negativ emotional aufgeladen sind,
- den Adressaten meistens überraschen und zunächst sprachlos machen,
- häufig das Ziel verfolgen, den Adressaten »unterzubuttern«, zu provozieren, ihn lächerlich zu machen,
- die inhaltlichen Ausführungen des Adressaten total in Frage stellen, als unsinnig, naiv, blauäugig oder praxisfremd wirken lassen,

- aber auch immer wieder einen wahren Kern beinhalten können,
- dem Absender in der Position des Überlegenen das letzte Wort lassen sollen.

Beispiele für Killerphrasen sind: »Ein solches Vorgehen ist bei uns immer schon schief gegangen!«, »Das haben wir schon immer so gemacht.«, »Wir können hier ja ganz offen sein, das, liebe Kollegin ..., wird die Geschäftsleitung nie und nimmer akzeptieren.«, »Man merkt, dass Sie nicht aus dem Vertrieb kommen!«, »Die Vorschläge mögen in der Theorie ja stimmen, aber in der Praxis!«, »Ich bin seit zwanzig Jahren in diesem Betrieb, da kann ich Ihnen genau sagen, wie das mit Ihrer Idee enden wird: Sehr, sehr schlimm.«, »Typisch Mann: Da müssen Sie ja dieses Argument vertreten!«

Was macht es in der Praxis so schwer, mit Killerphrasen sicher umzugehen?

Die Konfrontation mit Killerphrasen ist in der Regel unerfreulich. Sie kommen überraschend, erwischen den Zuhörer also unvorbereitet. Sie treffen stets die Gefühlsebene, verletzen und provozieren. Ihre unausgesprochene Botschaft: »Ich will gar nicht argumentieren, möchte gar nicht in Ruhe und fair Ansichten und Meinungen mit dir austauschen, bin gar nicht an der Veränderung meiner festen Meinung interessiert, möchte nur verunsichern, die Oberhand, das letzte Wort behalten.« Hinzu kommt, dass Killerphrasen auf der inhaltlichen Ebene etwas Wahres anhaften kann: Ein bestimmtes, teilweise bewährtes Vorgehen wird seit Jahr und Tag wirklich so und nicht anders im Unternehmen durchgeführt. Oder: Auch Sie spüren, dass Ihren eigenen Vorschlägen viel Theorie anlastet, und Vertriebserfahrung haben Sie wirklich nicht viel.

Die Folge: Viele Menschen lassen sich ihre Überraschung anmerken, zeigen ihren Ärger, schießen unüberlegt und unverhältnismäßig hart zurück, wollen mit einem eleganten Konter glänzen, der nicht immer gelingt oder fangen an, sich zu rechtfertigen, begeben sich damit jedoch nur in eine unterlegene Position: »Natürlich habe ich Vertriebserfahrung, schließlich haben wir im Studium ...«

Tipps für die Praxis

Gerade weil Killerphrasen gezielt und stark die Gefühle und gleichzeitig wichtige inhaltliche Themen ansprechen, empfehlen wir, dass Sie es sich im Umgang mit dieser Art Angriffe so einfach wie nur möglich machen. Entscheiden Sie sich für eine Reaktionsart und üben Sie diese so intensiv ein, dass Sie nicht mehr auf dem falschen Fuß erwischt werden und auf jeden Fall eine gute Figur machen.

Kontern mit Rückfragen: Ein Vorgehen, das leicht zu lernen ist und allen Beteiligten hilft, das Gesicht zu wahren ist das Kontern mit Rückfragen. Fragen Sie einfach nach, was der andere genau meint. Zwingen Sie den anderen, inhaltlich zu argumentieren, versuchen Sie, die Diskussion zu versachlichen. Sie gewinnen Zeit, können in Ruhe überlegen, bleiben wertschätzend und wirken ruhig und überlegt. Selbst dann, wenn der andere auf Ihre Nachfragen mit einer weiteren Killerphrase reagiert:

- »Man merkt, dass Sie nicht aus dem Vertrieb kommen!«
  »Was bedeutet das für das Akquiseverfahren?
- »Ein solches Vorgehen ist bei uns schon immer schief gegangen!«
  »Woran lag das bisher, was waren die konkreten Ursachen beim letzten Mal? Was genau ist beim letzten Mal schief gegangen?«

Kontern mit gezielten Rückfragen: Wenn Sie das einfache Nachfragen sicher beherrschen, können Sie diese Technik noch perfektionieren. Überlegen Sie sich bevor Sie nachfragen kurz, zu welchem der vielen in einer allgemeinen Killerphrase steckenden Themen Sie vom anderen Inhalte geliefert bekommen wollen.

Killerphrase: »Hier in der netten Besprechungsrunde klingt das ja schön und gut. Aber draußen, in der Praxis bei unseren Kunden da klappt das nie und nimmer.«

- Reaktion 1: »Sie sprechen die Vorteile unseres Vorschlags an. Was klingt Ihrer Meinung nach positiv? Was noch?«
- Reaktion 2: »Sie meinen, dass das Verkaufen von ... nicht so leicht verlaufen wird. Wo sehen Sie Schwierigkeiten? Wenn Sie einmal die drei größten Probleme aus Ihrer Sicht skizzieren könnten.«

- Reaktion 3: »Ich gebe Ihnen gerne Recht. Was am grünen Tisch entwickelt wird, muss nicht unbedingt für die Praxis passen. Daher schlage ich vor, dass wir die von Ihnen gerade angesprochenen Vorteile meines Vorschlages notieren und anschließend überlegen, wie wir sie so umsetzen, dass der Erfolg auch unter widrigen Umständen garantiert ist. Also, Sie sagten ›klingt positiv‹, was genau meinen Sie damit?«

Bleiben Sie bei diesem Vorgehen freundlich und an der Sache orientiert. Gleichzeitig signalisieren Sie Ihrem Gegenüber und allen anderen Anwesenden, dass man bei Ihnen mit allgemeinen und unüberlegt dahergeredeten Phrasen nicht durchkommt.

Wie Sie bei Killerphrasen sonst noch reagieren können

Überhören: Sie können die Killerphrase elegant überhören und mit Ihren Ausführungen einfach fortfahren, in der Hoffnung, dass Ihr Gegenüber die Lust am Weitermachen verliert.

Vertragen: Sie können das Thema, das mit einer Killerphrase angesprochen wird, bewusst vertagen oder wegdrücken: Killerphrase: »Das Vorgehen hat in unserer Abteilung noch nie funktioniert, und wir haben es schon mindestens fünfmal versucht.« Ihre Antwort: »Ich möchte an dieser Stelle noch nicht auf die methodische Umsetzung eingehen. Dazu mache ich Ihnen beim Tagesordnungspunkt ... einen Vorschlag. Mir liegt im Moment die Frage am Herzen, wie ...«

Ernst nehmen: Sie können versuchen, den auch für Sie interessanten Kern des Killerarguments herauszuschälen und einen Vorschlag für das weitere Vorgehen zu machen: »Sie haben Recht, der heutige Lösungsversuch hat eine Reihe von interessanten Vorgängern. Aus deren Scheitern haben wir jedoch gelernt. Beispielsweise ... Daher sieht unser weiteres Vorgehen folgendermaßen aus. Wir werden ...«

Witz und Ironie: Sie können versuchen, die Killerphrase freundlich mit Witz und feiner Ironie aus ihren Angeln zu heben und dann gleich mit einem Sachargument weiterzumachen: Killerphrase: »Man merkt, dass Sie nicht aus dem Vertrieb kommen!« Ihre Antwort: »Genau das ermöglicht mir einen unverfälschten Blick auf das, was uns wieder in die Gewinnzone führen wird. Vor allem mein Vorschlag ...« Killerphrase: »Das haben wir schon immer so gemacht.« Ihre Antwort: »Wer als einziges Werkzeug einen Hammer hat, für den wird jedes Problem zum Nagel. Das heißt, unser bewährtes Vorgehen wird bleiben, immer da, wo wir es mit Nägeln zu tun haben. Hinzu gekommen sind in den letzten zwei Jahren einige neue Probleme. Beispielsweise ... Und da schlage ich vor ...« Das Problem: Nicht immer fallen einem spontan kluge, witzige und alle überzeugende Gegenbilder ein. Und es hilft nicht, sich zu so einem Vorgehen zwingen zu wollen, nur weil Thomas Gottschalk und Harald Schmidt dies scheinbar so mühelos können.

Gegenkillerphrase: Sie können versuchen, eine Killerphrase elegant mit einer anderen zu parieren. Killerphrase: »Das geht nicht so einfach, wie Sie sich das vorstellen!« Ihre Antwort: »Da höre ich den Theoretiker mit noch wenig Vertriebserfahrung sprechen.« Der Vorteil: Sie behalten das letzte Wort, haben möglicherweise die meisten Lacher auf Ihrer Seite. Der Nachteil: Sie laufen Gefahr, in einen Beziehungskonflikt hineinzurutschen, der im weiteren Hin und Her eskalieren könnte. Sie sollten sich wirklich absolut sicher sein, dass Sie einen solchen Konflikt riskieren wollen. Hinzu kommt, dass es gar nicht so leicht ist, zu jeder Killerphrase spontan eine entsprechende Antwort zu finden.

Meike Müller: Killerphrasen – und wie Sie gekonnt kontern. Frankfurt a.M. 2003. Viele Beispiele für Killerphrasen und pfiffige Antworten darauf. Geeignet, um sich Anregungen zu holen, das mühsame Lernen bleibt den Lesern jedoch nicht erspart.

Dieter Portner: Überzeugend diskutieren. Weinheim und Basel 2000. Anregungen, Strategien und Beispiele für das schnelle, schlagfertige Argumentieren und Diskutieren. Aber auch hier gilt: Erst die Praxis macht die Meisterin und den Meister!

Bei kritischen Fragen aktiv antworten statt passiv reagieren

»Um ehrlich zu sein, die Überschrift verunsichert mich ein wenig. Ich denke, dass ich immer aktiv bin, wenn ich antworte. Worin besteht denn dann der Unterschied zwischen einem passiven und aktiven Antwortverhalten?«

»Die Unterscheidung zwischen passivem und aktivem Antworten soll Ihnen in kritischen Fragesituationen mehr Handlungsspielraum geben. Wobei das, was wir passives Antworten nennen, vollkommen in Ordnung ist. Fast immer, wenn wir auf eine Frage antworten, verhalten wir uns so. Nun gibt es aber in sehr kritischen Situationen Fragen, da empfehlen wir Ihnen ein Vorgehen, mit dem Sie ganz bewusst die Kontrolle über Ihr gesamtes Antwortverhalten behalten.«

»Und wie kann ich mir das konkret vorstellen?«

»Fangen wir mit dem an, was wir ›passives Antworten‹ nennen. Schon als Kind haben Sie gelernt, auf Fragen möglichst unverzüglich, aufrichtig und bei Wissensfragen auch sachlich richtig zu antworten. Für dieses Verhalten wurden Sie als Schüler und werden Sie auch heute noch mit einer Note, einem freundlichen Nicken, einer kurzen Bemerkung wie ›gute Idee‹ oder sonst wie belohnt. Es wird Ihnen also über viele Jahre hinweg beigebracht, dass Sie ausschließlich die gestellte Frage zu beantworten, nicht aber sich über die Frage selbst Gedanken zu machen haben, geschweige denn diese Gedanken auch zu äußern. Zwei Beispiele: Wenn Ihre Freundin Sie fragt, was Sie die ganze Zeit hier mit mir besprochen haben, erzählen Sie alles, was Ihnen noch in Erinnerung ist. Und auf die Frage ›Was wollen wir heute Abend machen?‹ antworten Sie vielleicht: ›Lass uns gemeinsam etwas kochen.‹ Mit anderen Worten, Sie hören eine Frage und gleich darauf sprechen Sie das aus, was Ihnen als Antwort in den Kopf schießt. Nun gibt es jedoch gelegentlich Situationen, in denen kann Ihr über Jahrzehnte hinweg erlerntes Antwortverhalten von Nachteil sein.

Beispielsweise in dem Fall, in dem Sie vor Kunden, in einer Präsentation oder in einer außerordentlich kontrovers geführten Besprechung unter Druck geraten, weil Ihnen sehr kritische Fragen gestellt werden oder weil Sie heftig emotionell angegangen werden. In einer solchen Situation kann ein spontanes, wahrhaftiges und nicht ausreichend überlegtes Antworten zu Äußerungen führen, die Sie bei ruhigem Überlegen sicherlich nicht getan hätten.«

»Das ist mir schon einmal passiert. Auf die für mich äußerst unangenehme Frage eines Kunden, warum unsere Lieferung bei ihm verspätet ankam, habe ich sehr spontan und ehrlich etwas über unsere internen Produktionsprobleme erzählt. Das fand mein Chef gar nicht gut, denn der Kunde hat gleich die Qualität der zukünftigen Lieferungen angezweifelt.«

»Kann ich gut verstehen. Trösten Sie sich jedoch, das passiert auch gestandenen Managern. Beispielsweise wenn Sie von Journalisten unter Beschuss genommen werden und dabei gewaltig unter Druck geraten.«

»Und eine solche Situation kann man mit einem aktiven Antwortverhalten in den Griff bekommen?«

»Ja, das geht. Wir wollen Ihnen dazu eine besondere Antwortstrategie vorstellen, mit der Sie in wirklich kritischen Situationen die Kontrolle behalten und Ihr Antwortverhalten bewusst steuern. Diese Antwortstrategie besteht aus fünf Einzelteilen, daher hat sich dafür die Bezeichnung ›Fünfsatz‹ eingebürgert.«

Der Fünfsatz – bewusstes Antworten bei kritischen Fragen

Der Fünfsatz bietet ein ausgeklügeltes Vorgehen bei der Beantwortung von heiklen, kritischen, Stress machenden oder sonstigen unangenehmen Fragen. Er besteht aus drei Schritten mit insgesamt fünf Teilen.

Der Ansatzpunkt/Einstieg (Schritt 1)
Der Antwortende formuliert die Frage mit eigenen Worten so, wie er sie verstanden haben möchte. Er kann dabei ein Problem formulieren, auf das er näher eingehen möchte. Er kann dabei eine These aufstellen, die er belegen will.

Der Denkplan (Schritte 2–4)
Der Antwortende bringt seine Argumente, Beispiele, Begründungen oder sonstige Inhalte, die den Kern seiner Antwort ausmachen.

Der Zielpunkt/Abschluss (Schritt 5)
Der Antwortende beschließt seine »kleine Rede« mit einem Appell, einer Schlussfolgerung, einem die ganze Antwort verstärkenden »Und deshalb meine ich ...«.

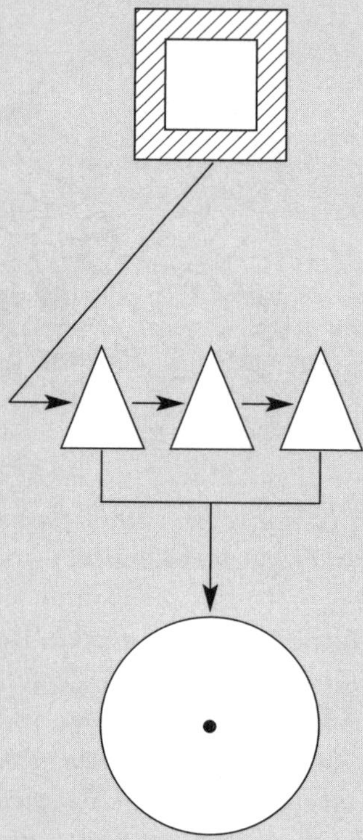

Der Ansatzpunkt/Einstieg (Schritt 1)

Der Einstieg in den Fünfsatz beginnt damit, dass Sie auf keinen Fall sofort mit einer Antwort herausrücken (passives Antwortverhalten), sondern mit eigenen Worten den Kern der Frage wiedergeben, so wie Sie ihn verstanden haben wollen. Ihre Chancen:

- Sie gewinnen Zeit und kommen leicht über die ersten Schrecksekunden hinweg. Dadurch gewinnen Sie Ihre innere Ruhe wieder.
- Sie zeigen so dem Fragenden, dass Sie seine Frage ernst nehmen und sich ausführlich damit zu beschäftigen gedenken.
- Sie greifen sich dabei den Aspekt der Frage heraus, auf den Sie im Moment antworten wollen, reden also über das, was Sie sicher vertreten können.
- Sie haben die Möglichkeit, in Ihrer Einstiegsformulierung eventuelle emotionale Angriffe außen vor zu lassen und sich dadurch als ausschließlich an der Sache interessiert darzustellen.

»In meinem Beispiel sagte unser Kunde sehr aufgebracht zu mir: ›Ist Ihre komische Firma denn überhaupt nicht mehr in der Lage, die Produktion ordentlich zu organisieren und die bestellten Teile rechtzeitig zu liefern?‹«

»Ein schönes Beispiel. Würden Sie passiv antworten, klänge Ihr Einstieg vielleicht wie ›Äh, natürlich können wir unsere Produktion ordentlich organisieren, aber …‹ Vielleicht würden Sie auch auf das Sie ärgernde ›komische Firma‹ eingehen und sich verteidigen.«

»So ähnlich ist es mir bei diesem sehr laut vorgetragenen Angriff ergangen.«

»Wenn Sie mit dem Fünfsatz arbeiten, könnte Ihr Einstieg dagegen lauten: ›Sie sprechen die Lieferung der bestellten Bausteine an, die zwei Tage nach dem zugesagten Termin bei Ihnen angekommen sind. Ich kann Ihre Verärgerung gut nachvollziehen. Für die verspätete Auslieferung gab es bei uns mehrere Gründe, die ich Ihnen gerne nennen möchte. Nämlich …‹ Sie könnten den ersten Satz auch etwas weniger nüchtern formulieren: ›Ja, es hat nicht so geklappt, wie es mit der Lieferung der bestellten Bausteine sein sollte. Sie kamen zwei Tage nach dem …‹«

»Klingt gut. Eine solche Gesprächseröffnung ist sachlich und wirkt kompetent. Wobei Sie mit diesem Einstieg nur auf einen Teil des Angriffes eingegangen sind.«

»Und zwar nur auf die verspätete Auslieferung, nicht auf den Teil, wo Ihr Kunde von der ›komischen Firma‹ spricht und Ihnen vorwirft,

die Produktion nicht ordentlich zu organisieren. Über diese Bewertungen möchte ich nicht sprechen, da ich an einer sachlichen und auf die Zukunft ausgerichteten Lösung des aufgetretenen Problems interessiert bin. Mit dem Einstieg in den Fünfsatz entscheiden Sie über die Wortwahl und damit auch über das Niveau der weiteren Auseinandersetzung. Sie haben also die Möglichkeit, alle unschönen Begriffe zu ignorieren und sich ganz auf die Sache zu konzentrieren.«

»Lassen Sie es mich einmal versuchen. Ich würde beginnen mit: ›Sie sprechen im Zusammenhang mit der Lieferung Ihrer Bausteine die Organisation unserer Produktion an. Dazu möchte ich Ihnen erläutern, dass ...‹ Dann kämen meine Hinweise darauf, dass es widersprüchliche Anforderungen an die Herstellung der Bausteine gab, was wiederum zur Folge hatte. Oder so ähnlich.«

»Genau. Sie sehen, dass Sie mit einem solchen Einstieg zum einen Ruhe in das Gespräch bringen, also auch sich selbst vor unüberlegten Schnellschüssen schützen können und zum anderen aktiv die Richtung Ihrer Antworten steuern können. Indem Sie das von Ihrem Kunden vielleicht im Ärger hingeworfene ›komische Firma‹ mit eigenen Worten überhaupt nicht erwähnen, tragen Sie dazu bei, dass das weitere Gespräch sachlich erfolgen kann.«

Der Denkplan (Schritte 2–4)

Nach dem Einstieg in den Fünfsatz folgen Ihre Argumente, Ideen, Beispiele, Erläuterungen. Hier begründen Sie Ihre Einstiegsthese, erklären, warum Sie etwas getan oder unterlassen haben, liefern Belege für die Angemessenheit Ihres Tuns.

»Warum schlägt denn der Fünfsatz drei Argumente vor?«

»Natürlich gibt es Situationen, da fallen Ihnen nur zwei Argumente ein, oder vielleicht sogar vier. Das ist jeweils kein Problem. Wichtig ist, dass Sie nicht nur ein einziges Argument für Ihre verspätete Teilelieferung anführen. Denn das könnte etwas mager wirken. Mehrere Argumente haben mehr Gewicht und da gelten drei Argumente als gerade richtig. Zu viele Argumente wiederum schwächen Ihr Anliegen eher!«

Der Zielpunkt/Abschluss (Schritt 5)

Wir empfehlen, bei der Anwendung des Fünfsatzes auf keinen Fall auf einen Abschluss zu verzichten.

- Denn damit bringen Sie Ihre unterschiedlichen Argumente auf den Punkt,
- betonen und verstärken Sie noch einmal Ihr Hauptanliegen,
- können Sie mit einem Appell an den Fragenden den Ball zurückgeben, den Prozess mit einer Aufforderung zum Handeln weiter vorantreiben und möglicherweise eine festgefahrene Konfrontation auflösen.

Ein Tipp: Beginnen Sie den Abschluss beispielsweise mit »Daher meine ich ...«, »So ergibt sich für uns das Bild, dass ...«, »So wie sich das für mich darstellt, wünsche ich mir für unser weiteres Vorgehen, dass wir ...«

»In meinem Beispiel könnte ich abschließen mit: ›Aus allen hier genannten Gründen für die verspätete Lieferung folgt für mich, dass wir uns beim nächsten Mal darauf verständigen müssen, wie ...‹«

»Klingt überzeugend. Natürlich fällt Ihnen nicht immer ein so sicher formulierter Abschluss ein. Und nicht immer klingt der Fünfsatz gleich so gekonnt wie in unserem Beispiel. Der souveräne Umgang mit dieser Antwortmöglichkeit auf kritische Fragen erfordert sehr viel Übung. Nutzen Sie immer wieder die Gelegenheit und beginnen Sie Antworten auf komplexe Fragen mit einer Formulierung des Fragethemas mit Ihren eigenen Worten. Die anderen Schritte des Fünfsatzes ergeben sich dann meist von selbst. Und mit der Zeit werden Ihnen unangenehme Fragen etwas weniger unangenehm vorkommen. Damit sind Sie ein großes Stück weitergekommen, wenn es um die Bewältigung von Konflikten am Arbeitsplatz geht.«

»Noch etwas. Wenn ich mir diesen Fünfsatz so durch den Kopf gehen lasse, dann fallen mir ganz viele Politiker aus allen Parteien ein, die so ähnlich antworten, wenn sie etwas gefragt werden.«

»Die Beobachtung kann ich teilen. Politiker scheinen sich das in der Kindheit gelernte spontane und ehrliche Antworten abgewöhnt zu haben. Sie versuchen stets kontrolliert und aktiv ihre eigenen Botschaften

an das Mikrophon und an die Wählerinnen und Wähler zu vermitteln. Dabei nutzen sie natürlich auch rhetorische Mittel wie den Fünfsatz. Bei vielen Menschen kommt diese Politikerart unehrlich, ausweichend, schwammig und nichtssagend an. In derartigen Fällen wird der Fünfsatz dazu benutzt, sich selbst vor einer allzu eindeutigen Antwort zu schützen. Ein Politiker muss vielleicht so vorgehen, ich möchte da kein vorschnelles Urteil fällen. Nur spricht diese Praxis nicht gegen das Instrument! Der Fünfsatz kann und soll Ihnen helfen, in kritischen und sehr emotionsgeladenen Situationen, in denen Sie unter Stress Gefahr laufen, mit einer vorschnellen Antwort Fehler zu begehen, ein Stück mehr Selbststeuerung zu erlangen. Sie bestimmen Tempo, Richtung und Ton Ihrer Antwort. Diese kann dann inhaltlich vollkommen ehrlich, sachlich, korrekt und natürlich authentisch wirken. Diese besondere Leistungsfähigkeit des Instruments sollten Sie daher guten Gewissens nutzen.«

Albert Thiele: Argumentieren unter Stress. Frankfurt a.M. 2004. Sorgfältig geht der Autor auf die vielfältigen Situationen ein, in denen Argumentieren unter Druck angesagt ist: ob man mit Killerphrasen zu tun hat, sich manipuliert fühlt, massiv angeschossen wird oder Einwände bearbeiten will – das geeignete Buch für alle, die sich 207 Seiten lang aussschließlich mit derartigen Situationen beschäftigen wollen.

Brigitte Adam: Business Englisch – Argumentieren, korrespondieren, verhandeln. Bindlach 2004. Argumentieren ist auf Deutsch schon anstrengend genug, aber in einer fremden Sprache? Dabei hilft dieses Buch.

Jürgen A. Alt: Richtig argumentieren. München 2004. Vernünftig argumentieren in Beruf, Politik und natürlich in der Familie – wie geht das?

Schlagfertigkeit in kritischen Situationen

»Das mit dem ›aktiven Antworten‹ ist ja ganz schön. Nur, so richtig schlagfertig komme ich damit nicht rüber, oder?«

»Was wäre denn für Sie ›so richtig schlagfertig‹?«

»Wenn mich einer anmacht, möchte ich wie aus der Pistole geschossen schnell, geistreich und witzig antworten können. Und dann natürlich so, dass alle anderen, die dabei sind, lachen und auf meiner Seite sind.«

»Mmh, eine weit verbreitete Vorstellung. So gut ich Ihren Wunsch verstehen kann, beschreibt er doch nur einen kleinen Teil dessen, worüber Sie sich Gedanken machen sollten, wenn Sie von mehr Schlagfertigkeit träumen. Wir wollen Ihnen daher einige Anregungen zum Weiterdenken geben. Diese Anregungen richten sich in erster Linie auf den Einsatz von Schlagfertigkeit in heiklen Situationen, dann also, wenn man sie sich am dringendsten wünscht.«

Schachmatt!

Schlagfertigkeit bezeichnet die Reaktion auf einen völlig überraschenden und unerwarteten Angriff. Bei dem kann es sich um eine nette, aber Sie dennoch umwerfende Bemerkung handeln: »Schatz, nachdem du bisher in deinen Männerrunden keine tollen Anregungen für einen fahrbaren Untersatz bekommen hast, habe ich heute ganz spontan für uns ein neues Auto bestellt.« Meistens jedoch sehen Sie sich plötzlich mit einem kritischen Einwurf konfrontiert, einer verletzenden Frage, einer gehässigen Beleidigung oder einer sarkastischen Anrede in Gegenwart von anderen.

Es ist zum einen der **Überraschungseffekt**, der diese besondere Situation kennzeichnet. Zum anderen ist es die mehr oder weniger stark empfundene **Verletzung**, die mit der Überraschung einhergeht. Sie fühlen sich überfahren, vielleicht sogar gedemütigt, beleidigt, untergebuttert, vorgeführt oder sogar erniedrigt. Und beides, die Überraschung und der »emotionale Schuss vor den Bug« machen es eigentlich fast unmöglich, schnell, witzig, geistreich, überlegt und souverän, also schlagfertig zu reagieren!

Nichts ahnend haben Sie gerade in einer internen Besprechung mit ordentlichem Lampenfieber Ihren in Nachtschichten erarbeiteten allerersten Verbesserungsvorschlag vorgestellt. Da fragt Ihre Chefin wie aus heiterem Himmel: »Wann wollen Sie eigentlich mal wieder zum Frisör?« Während noch alle lachen, spüren Sie eine gewaltige Anspannung im Bauch, das Blut in Ihrem Gesicht und eine vollkommene Leere in Ihrem Denkapparat. Gleichzeitig sind Sie völlig verärgert und tasten instinktiv nach dem Knüppel, den man vor einigen hunderttausend Jahren zum »aktiven Verteidigen« dabei gehabt hätte. Die Zeiten haben sich geändert, die Befindlichkeiten leider nicht. Und jetzt noch die richtigen Worte finden? Gottschalk würde in einer solchen Situation sicherlich ... Obwohl, man weiß es nicht.

Vorsicht! Typische Fehler in der Praxis

Sie reagieren viel zu schnell, und das auch noch unter Ausschluss des Großhirns, das ja noch in der Überraschungsstarre verharrt. So schießen Sie massiv über das Ziel hinaus, sagen etwas, was Sie später bereuen und wofür Sie sich vielleicht noch entschuldigen müssen. Also: Schnelligkeit mag zwar in Mode sein, ist in kritischen Situationen jedoch immer wieder von Nachteil.

Sie übernehmen die »Stimmungsdefinition« Ihres Gegenübers: Wenn dieser zynisch erscheint, werden Sie es ebenfalls, auf Aggression reagieren sie »automatisch« gleichfalls aggressiv. Scheinbar naturgegeben passen Sie sich an! Sie lassen sich regelrecht anstecken. Das Ergebnis: Ihr Gegenspieler bekommt Macht über Sie. Vielleicht übernehmen Sie auch noch Lautstärke, Ausdrucksweise und Körpersprache Ihres Angreifers, reagieren dadurch passiv und laufen Gefahr, in den Augen der anderen als schwach und unfähig zu erscheinen. Im Gegensatz dazu könnte Ihre »mentale Programmierung« lauten: »Ich spüre, wie mein Gegenüber eine Atmosphäre von Ärger, Wut oder Peinlichkeit erzeugt. Meine Atmosphäre jedoch ist eine andere, nämlich ...«

Sie zahlen mit gleicher Münze zurück. Und das mit dem »trotzigen« Gefühl, dies auch zu dürfen. Es steht doch geschrieben: »Auge um Auge, Zahn um Zahn« und im Sandkasten hatten Sie ja auch großen Erfolg mit dieser Reaktion. Also geben Sie es Ihrer Chefin ordentlich zurück. Die Situation eskaliert und statt beim Frisör zu landen, waschen Ihnen die Kollegen den Kopf und werfen Ihnen vor, dass Sie sich nicht beherrschen können und wohl nicht besonders belastbar sind.

Schlagfertig – wozu?

Unserer Erfahrung nach lohnt es, sich frühzeitig damit auseinander zu setzen, was Sie mit einer schlagfertigen Reaktion wirklich erreichen wollen. Welche Ziele haben Sie bisher mehr oder weniger bewusst verfolgt und welche Ziele würden Sie gerne erreichen, wenn Sie einmal in Ruhe darüber nachdenken? Hier ein paar ernst gemeinte Vorschläge und erste Konsequenzen daraus.

Rache! Man hat Sie verletzt und jetzt verletzen Sie. Sie wollen es Ihrer Chefin zurückgeben, sie kränken, so wie Sie sich gekränkt fühlen: »Ich habe morgen früh einen Frisörtermin. Vielleicht können wir ja zusammen gehen.« Vielleicht haben Sie ein paar verhaltene Lacher auf Ihrer Seite, langfristig belasten Sie jedoch die Beziehung zu Ihrer Chefin und möglicherweise noch zu dem einen oder anderen Kollegen. Wir meinen: ein Ziel, das sich viele nicht eingestehen, obwohl sie es unbewusst verfolgen. Vorsicht!

Vor den anderen glänzen! Vielen Menschen ist in einer solchen Situation nur noch wichtig, möglichst viele Lacher zu bekommen. Dabei interessiert dann nicht mehr, wie angemessen der »Return« ist und was im weiteren Gespräch mit dem anderen geschieht. Dieser hat als Stichwortgeber ausgedient. Ein typisches Verhalten im Kollegenkreis in der Kaffeeküche. Wir meinen: höchste Gefahr, da Sie häufig nicht vermeiden können, jemanden zu verletzen. Im schlechtesten Fall verlassen Sie die Kaffeeküche mit vielen Lachern und dem einen oder anderen neuen Feind.

So glänzen wie Harald Schmidt oder Thomas Gottschalk. Film und Fernsehen präsentieren täglich, wie professionelle Schlagfertigkeit auszusehen hat. Dem eifern viele Menschen nach und setzen sich dabei massiv unter Druck, wenn Ihnen in einer kritischen Situation nicht gleich die »supercoole« Antwort auf der Zunge liegt. Der Irrtum: Was im Fernsehen schlagfertig rüberkommt, wurde von vielen Gag-Schreibern in aller Ruhe – also überhaupt nicht schlagfertig – ausgedacht, mehrmals diskutiert, verändert und vorsorglich geprobt. Als Vorbild gänzlich ungeeignet. Selbst die wenigen Menschen, die wirklich über so etwas wie eine angeborene Schlagfertigkeit verfügen, bieten sich nicht zur Nachahmung an. Der Zwang, in einer emotional aufgeladenen Situation gleich bühnenreif handeln zu können, erzeugt viel inneren Druck und verhindert die Entwicklung eines eigenen Musters.

»Halt! Viele Menschen möchten durch eine schlagfertige Antwort einfach nur geistreich und witzig erscheinen. Ist das nicht ein legitimes Ziel?«

»Sehr legitim sogar. Wir raten jedoch zu etwas mehr Bescheidenheit! Geistreich, witzig, souverän und elegant in einer unangenehmen und stressgeladenen Situation zu fechten, stellt eine echte Meisterleistung dar. Das ist nicht jedermanns und jederfraus Sache und will mühsam gelernt werden. Fangen Sie realistisch an. Daher ist uns das folgende Ziel besonders wichtig.«

Die eigene Souveränität behalten oder wiederherstellen. Sie wollen mit Ihrer Reaktion die Fäden wieder in die Hand nehmen, die Situation gestalten, handlungsfähig bleiben oder es erneut werden. Sie können dafür auf eine besonders geistreiche und mit schönen Worten formulierte Antwort verzichten. Setzen Sie auf eine der wirksamsten Schlagfertigkeitstechniken: Fragen Sie zurück. Vielleicht haben Sie die Kraft und lachen kurz mit den anderen mit, dann jedoch in aller Ruhe: »Was meinen Sie mit Ihrem Hinweis?«, »Welchen Punkt meiner Ausführungen sprechen Sie an?« »Was hat das Thema ›Frisör‹ mit meinem Vorschlag zu tun?« Der unschätzbare Vorteil dieser Methode: Wenn Sie zurückfragen, wirken Sie immer schlagfertig! Zudem verschaffen Sie sich Zeit, bleiben auf jeden Fall allen anderen gegenüber wertschätzend und behalten eine souveräne Distanz. Ihr Angreifer ist unter Zugzwang.

Vielleicht zieht Ihre Chefin den Angriff zurück, versucht ein Missverständnis zu klären und macht in der Sache weiter. Gut für Sie. Vielleicht aber legt sie noch einen drauf: »Ich meine, weil Ihre Ausführung ähnlich verworren wirken, wie Ihr wilder Haarschopf.« Wenn Sie souverän und bei der Sache bleiben wollen, können Sie wieder – auch hier nach einem kurzen Lächeln – fragen: »Welcher Teil meiner Ausführung ist Ihnen unklar geblieben? Ich bin gerne bereit, diesen Gedanken noch einmal mit anderen Worten zu erläutern.« Gehen Sie dabei so vor, wie bei der Behandlung von Killerphrasen: Verlangen Sie von Ihrem Gegenüber eine sachliche Argumentation. Und egal, wie dieser kleine Disput nun weitergeht, Sie haben die anfängliche Überraschungsphase gut gemeistert, sind also im besten Sinne, schlagfertig gewesen. Zudem sind Sie aktiv am weiteren Gesprächsverlauf beteiligt.

In dem Maße nun, in dem Sie über Rückfragen und Konzentration auf die Sachinhalte zunehmend handlungsfähiger werden, steigt auch Ihr Selbstwertgefühl. Möglicherweise sinkt Ihr Ärger und im besten Falle wirken Sie in den Augen Dritter lockerer und verbindlicher als der anfängliche Stichwortgeber. Und wer weiß, vielleicht fällt Ihnen nach einigen Minuten wirklich noch etwas Witziges ein, das zur Situation passt und die Spannung im Raum mit einem zustimmenden Lachen aller auflöst.

Die Zeitfalle

Alles Reden über Schlagfertigkeit suggeriert schnelles Handeln. Das dahinter liegende Muster: »Nur wer schnell ist, ist im positiven Sinne schlagfertig!« Das Problem jedoch: Wer in einer emotional aufgeladenen Situation schnell sein will, dem passieren schon einmal Fehler. Oder anders: Unter Druck verfolgt man gerade noch das kurzfristige Ziel, das Gegenüber auszuschalten, vergisst dabei aber allzu leicht, dass man mit den Beteiligten auch am folgenden Tag vertrauensvoll weiterarbeiten muss.

Unser Tipp: Behalten Sie immer Ihre langfristigen Interessen im Auge. Bleiben Sie in jedem Fall dialogfähig auch über den kleinen Schlagabtausch hinaus. Lassen Sie alle Beteiligten ihr Gesicht wahren, bewahren Sie Ihres. Verzichten Sie auf Schnelligkeit, fragen Sie zurück, wiederholen Sie den Kern des Angriffs mit eigenen Worten, verschaffen Sie sich Zeit. Als kluge Lebensweisheit; fragen Sie sich: »Wie muss ich reagieren, damit wir auch nach der Sitzung noch gemeinsam einen Kaffee trinken und uns dabei das viel zu kalorienreiche Stück Kuchen teilen?«

Eine kleine Auswahl an Schlagfertigkeitstechniken

Rückfragen: Wirkt immer schlagfertig, verschafft Zeit, lenkt das Gespräch in Richtung Sache.

- Einwurf: »Während Sie an Gewicht zunehmen, nimmt der Umsatz Ihrer Abteilung ab.«
- Sie: »Auf welche Zahlen beziehen Sie sich?«

Schweigen: Sie sagen erst einmal nichts, schauen den anderen nur freundlich an. Dieser wird nachlegen. Sie gewinnen Zeit und lassen sich zu nichts hinreißen.

- Einwurf: »Große Geister waren noch nie Ihre Vorbilder, lieber Kollege!« (Schweigen) »Ich meine, Sie stammen ja nicht gerade aus Weimar!«
- Sie: »Wo wir gerade über unsere Herkunft reden. Geboren bin ich in ... Und Sie?«

Aktiv einsteigen, mit eigenen Worten wiederholen: Wie beim Einstieg in den Fünfsatz formulieren Sie mit eigenen Worten den für Sie wichtigen Kern der Aussage, lassen dabei sämtliche emotional gefärbten Begriffe konsequent weg. Sie verschaffen sich Zeit und bleiben sachlich.

- Einwurf: »Wenn Sie schon am Montag an das Wochenende mit Ihrer neuen Freundin denken, wundert es nicht, dass die Anträge noch nicht bearbeitet sind!«
- Sie: »Sie sprechen die drei Anträge zum Schadensfall ... an. Die liegen wirklich noch auf meinem Schreibtisch. Und zwar aus guten Gründen. Denn erstens ... Und zweitens ...«

Gerade deshalb! Sie drehen die Aussage des anderen um und nutzen das empfangene Argument als Hilfe für Ihre Entgegnung.

- Einwurf: »Geschwindigkeit ist nicht gerade Ihre starke Seite. Sie brauchen für fast alles dreimal so lange wie alle anderen hier!«
- Sie: »Gerade deshalb können Sie bei mir immer von einem fehlerfreien Ergebnis ausgehen!«

Parken von Überfall-Fragen: Sie müssen nicht auf jede Frage sofort antworten, schon gar nicht, wenn Sie sich überfallen fühlen und Ihr Bauch Ihnen signalisiert, dass das Thema nicht ganz unproblematisch ist.

- Einwurf: »Peinlich, wie der Kollege da mit unserem besten Kunden umgegangen ist. Den muss ich sofort anrufen. (wählt) Was würden Sie dem denn sagen?«
- Sie: »Darüber möchte ich mir erst einmal in Ruhe Gedanken machen. Zum einen kenne ich unseren Kunden ja auch ganz gut. Und ich kenne den Kollegen ... Ich müsste also zuerst einmal ausführlich mit dem Kollegen sprechen.«

Unfaire Unterstellungen höflich aber unmissverständlich zurückweisen: Wenn Sie das sichere Gefühl haben, dass der Angriff auf keinen Fall unwidersprochen im Raum stehen bleiben darf, beziehen Sie höflich aber direkt Stellung.

- Einwurf: »Ihrem weiblichen Charme war es ja schließlich zu verdanken, dass unser Lieferant das Preisangebot letztlich doch akzeptiert hat.«

Albert Thiele: Argumentieren unter Stress – Wie man unfaire Angriffe erfolgreich abwehrt. Frankfurt a.M. 2004. Der Autor geht auf vielfältige Situationen ein, in denen Argumentieren unter Druck angesagt ist, beispielsweise dem Auftritt vor Presse, dem Umgang mit Killerphrasen und natürlich in einem Kapitel auch den Situationen, in denen Schlagfertigkeit gefragt ist.

Matthias Nöllke: Schlagfertigkeit. München 2002. Ein (seitenmäßig) dünner Ratgeber für den ersten Einstieg.

Stephane Etrillard: Gekonnt gekontert. München 2004. Schlagfertigkeit als Teil einer fairen Kommunikation.

- Sie: »Ich freue mich natürlich, dass wir unsere Preisvorstellung verwirklichen konnten. Das hatte wohl aber nichts mit weiblichem Charme zu tun. Mir ist in der Verhandlung aufgefallen ... Daher bin ich der Meinung, dass unseren Lieferanten letztlich bewogen hatte ...«

Auflaufen lassen/Verwirren: Antworten Sie mit etwas vollkommen Beliebigen. Je intelligenter Ihre Worte klingen, desto mehr können sie verwirren. Aber Vorsicht, diese Technik kann die Beziehungsbrücke in gewaltige Schwingungen bringen.

- Einwurf: »Liebe Frau Kollegin, gewöhnen Sie sich doch in Zukunft an, erst zu denken und dann zu reden!«
- Sie: »Da bin ich bei Ihnen. ›We must be gentle now we are gentlemen‹, hat Shakespeare einmal gesagt.«
- Sollte der Kollege weiterfragen: »Was hat denn das damit zu tun?« können Sie mit einem freundlichen Lachen antworten: »Genau, überlegen Sie mal!«

»Das mit Shakespeare gefällt mir, muss ich mal ausprobieren!«

»Vorsicht! Sie haben sicher gemerkt, dass es uns auf diesen wenigen Seiten beim Thema ›Schlagfertigkeit‹ nicht so sehr um konkrete Techniken geht. Dazu finden Sie in den Literaturtipps ausreichende Anregungen. Techniken helfen Ihnen erst dann etwas, wenn Sie sich über Ihre Haltung und Ihre Ziele in solch einer überraschenden und Sie verunsichernden Situation sicher sind. Wenn Sie lediglich glänzen wollen,

werden Sie scheitern. Wenn Sie Schlagfertigkeitsstars imitieren möchten, werden Sie im besten Fall zu einer amüsanten Marionette, die zwar Lacher bekommt, aber lediglich als Vertreter der Spaßgesellschaft durchgeht. Verfolgen Sie im Berufsleben in erster Linie das Ziel, durch eine ruhige Entgegnung wieder handlungsfähig zu werden, zur Sache zurück zu lenken, über den Tag hinaus dialogfähig zu bleiben und niemanden so zu verletzen, dass es Ihnen im Nachhinein Leid tun könnte. Vor diesem Hintergrund können die einzelnen Techniken große Wirkung erzielen. Wenn Sie das interessiert, blättern Sie in den einzelnen Büchern und lesen Sie das, das Sie von der Aufmachung und vom Stil am meisten anspricht.«

»Und vom Preis natürlich – oder wollen Sie mir eines schenken?«

»Na also, es klappt doch mit der Schlagfertigkeit!«

Auf Reklamationen und Beschwerden reagieren – ein praktischer Fahrplan

Worum geht es dabei?

Das Leben könnte so schön sein, wenn nicht plötzlich wie aus heiterem Himmel ein Kunde mit einer Reklamation oder sonstigen massiven Beschwerde kommen würde. Das Telefon klingelt, Sie stellen sich positiv auf das Gespräch ein, und dann: »Gut, dass ich Sie gleich dran haben, Herr/Frau ... Der Bescheid, den Sie mir da geschickt haben, ist ja das Allerletzte. Eine Unverschämtheit! Was fällt Ihnen eigentlich ein?« Und das am Freitagnachmittag, wo Sie sich doch schon auf den neuen Harry-Potter-Film, Teil zwölf, freuen. Vor allem, nachdem Sie in der Zeitung gelesen haben, dass Harry nach seiner ersten Scheidung nun wieder auf Freiersfüßen wandelt und zwar mit der Tochter von Professor Snape, der ja in Wirklichkeit ...

Aber es hilft nichts: »Client first, firm second, me third«, hieß es mal bei einer bekannten Unternehmensberatung und ein bisschen haben auch Sie sich dieses Motto zu Eigen gemacht. Jetzt geht es also darum, dem Kunden das Wochenende zu retten, die Firma im guten Licht erscheinen zu lassen und sich selbst die Freude auf den Freitagabend nicht zu verderben.

Unser Erste-Hilfe-Koffer für den aktiven und möglichst Nerven schonenden Umgang mit Reklamationen, Beschwerden, aber auch Mahnungen oder damit verbundenen Drohungen besteht aus zwei Bausteinen: einer Grundhaltung sowie einem Fahrplan, dessen Vorschläge Sie konsequent befolgen können.

»If you can't be with the one you love – love the one you're with!«

Bei jedem Thema, über das Sie mit einem anderen sprechen, können Sie sich bei der Art und Weise, wie Sie auftreten, wie Sie sprechen, blicken, aber auch darin, welche »Kraftausdrücke« Sie verwenden entweder »rot« oder »grün« verhalten. »Grün« bedeutet, dass Sie wertschätzend auftreten, den anderen sein Gesicht wahren lassen, höflich und freundlich erscheinen – und das ganz unabhängig davon, welche inhaltliche Position Sie vertreten. »Rot« bedeutet, dass Sie nicht wertschätzend wirken, sich von ironisch, sarkastisch, zynisch, vorwurfsvoll bis hin zu verletzend verhalten. »Grün« und »rot« versuchen die beiden Möglichkeiten zu beschreiben, wie Menschen das Miteinander gefühlsmäßig gestalten: Gutes Klima versus schlechtes Klima.

Nun hören wir immer wieder den Hinweis: »Bei einem solchen massiven und unverschämten Anruf kann man nur zurückschießen. Da muss man dem anderen auch mal gehörig ... Das geht nicht anders!« Schön und gut. Nur – dieser »wohl gemeinte« Rat hat zur Folge, dass der Anrufende darüber bestimmt, wie Sie handeln. Sie würden sich also brav und demütig fügen und beißen. Etwas Tierisches haben ja so manche Wortgefechte durchaus. Wollen Sie das aber wirklich? Die Alternative besteht darin, dass Sie nicht nur selbst entscheiden, was Sie inhaltlich sagen, sondern auch wie Sie das sagen, beispielsweise durchgängig »grün«.

Das bedeutet auf keinen Fall, dass Sie bei einer Reklamation Zugeständnisse machen, die Sie nicht vertreten können, dass Sie also nachgeben würden! Inhaltlich bleiben Sie konsequent auf Ihrer Linie. »Durchgängig grün« bedeutet lediglich, dass Sie während des gesamten Telefongesprächs höflich, wertschätzend und korrekt bleiben. Genau ein solches Verhalten empfehlen wir Ihnen als Grundhaltung beim Bewältigen einer Beschwerdesituation: Sie bleiben freundlich, aufmerksam und lassen Ihr Gegenüber sein Gesicht wahren. Werden Sie sich im Klaren darüber, dass die »grüne Haltung« Teil Ihres professionellen Selbstverständnisses ist.

Der Nutzen: Sie stellen sich selbst als absolut korrekt im Auftreten und Umgang mit Ihren Kunden dar. Sie fungieren gleichzeitig als Visitenkarte eines Unternehmens, dem seine Kunden am Herzen liegen. Zudem schaffen Sie optimale Ausgangsbedingungen für spätere Kontakte, sei es am Telefon oder in Besprechungen, bei denen es vielleicht um etwas vollkommen anderes gehen wird, bei denen Sie jedoch keine Hypothek eines früheren schlechten Benehmens mit sich herumtragen. Und letztlich dient die grüne Haltung als tragfähige Basis für das schrittweise Vorgehen in Ihrer Beschwerdebehandlung.

Reklamationen bearbeiten durch den wechselnden Einsatz Ihrer »Vier Ohren«

Sie können die Bemerkung: »Gut, dass ich Sie gleich dran habe, Herr/Frau ... Der Bescheid, den Sie mir da geschickt haben, ist ja das Allerletzte. Eine Unverschämtheit! Was fällt Ihnen eigentlich ein?« auf allen Ihren vier Ohren hören (s. S. 17).

- Auf dem **Sachohr** hören Sie beispielsweise: »Der Bescheid, den Sie letzte Woche verschickt haben, ist fehlerhaft und wird von mir als Kunden so nicht akzeptiert.« Ihre spontane Reaktion könnte lauten: »Da kann es gar keinen Fehler geben, unser Computerprogramm ...«
- Auf dem **Selbstoffenbarungsohr** kommt an: »Ich Kunde habe einen Anspruch auf die Kostenerstattung, fühle mich gedemütigt, weil Sie...« Ihre spontane Reaktion: »Was Sie angeht, haben Sie keinerlei Anspruch auf irgendeine Form von ...«
- Auf dem **Appellohr** vernehmen Sie: »Korrigieren Sie umgehend diesen Bescheid und schicken Sie mir am besten gestern noch eine für mich positive Entscheidung!« Sie könnten spontan antworten: »Ich kann da gar nichts machen. Für diesen Fall ist bei uns ... zuständig und der ist schon im Wochenende, schließlich haben wir bereits 14:00 Uhr!«
- Und auf dem **Partnerohr** hören Sie vielleicht: »Sie, mein lieber Herr/meine liebe Frau ... sind unfähig, einen ordentlichen Bescheid zu erstellen, sind arrogant, weil Sie auf einer sicheren Stelle sitzen und monatlich ein üppiges Gehalt beziehen und keine

Vorstellung davon haben, wie es Leuten wie mir ...!« Möglicherweise reagieren Sie verunsichert und ärgerlich: »Ich mache hier doch nur meinen Job und kann auch nichts dafür, dass unsere Vorschriften ...«

Je nachdem, welches Ohr Sie besonders weit geöffnet haben, wird das Gespräch eine andere Richtung erhalten.

Wir empfehlen Ihnen eine bewusst gesteuerte Ohrenschaltung: Beginnen Sie mit dem Selbstdarstellungsohr, öffnen dann weit das Sachohr, bevor Sie im Gespräch zum Schluss auf das Appellohr übergehen. Für das Partnerohr können Sie sich nach dem Gespräch einige Minuten Zeit nehmen. Und zu jedem dieser Ohren haben Sie vor sich auf einer Checkliste eine Reihe von Fragen, mit denen Sie das Gespräch führen. Das könnte dann folgendermaßen aussehen.

Eine stressreduzierende »Ohrenschaltung« bei Reklamationen und Beschwerden

Schritt 1: Das Selbstoffenbarungsohr. Sie hören erst einmal gezielt auf das hin, was der andere über sich als Person, über seine Gefühle und deren Zustandekommen mitteilt. Mögliche Fragen dazu:

- Was stört Sie im Moment?
- Was macht Sie unzufrieden?
- Wie muss ich mir das genau vorstellen?
- Können Sie mir das an einem Beispiel illustrieren?
- Was stört Sie besonders in dieser Angelegenheit?
- Welche Auswirkungen hat das für Sie persönlich?
- Wo genau liegt Ihr Ärger?

Reaktionen Ihres Kunden: »Ich kann meinen Ärger abladen, da hört mir jemand zu, da scheint sich jemand verantwortlich zu fühlen, da werde ich nicht abgewimmelt oder weiterverwiesen, da ist jemand wohl ernsthaft an meinem Schicksal interessiert, endlich mal einer, der zuhört, das erlebe ich sonst nie.«

Schritt 2: Das Sachohr. Sie konzentrieren sich anschließend ganz auf das Sachproblem, versuchen Hintergründe, Zusammenhänge, Ursachen, Folgen, Kosten, Berechnungsweisen, Prozesse oder sonstiges genau zu verstehen. Mögliche Fragen dazu:

- Was ist genau geschehen?
- Wie würden Sie das Problem beschreiben?
- Was haben Sie konkret erlebt?
- Was ist dann geschehen, welche Folgen können Sie abschätzen?
- Wie hat das Ganze angefangen?
- Welche Ursachen haben zum heutigen Zustand geführt?
- Wie sah Ihre Begründung aus?
- Wie sahen die Informationen aus, die Sie von uns bekommen haben?
- Wann haben Sie was und mit wem in unserem Haus besprochen?
- Welche Schriftstücke liegen Ihnen vor?

Reaktionen Ihres Kunden: »Da will es aber einer genau wissen, da kümmert sich einer ja richtig drum, der scheint schon etwas Ahnung zu haben, da wird nichts verschleiert, da kann ich meine ganzen Argumente vorbringen, da spielen aber eine Menge Argumente für diese Entscheidung eine Rolle, dass dieser Aspekt auch wichtig ist, war mir gar nicht so klar, der Sachbearbeiter am Telefon hat Zeit für mich und nimmt mich ernst ...«

Schritt 3: Das Appellohr. Sie überlegen, was Ihre nächsten Handlungen sein könnten und machen dem Anrufer ein Angebot. Je nach Situation können Sie aber auch Fragen stellen, die sich auf den Aktionsplan beziehen. Ihre Angebote:

- »Also, Herr ... Ich habe jetzt Folgendes verstanden ... Ihre Argumentation sieht so aus, dass Sie ... Haben Sie bitte Verständnis dafür, dass ich heute Nachmittag darüber keine Entscheidung treffen kann. Ich werde als nächste Schritte einleiten, dass ... Ich kann Ihnen ab Mittwoch eine Stellungnahme unserer Geschäftsführung mitteilen. Wann kann ich Sie ab Mittwoch am besten erreichen?«

- »Wenn ich Sie richtig verstanden habe, meinen Sie, dass ... Geben Sie mir bitte eine Stunde Zeit. Ich möchte mich mit meiner Chefin, Frau ... verständigen. Gerne rufe ich Sie zwischen 15 und 17 Uhr an. Passt Ihnen der Zeitraum?«
- »Frau ... Bei Ihnen ist also folgendes Problem aufgetreten ... Ich werde noch heute mit unserem Verkauf und unserem Produktionsleiter sprechen. Gemeinsam werden wir einen Weg finden, Ihnen die fehlenden Teile in den nächsten Tagen zukommen zu lassen. Ich werde Montag bis 11 Uhr in der Lage sein, Ihnen verbindlich mitzuteilen, wann die Lieferung genau erfolgt. Wie erreiche ich Sie am Montag Vormittag?«
- »Ist doch klar, verstehe ich vollkommen, Ihre Beschwerde. Die 100.000 Euro werde ich natürlich sofort auf Ihr Konto überweisen. Sie können auch mehr haben, wenn Sie wollen!«

Mögliche Fragen sind:

- Was sollte jetzt nach Ihren Vorstellungen geschehen?
- Was sind Ihrer Meinung nach die nächsten Schritte?
- Was wollen Sie jetzt tun?
- Wie soll ich mich also verhalten, wie kann ich tätig werden?
- Welches Vorgehen halten Sie für sinnvoll?
- Was können wir gemeinsam tun, damit ...?

Reaktion Ihres Kunden: »Zumindest geschieht etwas, die tun wenigstens was, bin zwar nicht ganz zufrieden, aber mal sehen, was dabei rauskommt, gut, dass die Dinge im Fluss sind, noch ist ja nicht alles verloren, die arbeiten für mich, das ist gut so ...«

Wer sich ausführlich mit dem Thema »Reklamationen und Beschwerden« beschäftigen möchte wird fündig bei:

Paul Gamber: Kundenbeschwerden und Reklamationen konfliktfrei behandeln. Renningen 2002.

Udo Haeske: Beschwerden und Reklamationen managen. Weinheim und Basel 2001.

Schritt 4: Nach einem höflichen und freundlichen Gesprächsabschluss sollten Sie – wenn es die Zeit erlaubt – kurz das **Partnerohr einschalten.** Sie überlegen nachdem Sie den Hörer aufgelegt haben so ehrlich wie möglich, was der andere über Sie, Ihre Leistung, Ihre Kompetenz, Ihre Arbeit oder Ihr Auftreten gesagt haben könnte und welche Konsequenzen dies für Sie persönlich hat. Mögliche Fragen sind:

- Was hat der andere in dem Gespräch über mich, meine Leistung, meine Arbeit oder mein Auftreten ausgesagt, wie sieht er mich?
- Was davon leuchtet mir ein? Welchem Teil dessen, was ich wahrgenommen habe, kann ich zustimmen?
- Was von dem, was ich über mich aus dem Gespräch herausgehört habe, leuchtet mir nicht ein, hilft mir auch nicht weiter und kann daher getrost für immer und ewig vergessen werden?
- Was habe ich von mir aus gemacht, was diese Situation herbeigeführt haben könnte oder was mitverantwortlich für diese Situation war?
- Welches Lob hat der andere über mich geäußert?
- Was genau mache ich beim nächsten Mal vielleicht anders?

Unser Tipp: Für den Fall, dass Sie häufiger mit Reklamationen und Beschwerden zu tun haben: Erstellen Sie speziell für Ihren Arbeitsbereich eine einseitige Checkliste, auf der Sie mehrere Fragen zu den einzelnen Ohren ausformulieren. Im Ernstfall ziehen Sie dieses Blatt aus der Schublade, laden es sich auf den Bildschirm oder Ihren Blackberry und gehen konsequent die einzelnen Fragen durch. Natürlich werden Sie nicht jeden Beschwerdeführer glücklich machen können. Sie selbst werden jedoch als kompetent und am Kunden orientiert erscheinen. Wenn Sie dann noch ganz oben auf Ihre Checkliste einen dicken grünen Punkt malen, der Sie an Ihre »grüne Gesprächsführung« erinnert, werden in Zukunft Reklamationen und Beschwerden ein wenig von ihrem Angst machenden Schrecken verlieren. Und genau darum geht es.

Wirklich nur kurz – Mobbing

Ohne Konflikte geht es nicht in dieser Welt. Und viele Konflikte bieten immer wieder auch eine realistische Chance für notwendige Veränderungen, gar für Verbesserungen misslicher Zustände. So weit so gut. Wenn Konflikte jedoch zum Albtraum mutieren, dann befinden wir uns in dem Bereich, in dem das Mobbing zu Hause ist.

Der Begründer der modernen Mobbingforschung, Heinz Leymann definiert das Phänomen folgendermaßen: »Mit Mobbing soll eine kommunikative Situation gemeint sein, die für den Einzelnen gravierende psychische (und somit auch körperliche) Folgen mit sich zu bringen droht. Mobbing ist ein zermürbender Handlungsablauf. Einzelne Handlungen werden also erst dann zum Mobbing, wenn sie sich ständig wiederholen.«

In die gleiche Richtung geht eine Beschreibung aus dem Internet: »Nach allgemeiner Meinung wird unter Mobbing am Arbeitsplatz das systematische Anfeinden, Schikanieren und Diskriminieren von Arbeitnehmern untereinander oder durch Vorgesetzte bzw. durch den Arbeitgeber verstanden, also Verhaltensweisen, die in ihrer Gesamtheit das allgemeine Persönlichkeitsrecht oder andere ebenso geschützte Rechte, wie die Ehre oder die Gesundheit des Betroffenen, verletzen. Danach geht es um schikanöses, tyrannisierendes oder ausgrenzendes Verhalten am Arbeitsplatz. Es muss sich um fortgesetzte, aufeinander aufbauende oder ineinander übergreifende Verhaltensweisen handeln, auch wenn sie nicht nach einem vorgefassten Plan erfolgen. Vereinzelt auftretende, alltägliche Konfliktsituationen zwischen einem Arbeitnehmer und dessen Arbeitgeber und/oder Kollegen sind noch nicht als Mobbing anzusehen.« (www.mobbing.web.de)

Mobbing ist also mehr als ein einzelner Konflikt, mag dieser auch noch so gravierend sein. Mobbing lässt sich als Prozess beschreiben, der sich über einen längeren Zeitraum erstreckt und in verschiedenen Phasen abläuft. Das kann beispielsweise folgendermaßen aussehen.

- **Phase 1: Mit irgendetwas hat es angefangen**, mit einem Streit, einem Ärgernis, einer Unverschämtheit, einer kleineren oder größeren Gemeinheit. Dieser Konflikt wird nicht geklärt, lodert aus vielfältigen Gründen unterschwellig weiter und vergiftet nach und nach das Klima. Unter den Kollegen herrscht eine gereizte und mehr oder weniger offen vorgetragene aggressive Stimmung.
- **Phase 2: Es bilden sich Lager und Rollen.** Den »Tätern«, in der Regel sind es mehrere Mitarbeiter, stehen die »Opfer«, meistens eine einzige Person, gegenüber. Feindseligkeiten richten sich gezielt gegen dieses Opfer. Dabei geht es schon lange nicht mehr um den ursprünglichen Konflikt, geschweige denn um dessen Auflösung. Es geht um die Opferperson, sie wird zunehmend stigmatisiert. Mit ihr könne man überhaupt nicht zusammenarbeiten, sie würde das Klima vergiften, sie müsse man in ökonomisch schwierigen Zeiten mitschleppen und so weiter und so weiter. Die nicht direkt am Mobbingprozess Beteiligten wissen entweder nichts oder schweigen. »Das haben wir alles nicht gewusst«, werden sie später vielleicht sagen. Und natürlich: »Wenn wir gewusst hätten, wie schlimm es für ... gewesen ist.« In einem System, in dem Mobbing möglich ist, ist immer auch das System krank, so eine Theorie, die Mobbing zu verstehen versucht. Zu diesem System gehören nicht nur die gesamten Arbeitsbedingungen, sondern ebenso die Vorgesetzten und die schweigenden und nichts-wissenden Kollegen.
- **Phase 3: Ein Fall für das Unternehmen.** Der Teufelskreis läuft richtig heiß: Die gemobbte Person wehrt sich vielleicht, vielleicht duckt sie sich auch unter den »Schlägen« oder zieht sich zurück. In jedem Fall verhält sie sich nun wirklich auffällig. Auf den Gedanken, dass dieses Verhalten erst durch die Aktionen der letzten Wochen und Monate entstanden ist, kommt keiner der Beteiligten. Im Gegenteil: »Wir haben es ja von Anfang an gewusst«, so die Mobber. »Scheint was dran zu sein«, so die breite Masse. »Für das Unternehmen auf Dauer untragbar«, so der Chef oder die Personalverwaltung. Die mobbende Masse fühlt sich bestätigt und

setzt ihre Ausgrenzungsmanöver fort, vielleicht nicht mehr ganz so fies – schließlich agiert man ja jetzt quasi öffentlich – dafür jedoch konsequent. Was immer der Gemobbte auch tun mag, es wird als Zeichen seines »Zustands« gedeutet. In vielen Fällen wird das Opfer krank. Man deutet ihm an, dass es doch besser sei, das Unternehmen oder doch wenigstens die Abteilung zu verlassen.

- **Phase 4: Das vielfältige Ende.** Selten ein Happy End, in der Regel der Ausschluss aus dem Unternehmen, wenn nicht sogar aus der Arbeitswelt: Abschieben und Kaltstellen, Versetzungen in andere Abteilungen und unattraktive Aufgabengebiete, lange Krankheiten, Frührente, Kündigung und Abfindungen, Einlieferung in eine Heilanstalt, Freitod. Zunehmend klagen Betroffene gegen das Mobbing vor Gericht und sie bekommen auch Recht. Die in den verschiedenen Websites publizierten Fälle machen jedoch deutlich, dass ein Zurück in die Normalität des alten Unternehmens kaum mehr möglich ist. Die Trennung ist unausweichlich.

Mobbing ist kein Kavaliersdelikt. Natürlich endet nicht jeder Mobbingprozess mit einem Freitod. In vielen Unternehmen werden erste Anzeichen von Mobbing rechtzeitig erkannt und es wird erfolgreich gegengesteuert. Unsere Literatur- und Webseiten-Empfehlungen stellen eindringliche Beispiele vor. Die vielen Mobbingtagebücher machen aber deutlich, dass es gerade in Zeiten hoher Arbeitslosigkeit und einer weit verbreiteten Angst vor einem Arbeitsplatzverlust immer wieder negativ ausgehen kann.

Die hier dargestellten Phasen eines Mobbingprozesses zeigen, dass eine sorgfältige Behandlung des Themas mehr in den Blick nehmen muss als nur Opfer und Täter. Zum Mobbing gehört auch die Interaktion zwischen den beiden, gehören das soziale Umfeld, die Arbeitsorganisation, die Führungsmannschaft und die Unternehmenskultur. Dazu gehören aber auch rechtliche Aspekte, vom Arbeitsrecht bis hin zum BGB. Und behandeln müsste man natürlich die wichtigsten Ursachen, die in Untersuchungen bisher herausgefunden wurden, wie auch die am häufigsten verbreiteten Vorurteile über das Mobben, wie das, dass der Gemobbte in der Regel selbst an seinem Schicksal Schuld sei. Insgesamt eine Vielfalt, die wir hier schon aus Platzgründen nicht behandeln können.

Mobbing – eine kleine Auswahl hilfreicher Informationsquellen

Heinz Leymann: Mobbing – Psychoterror am Arbeitsplatz und wie man sich dagegen wehren kann. Reinbek 2002. Leymann hat vor allem in Schweden über Mobbing geforscht und war Klinikchef einer Spezialklinik für Mobbingopfer. Eine leicht zu lesende Gesamtdarstellung des Begründers der modernen Mobbingforschung.

Gabriele Haben/Anette Harms-Böttcher: In eigener Sache. Selbstmanagement in Mobbingprozessen. Berlin 2002. Ein Ratgeber speziell für Frauen, mit Hintergrundinformationen, Tipps und praktischen Übungen.

Rosemarie Körner: Albtraum Mobbing. Hilfe zur Selbsthilfe bei Konflikten im Beruf , mit CD-ROM. Filderstadt: 2002. Die Autorin ist Initiatorin und Leiterin einer Selbsthilfegruppe für Mobbingbetroffene und ehemals selbst »Opfer«. Das Buch ist ganz auf die Praxis gerichtet nach dem Motto »Es gibt immer einen Ausweg – man muss nur lernen, sich aus der Opferrolle zu befreien und Eigenkompetenz zu entwickeln!« Die Autorin betreut auch die Website **www.mobbingrat.de**.

Axel Esser/Martin Wolmerath : Mobbing – Der Ratgeber für Betroffene und ihre Interessenvertretung. Frankfurt a.M. 2003. Die Autoren zeigen rechtliche und außerrechtliche Handlungsmöglichkeiten zur Vorbeugung von Mobbing, aber auch zur Bewältigung von aktuellen Mobbingkonflikten im Betrieb auf. Der Ratgeber legt Betroffenen sowie Betriebs- und Personalräten ein Handlungskonzept vor, das ihnen auch in aussichtslos erscheinenden Situationen ein schrittweises Vorgehen zu sinnvollen Lösungen ermöglicht.

IG Metall: Mobbing wirksam begegnen. Ein Ratgeber der IG Metall. Frankfurt a.M. 2003. Auf 64 Seiten finden Mobbingopfer, Betriebsräte und interessierte Beschäftigte zahlreiche Tipps, wie man Attacken am Arbeitsplatz begegnen kann.

Internetseiten

www.mobbing-web.de: Ein Netzwerk für Opfer, Experten und Unternehmen. Seit 1999 online bietet die Seite täglich aktuelle Informationen für Arbeitnehmer, Arbeitgeber, Arbeitnehmervertretungen und Interessierte – rund um die Themen Mobbing, Bossing, Arbeitsschutz und Gesundheit.

Enthalten sind aktuelle Anschriften der wichtigsten Anlaufstellen, hilfreiche Links, umfangreiche Informationen zur Selbsthilfe sowie Informationen über die derzeitige Rechtsprechung, aktuelle Gesetze, weiterführende Medien und interessante Bücher.

www.mobbing-net.de: Eingerichtet vom Verein für Arbeitsschutz und Gesundheit durch systemische Mobbingberatung und Mediation e.V. bietet diese Website Informationen und Kontakte für Berater, Organisationen und Fachleute auf dem Gebiet des Mobbings.

www.mobbing-am-arbeitsplatz.de: Im Forum des ANTI-MOBBING-NETWORKs treffen sich nach eigenen Angaben »Betroffene und Interessierte, die nicht immer nur Expertenwissen hören wollen, sondern sich einfach nur mal mit anderen austauschen und ihre Sorgen, Fragen oder auch Tipps los werden möchten. Gleiches gilt für den Chat dieser Seite.« Viele interessante Links.

www.mobbing-help.de: Eine Website für Mobbingopfer. Kernstück ist ein abgewandeltes Gästebuch. Mobbingopfer erzählen anonym ihre Mobbinggeschichte, um sich mitzuteilen, wie Mobbing in der Realität aussieht, welche Formen Mobbing annehmen kann und welche Folgen es für die Betroffenen hat. Tipps für die eigene Praxis.

Speziell für Österreich

Marion Binder: Mobbing aus arbeitsrechtlicher Sicht. Wien 1999. Eine Übersicht über die rechtlichen Mittel, die das österreichische Arbeitsrecht Betroffenen, Arbeitgebern und Betriebsräten zur Verfügung stellt.

Speziell für die Schweiz

www.mobbing-zentrale.ch: »Ich werde gemobbt – was kann ich tun?« Die Lage in der Schweiz: Hintergrundinformationen und Links.

www.mobbing-info.ch: Die Mobbing-Informationsseite des Instituts für Neues Lernen GmbH in Zürich mit Hintergrundinformationen und weiteren Kontaktangeboten.

Informationen aus der USA

Für alle, die einmal einen Blick auf die andere Seite des Atlantiks werfen wollen: **www.mobbing-usa.com**

Nur so weit. Die am häufigsten gestellte Frage im Zusammenhang mit Mobbing lautet, was denn die oder der Betroffene in einer solchen Situation tun kann. Darauf geben die unterschiedlichen Ratgeber und Web-Hilfen Antworten. Die aus unserer Sicht wichtigste: Mobbingopfer müssen sich Verbündete suchen.

Verbündete, die dabei helfen

- das seelische und körperliche Wohlbefinden zu sichern,
- Freude am Leben wiederzufinden,
- die eigenen Anteile und die eigene Rolle im Mobbingprozess zu erkennen und zu reflektieren,
- das eigene seelische und körperliche Leiden zu verstehen,
- selbst aktiv zu werden und zu kämpfen, egal ob das Gespräche mit Vorgesetzten oder Mobbern sind oder rechtliche Schritte.

Derartige Verbündete können Partner, Freunde und Bekannte sein, aber auch Kollegen, die für einen aktiv werden. Selbst der Chef kann für diese Rolle in Frage kommen. Verbündete finden sich ebenso in den Gewerkschaften, den Ortsniederlassungen der Krankenkassen, der kirchlichen Seelsorge, den psychosozialen Beratungsstellen, Arztpraxen und Rechtsanwaltskanzleien; immer jedoch in Selbsthilfegruppen und gelegentlich sogar in den Chat-Räumen des Internets.

Mobbing ist zu einem Thema geworden, zu dem es eine große Zahl von Informationsquellen gibt. Mit etwas Beharrlichkeit und Geduld findet jeder die Informationen, die er sucht, egal ob es sich um die passende Literatur oder den gewünschten Experten und Ratgeber handelt.

Nachlese – was übrig bleibt

Einige Wochen später

»Nun, wie ist es Ihnen in der Zwischenzeit ergangen? Was macht die Lederjacke und wie steht es mit den Urlaubsvorbereitungen für London?«

»Das Thema ›Lederjacke‹ ist nicht mehr aktuell. Meine Freundin hat beschlossen, bei mir einzuziehen und da stehen jetzt Fragen der Wohnungseinrichtung im Vordergrund.«

»Na herzlichen Glückwunsch! Aber Urlaub werden Sie doch noch machen?«

»Sicherlich. Nur London ist gestorben. Meine Freundin hat hart und überzeugend verhandelt. Wir machen jetzt einen Badeurlaub in der Nähe von Triest. Wenn ich mir das so überlege, dann muss sie dieses Buch hier vor mir gelesen haben. Sie hat meine Bedürfnisse einfühlsam analysiert und ihr Angebot perfekt darauf zugeschnitten. In unseren Verhandlungen hat sie konsequent über Interessen diskutiert, nie über Positionen. Zum Schluss hatte ich das Gefühl, dieser Badeurlaub sei genau das, was ich immer schon wollte. Mir fehlten einfach schlagkräftige Gegenargumente. Meine Freundin war ausgesprochen konsequent in der Anwendung der Ideen aus diesem Buch. Darauf war ich wirklich nicht vorbereitet.«

»Nun, Triest ist doch sehr schön. In dieser Gegend hat schon Rilke Urlaub gemacht, und Venedig ist auch nicht weit. Da haben Sie Kultur und Architektur genug.«

»So ähnlich hat meine Freundin auch argumentiert. Dann hat sie noch vier Krimis auf den Tisch gelegt, die alle in der Gegend spielen und mir für die Rückfahrt einen Abstecher nach Rovereto versprochen.

Dort steht ein neu eröffnetes Kunstmuseum, das ich schon immer einmal besuchen wollte. Das hatte sie sich gut gemerkt. Eindrucksvoll, wie sie durch ihre Art eine ›Winner-winner-Situation‹ geschaffen hat. Na ja, London kommt dann vielleicht im nächsten Jahr.«

»Wenn Ihre Freundin nicht schon andere Pläne hat. Sie sollten sich auf derartige Verhandlungen besser vorbereiten!«

»Ich fürchte, Sie haben Recht. Im Job klappt es besser. Das eine oder andere wende ich bereits an. Arbeitstechniken beispielsweise. Auch arbeite ich in Besprechungen ganz anders mit und meine Präsentationen sind um Klassen besser geworden. Das Spannende ist ja, dass man nur eine oder zwei Empfehlungen von Ihnen umsetzen muss, dann verändert sich schon sehr viel. Bei der letzten Projektmitarbeitersitzung habe ich nur darauf geachtet, dass jeder Tagesordnungspunkt am Ende auf konkrete Maßnahmen abgeprüft wurde. Jetzt darf ich die nächste Sitzung leiten. Ich weiß zwar noch nicht, wann ich die vorbereiten soll, aber eigentlich kann ich damit zufrieden sein. Ach ja, auch beim Mailen gehe ich viel sorgfältiger vor als vorher, und wenn ich telefoniere, lasse ich die Finger weg vom Laptop. So weit bin ich zufrieden. Nicht ganz so leicht ist es mit der Kommunikation und dem Umgang mit Konflikten. Was sich auf dem Papier so leicht liest, ist in der Praxis nur in kleinen Schritten und mit sehr viel Beharrlichkeit umzusetzen. Aber das kennen Sie sicherlich?«

»Ja. Kommunikation ist ein faszinierendes, zugleich aber mühsames Geschäft. Etwas Theorie mit dem Kopf zu verstehen, bedeutet noch lange nicht, dies auch mit Herz und ganzer Person lebendig werden zu lassen. Dennoch möchte ich Ihnen Mut machen. Es ist wie mit den anderen Dingen auch: Schon kleine Veränderungen in der Art Ihrer Kommunikation können große Auswirkungen haben!«

»Das stimmt. Ich habe mich zum ersten Mal intensiv auf das Mitarbeitergespräch mit meinem Chef vorbereitet. Und das hatte durchschlagenden Erfolg. Auf die meisten meiner Fragen war er nämlich nicht vorbereitet. Jetzt will er sich in den nächsten Wochen um die noch offenen Punkte kümmern. Ich vermute, da kommt nichts. Also muss ich da hartnäckig dranbleiben. Kommunikation scheint ein fortwährender Lernprozess zu sein.«

»Und manchmal auch ein menschlich herausfordernder Prozess. Das liegt wohl daran, dass Kommunikation nicht nur mit Techniken zu

tun hat, von denen ja auch dieses Buch voll ist. Techniken sind wichtig, Sie sollten Sie kennen und anwenden können. Aber Kommunikation erfolgt immer mit Verstand und Herz; immer werden wir auch durch unsere Gefühle und Werthaltungen bestimmt. Wenn wir uns mit anderen unterhalten, wenn wir einen Kunden betreuen, eine Verhandlung führen, einen Kollegen beraten oder um Rat suchen – in allen diesen Situationen lassen wir uns zu einem großen Teil durch unsere Empfindungen und unsere Wertvorstellungen leiten, durch die Art, wie wir uns zu anderen Menschen stellen und von ihnen gesehen werden wollen. Dies alles geschieht natürlich mal mehr oder weniger bewusst und offensichtlich. Aber es sind unsere Gefühle, unsere Deutungsmuster und unsere Grundhaltung, die darüber bestimmen, ob wir die in diesem Buch vermittelten Techniken lediglich mechanisch anwenden oder die ihnen zugrunde liegenden Werte und Prinzipien aus Überzeugung auch leben.

Zwei Beispiele: Wer mit dem Grundmuster durch die Welt läuft, dass im Grunde nur er selbst etwas wirklich richtig machen kann, während alle anderen im Grunde unzulänglich sind, der wird von sich aus selten oder nie loben. Ein solcher Mensch kann sich in unserem Kapitel ›Rückmeldungen geben – konstruktive Kritik äußern‹ die Abschnitte über das Loben zehnmal durchlesen. So lange bis er sie auswendig weiß. Sie werden sein Verhalten kaum oder nur sehr oberflächlich verändern. Ein weiteres Beispiel: Menschen, die ein großes Interesse daran haben, anderen Menschen aufrichtig zu begegnen und sie wirklich ernst zu nehmen, werden unsere Anregungen im Kapitel über das Verkaufen auf Anhieb verstehen und in ihr Verhalten integrieren. Sie werden beim Verkaufen ihr Hauptaugenmerk auf eine individuelle, ausführliche, freundliche und am Nutzen des Gegenübers orientierte Beratung legen und eben deshalb besonders glaubwürdig und erfolgreich sein.«

»Sie sprechen gerade von Werten. In manchen Ihrer Ausführungen während unserer Gespräche hatte ich den Eindruck, dass Sie nicht nur kompetent Techniken vermitteln wollten, sondern auch Wertmaßstäbe vermittelt haben. Welche stehen da für Sie persönlich im Vordergrund?«

»Wenn ich an dieser Stelle und zum Schluss des Buches sehr knapp und persönlich antworten darf: Ich halte mich,

was meine Werte im beruflichen Alltag angeht, für hoffnungslos modern. Ich möchte meinen Job ernst nehmen. Und ich will die Menschen ernst nehmen. Ich habe Interesse an der Arbeit und am Wohlergehen meines Unternehmens, dem ich mit vollem Engagement sehr loyal gegenüber stehe. Von dem ich allerdings den gleichen Anstand und das gleiche Engagement für seine Mitarbeiter und für die langfristige Sicherung eines leistungsstarken Standortes hier in meiner Heimat verlange. Ich glaube, dass immer Chancen für positive Veränderungen bestehen, bei denen es viele Gewinner gibt. Dafür setze ich mich gerne ein. Ich meine, wer nur einfach seinen Job macht, verschenkt einen Teil seiner Lebenszeit. Ich habe ein Interesse an Menschen und glaube, dass ernsthafte Kommunikation das Verständnis der Menschen unter- und füreinander verbessert. Dann fühle auch ich mich selbst viel wohler. Allerdings erfordert dies Mut und Ausdauer.«

»Und deshalb haben Sie sich wohl auch so viel Zeit für die Gespräche mit mir genommen? Dafür möchte ich mich herzlich bedanken.«

»Ich wünsche Ihnen alles Gute auf Ihrem weiteren Weg.«

Über das Zustandekommen des Buches, die Mitarbeiter

Seit 1987 beschäftigen sich Beraterinnen und Berater von *train* mit den in diesem Buch behandelten Themen. Sie trainieren Kommunikation und Kooperation – für große Konzerne und mittelständische Betriebe, für Produktionsmitarbeiter, mittleres oder Top-Management. Die Trainings können einen Tag dauern, zwei oder drei und mehr – im Mittelpunkt steht der Nutzen für die Teilnehmer und den Auftraggeber, steht die nachhaltige, positive Veränderung. Es muss aber nicht immer ein Training sein: Coaching, also die Arbeit mit einzelnen Unternehmensangehörigen, nimmt einen immer größeren Raum ein wie auch die Beratung von Gruppen direkt im Unternehmen, am Arbeitsplatz.

Ergänzt wird die Weiterbildung durch die *train*-Personalentwicklung: Dabei kann es um »Development Center« gehen, um Zielvereinbarungssysteme, wirkungsvolle Feedback-Systeme oder um die Beratung in allen Fragen einer strategieorientierten Personalentwicklung für mittelständische Unternehmen.

Ein drittes Standbein ist hinzugekommen: Zusammen mit seinem Schwesterunternehmen, der perfomance design international, beraten wir Unternehmen in Fragen des Leistungsmanagements. Das Stichwort dazu lautet *Improving Performance.*

Die Geschichte des vorliegenden Buches lässt sich weit zurückverfolgen. Zu Beginn und im Verlauf der 90er-Jahre hatten die Autoren die Gelegenheit, bei der Entwicklung und Durchführung eines Seminars mitzuwirken, in dem unter der Leitung von Hans-Joachim Stabenau ein fachübergreifendes Trainingskonzept für junge Ingenieure entwickelt wurde. In diesem außerordentlich praxisnahen und transferorientierten Training werden Kommunikation, Präsentieren, moderierte und geleitete Sitzungen, aber auch Teamentwicklung und der Umgang mit Konflikten von den Teilnehmern authentisch und lebendig erfahren und trainiert. So manche der damals entwickelten und heute noch erfolgreich trainierten Konzepte und Überlegungen haben an unterschiedlichen Stellen Eingang in dieses Buch gefunden.

Viele inhaltliche Anregungen stammen aber auch von Kolleginnen und Kollegen, von deren Spezialwissen und langjährigen Erfahrungen in einzelnen Themengebieten wir profitiert haben. Auch ihnen gilt unser herzlicher Dank:

- **Andreas Auert** arbeitet bei *train* als Berater, Coach und Trainer mit den Schwerpunkten: Führung, Coaching, Moderation, Krisenkommunikation sowie der Entwicklung und Implementierung von PE-Instrumenten (Networking).
- **Dr. Hans-Joachim Gergs** ist Organisationsentwickler in einem deutschen Automobilkonzern und Dozent im Executive MBA-Programm der TU München mit dem Schwerpunkt »Organizational Change and Communication« (Teamkompetenz).
- **Luise Heeren**, bei *train* tätig als Spezialistin für die Analyse, Maßnahmenfestlegung und Implementierung von Leistungsmanagement in Organisationen sowie für die Unterstützung individueller Veränderungen in der Kommunikation und bei Präsentationen (Leistungsmanagement, Präsentation).
- **Christine Heidenreich**, bei *train* tätig als Spezialistin für Projektmanagement und partizipative Planungsmoderation sowie für die Themen Kommunikation, Kooperation, Teamentwicklung (Kundenorientierung, Präsentation).
- **Doris Jacobs-Strack**, Diplom Psychologin. Seit 1991 bei *train* tätig mit den Schwerpunkten Konfliktmanagement, Coaching von Teams und Führungskräften in schwierigen Situationen sowie Veränderungs- und Entwicklungsprozessen (Konflikte).
- **Dr. Hans-Jörg Keller**, Geschäftsführer von TACK International Germany, ist seit 15 Jahren als Trainer und Berater in der internationalen Personalentwicklung tätig. Schwerpunkte seiner Arbeit sind Interkulturelle Trainings, Management-Trainings für Führungskräfte aus aller Welt sowie Entwicklung und Durchführung von internationalen Trainingsprogrammen für global operierende Unternehmen (interkulturelle Kompetenzen).

- **Petra Meier** ist Coach und Trainerin. Sie lebt in Köln und hat sich spezialisiert auf Persönlichkeitsentwicklung, Arbeitstechniken wie Lesen und Lernen am Arbeitsplatz sowie Coaching für Mobbingopfer (Tipps zum schnellen Lesen, Mobbing).
- **Dr. Bernhard Ulbrich**, Trainer der *train* GmbH mit den Schwerpunkten Führung für Nachwuchskräfte, betriebliche Kommunikationsarten, Krisenkommunikation, Präsentation, individuelle Präsentationsberatung (Führung).
- **Klaus D. Wittkuhn**, Geschäftsführer von *train* und von performance design international; Trainer und Berater auf den Gebieten Führungskräfteentwicklung sowie Improving Performance/Leistungsmanagement (Führung, Leistungsmanagement).

Das Buch wäre nicht zustande gekommen ohne die kompetente und engagierte Unterstützung unserer Lektorin Ingeborg Sachsenmeier. Ihr möchten wir daher besonders danken. Dank gilt den vielen Helfern bei der Überarbeitung des Manuskripts: Stefan Rieg, Hermann Hartmann, Richard Hilmer, Sylvia Weber-Gräf, Heinrich Brauß, Rainer Butting und Bernhard Schinnen.

Die Fotos stammen von Martin Hartmann, die Zeichnungen von Ulrike Rath.

Die Autoren

Dr. Martin Hartmann: nach Studium und Hochschultätigkeit Projektleiter in der Medienforschung und -beratung; zwei Jahre als Journalist und Fotograf in London tätig; bei *train* als Berater, Coach und Trainer mit den Schwerpunkten Präsentation, Moderation, Krisenkommunikation, Interviewtechniken, Presse- und Publikationen.

Rainer Röpnack ist – nach mehreren Jahren Leitungserfahrung in Rehabilitationseinrichtungen – seit 1991 für die *train* GmbH als Trainer und Berater tätig. Er unterstützt Organisationen dabei, Führung und Zusammenarbeit wirkungsvoll zu gestalten, Veränderungsprozesse in ihrer Wirksamkeit zu verbessern beziehungsweise die Kooperation mit Kunden auszubauen und zu festigen. Sein Augenmerk richtet er vor allem darauf, vorhandene Ressourcen optimal zu nutzen und »Win-Win-Prozesse« für die verschiedenen Interessengruppen zu erzielen.

Rüdiger Funk; Mitbegründer von *train*; Studium der Pädagogik; zwei Jahre Geschäftsführer der Deutschen Versicherungsakademie; als Geschäftsführer von *train* verantwortlich für Personalentwicklungsberatung und PE-Konzepte sowie Moderation. In der Führungskräfteentwicklung ist er trainierend und beratend tätig. Viele der in diesem Buch dargestellten Themen integriert er in spezifische Führungskräfteentwicklungsprogramme.

Train
Gesellschaft für Organisationsentwicklung und Weiterbildung mbH
Venusbergweg 48 – D-53115 Bonn – Tel.: 0228-243900
E-mail: train.bonn@train.de – http\\www.train.de

Zuhörer überzeugen

Martin Hartmann / Bernhard Ulbrich / Doris Jacobs-Strack
Gekonnt vortragen und präsentieren
141 Seiten. Broschiert.
ISBN 3-407-36126-2

Brillant vortragen, verständlich informieren, wirkungsvoll präsentieren. Das Ergebnis: überzeugte Zuhörer. Die Autoren zeigen, wie man durch einen persönlich gestalteten und technisch perfekten Auftritt das Publikum für sich gewinnt.

»Wer schnelle Hilfe und Information benötigt, um eine gelungene Präsentation hinzubekommen, kann sich in diesem Buch Rat und Hilfe holen.«
Publik-Forum

»Das Buch ist ein anwendungsorientiertes Selbstlernbuch für Fach- und Führungskräfte sämtlicher unternehmerischer Bereiche. Wer etwas vortragen oder präsentieren möchte, erfährt schnell und effizient, wie Vortrag und Präsentation funktionieren und für alle Beteiligten zum Erfolg werden (...) Ein Buch aus der Praxis für die Praxis! Hervorragend!.«
managerSeminare

BELTZ Beltz Verlag · Postfach 100154 · 69441 Weinheim

Weitere Infos und Ladenpreis: www.beltz.de

Machen Sie mehr aus Ihrer Stimme

Sabine F. Gutzeit
Die Stimme wirkungsvoll einsetzen
Das Stimm-Potenzial erfolgreich nutzen.
Mit Audio-CD.
BELTZ on top. 2002.
128 Seiten. Broschur.
ISBN 3-407-36108-4

Kommunizieren, präsentieren, telefonieren – wer den richtigen Ton trifft, kommt gut an. Im Beruf wird eine gute Kommunikationsfähigkeit immer mehr zum Erfolgsfaktor. Doch was nützen die besten Argumente, wenn die Stimme als Träger der Worte nicht stimmt. Plagt auch Sie häufig der berühmte Frosch im Hals? Merkt man an Ihrer Stimmlage, dass Sie Lampenfieber haben? Wollen Sie Ihre Vortragstechnik optimieren? Dann liegen Sie mit diesem Buch richtig!
Sabine F. Gutzeit zeigt, was hinter dem Phänomen Stimme steckt. Sie erfahren, wie Sie ökonomisch mit der eigenen Stimme umgehen können. Die konkrete Anwendung im Gespräch, bei Vorträgen oder am Telefon sowie Themen wie Umgang mit Stress, der »Notfallkoffer« für die Stimme sowie die Stimme in Training und Therapie sind ebenso integriert. Übungen finden Sie auch auf der Übungs-CD.

BELTZ Beltz Verlag · Postfach 100154 · 69441 Weinheim

Weitere Infos und Ladenpreis: www.beltz.de